高等学校学习辅导与习题精解丛书

传热学辅导与提高

范晓伟　张定才　主编
陈振乾　主审

中国建筑工业出版社

图书在版编目（CIP）数据

传热学辅导与提高/范晓伟等主编. —北京：中国建筑
工业出版社，2011.11（2021.6重印）
（高等学校学习辅导与习题精解丛书）
ISBN 978-7-112-13784-8

Ⅰ. ①传… Ⅱ. ①范… Ⅲ. ①传热学-高等学校-教
学参考资料 Ⅳ. ①TK124

中国版本图书馆 CIP 数据核字（2011）第 231871 号

本书按照"传热学"课程教学的要求，结合编者多年从事该课程教学实践，主要依托章熙民等所著的《传热学》（第五版），并吸收国内外相关著作有关内容的基础上编写而成。本书共分 12 章，各章主要包括学习要点、分级例题（基础题和提高题）、习题解答要点等内容，书中还增加了自测题和利用计算机通用软件进行求解传热学问题的内容。

本书可作为建筑环境与设备工程、热能与动力工程等专业大学生和自学者学习传热学的辅导及考研复习用书，也可作为从事传热学课程教学的教师及工程技术人员的参考书。

* * *

责任编辑：齐庆梅
责任设计：李志立
责任校对：刘梦然　王雪竹

高等学校学习辅导与习题精解丛书
传热学辅导与提高
范晓伟　张定才　主编
陈振乾　主审

*

中国建筑工业出版社出版、发行（北京西郊百万庄）
各地新华书店、建筑书店经销
北京天成排版公司制版
廊坊市海涛印刷有限公司印刷

*

开本：787×1092 毫米　1/16　印张：11½　字数：286 千字
2011 年 12 月第一版　2021 年 6 月第四次印刷
定价：**23.00** 元
ISBN 978-7-112-13784-8
（21566）

前　言

传热学是一门应用十分广泛的技术基础学科，涉及空调制冷、航空航天、化学工业、机械制造、热能动力、交通运输、新能源与节能技术和建筑环境科学等领域。传热学基本概念多、机理复杂，分析具体问题时灵活多变，在学习的时候常常难以把握。为了使读者更好地理解和掌握传热学的基本原理，并能够熟练地用于分析和解决实际工程问题，很有必要在对现有传热学内容系统梳理的基础上，根据不同的难易程度需求，有针对性和选择性地向读者介绍如何求解传热学问题。

全书共分 12 章，包括：绪论，导热理论基础，稳态导热，非稳态导热，导热数值解法基础，对流换热分析，单相流体对流换热，凝结与沸腾换热、热辐射的基本定律，辐射换热计算，传热和换热器，质交换以及自测题等，各章内容分为学习要点、分级例题、习题解答要点等。其中学习要点部分简明扼要地对该章的主要概念、定律、相关计算等进行了归纳整理；分级例题部分根据不同的学习目的将例题进行了分级，典型例题的分析及求解可以满足一般本科生的学习要求，提高题部分又可以满足有进一步深造要求的学生的需要，可以让学生根据自身情况进行选择性的学习，提高学习的兴趣。本书还增加了利用计算机通用软件进行求解传热学问题的内容，计算机技术的引入既增加了解题速度，降低难度，也提高了计算的效率。

本书由中原工学院范晓伟（绪论、第 8 章、第 9 章）、张定才（第 4 章、第 7 章）、郑慧凡（第 1 章、第 2 章、第 3 章、自测题）、董向元（第 5 章、第 6 章）、王晓璐（第 10 章、第 11 章）共同编写。全书由范晓伟教授和张定才副教授统稿。本书由东南大学陈振乾教授主审，他认真审阅了书稿，提出了许多宝贵的建议，在此表示衷心的感谢。西安交通大学陈钟顾教授对本书的编写给予热情的帮助，也提出了许多宝贵的建议，在此表示衷心的感谢。

在本书的编写过程中，研究生黄揽宇、巨福军、王仕元、杜佳迪、田松娜等对部分例题和习题进行了演算，在此也表示感谢。

由于编者的学识和经验有限，书中难免有漏误和不妥之处，敬请广大读者批评指正。

目　录

基 本 符 号 表

符号	物理量	常用单位	符号	物理量	常用单位
A	温度振幅	K	T	热力学温度	K
A	表面积	m^2	t	摄氏温度	℃
a	热扩散率(导温系数)	m^2/s	U	周边长度	m
B	大气压强	N/m^2；Pa	u	速度	m/s
C	辐射系数	$W/(m^2 \cdot K^4)$	V	容积	kg/m^3
C_i	组分 i 的摩尔浓度	mol/m^3；$kmol/m^3$	v	速度	m/s
c	比热容	$J/(kg \cdot K)$	w	速度	m/s
c'	体积比热容	$J/(Nm^3 \cdot K)$	X	角系数	
D	质扩散率	m^2/s	Z	周期	s；h
d	直径	m；mm	a	吸收比	
E	辐射力	W/m^2	α	体积膨胀系数	1/K
f	摩擦系数		β	肋化系数	
G	投射辐射	W/m^2	δ	厚度	m
g	重力加速度	m/s^2	Δ	差值	
H	焓	J/kg	ε	发射率	
H	高度	m；mm	ε	换热器效能	
h	表面传热系数	$W/(m^2 \cdot K)$	η	效率	
h_D	表面传质系数	m/s	Θ	无量纲过余温度	
I	辐射强度	$W/(m^2 \cdot sr)$	θ	过余温度	K
J	有效辐射	W/m^2	λ	导热系数	$W/(m \cdot K)$
k	传热系数	$W/(m^2 \cdot K)$	μ	分子量	
l	长度、定型尺寸	m	μ	动力黏度	$N \cdot s/m^2$；$kg/(s \cdot m)$
M	质流量	kg/s	ν	运动黏度	m^2/s
M	质量	kg	ν	温度波振幅衰减度	
m	质流密度	$kg/(m^2 \cdot s)$	ξ	温度波延迟	
NTU	传热单元数		ρ	密度	kg/m^3
P	功率	W；J/s	ρ	质量浓度	kg/m^3
p	压强	Pa；N/m^2	ρ	反射比	
Q	热量	J	τ	穿透比	
q	热流密度	W/m^2	τ	时间	s；h
R	热阻	$m^2 \cdot K/W$	τ	剪应力	N/m^2
r	半径	m；mm	Φ	热流量	W；J/s
r	气化潜热	J/kg	ω	角速度	rad/s
S	距离	m			

6

相似准则名称：

$Bi=\dfrac{hl}{\lambda}$—毕渥准则（λ 为固体的导热系数）

$Co=h\left[\dfrac{\lambda^3\rho^2g}{\mu^2}\right]^{-1/3}$—凝结（Condensation）准则

$Fo=\dfrac{a\tau}{l^2}$—傅里叶（Fourier）准则

$Ga=\dfrac{gl^3}{\nu^2}$—伽利略（Galileo）准则

$Gr=\dfrac{gl^3\alpha\Delta t}{\nu^2}$—格拉晓夫（Grashof）准则

$Le=\dfrac{a}{D}$—刘易斯（Lewis）准则

$Nu=\dfrac{hl}{\lambda}$—努谢尔特（Nusselt）准则（λ 为流体的导热系数）

$Pr=\dfrac{\nu}{a}$—普朗特（Prandtl）准则

$Pe=Re\cdot Pr=\dfrac{ul}{a}$—贝克利（Peclet）准则

$Ra=Gr\cdot Pr$—瑞利（Rayleigh 准则）

$Re=\dfrac{ul}{\nu}$—雷诺（Reynolds）准则

$Sc=\dfrac{\nu}{D}$—施密特（Schmidt）准则

$Sh=\dfrac{h_D l}{D}$—宣乌特（Sherwood）准则

$St=\dfrac{Nu}{Re\cdot Pr}=\dfrac{h}{uc_P\rho}$—斯坦登（Stanton）准则

$St_c=\dfrac{Sh}{Re\cdot Sc}=\dfrac{h_D}{u}$—质交换斯坦登准则

主要下标：

f—流体（Fluid）

w—壁面（Wall）

c—临界（Critical）

e—当量，有效（Equivalent）

s—饱和（Saturation）

m—平均（Mean）

$\min$—最小（Minimun）

$\max$—最大（Maximun）

绪　论

0.1 学习要点

0.1.1　传热学的概念与内涵

传热学是研究热量传递过程规律的一门科学，它旨在解决传热量与参与热量传递的物质(或物体)的温度、热物理性质、几何形状和参数、表面特性以及时间等参数之间的关系。

0.1.2　热传递的三种基本方式

(1) 导热：物体各部分无相对位移或不同物体直接接触时依靠分子、原子及自由电子等微观粒子热运动而进行的热量传递现象称为导热，亦称热传导。在传热学研究范畴内，导热一般限于固体和静止的流体。

(2) 热对流：依靠流体宏观运动进行热量传递的现象称为热对流。

(3) 热辐射：依靠物体表面发射可见或不可见的辐射能进行热量传递的现象称为热辐射。

0.1.3　其他重要的术语

(1) 对流换热：流体在流过与其温度不同的壁面时两者之间所进行的热量传递过程称为对流换热。对流换热是一个复杂的换热过程，热量传递可能涉及导热、热对流等诸多影响因素。

(2) 辐射换热：物体间依靠热辐射进行的热量传递称为辐射换热。任何高于0K的物体均发生热辐射，但辐射换热强调的是两个及以上不同温度的物体表面之间进行热辐射所引起的热量交换。

(3) 热阻：类比电学中电压与电流之间电阻的含义和作用而引入的重要且实用的概念，并以此来建立热量传递过程中传热量与温度差之间的关系。对于不同的热传递方式，热阻有导热热阻、对流换热热阻和辐射换热热阻等。

(4) 传热过程：热量从固体壁面一侧的流体通过固体壁面传向另一侧流体的过程称为传热过程。

0.1.4　主要公式

对于导热、对流换热和辐射换热等问题在以后的对应章节里将详细叙述，在此仅列举一些具有代表性的公式。

(1) 导热-以大平壁导热为例。

如图 0-1 所示，一厚度为 δ 的大平壁，其两侧温度分别为 t_{w1}、t_{w2}，已知平壁为各项同性材料且导热系数为常数 λ，则通过平壁的导热量的计算式是：

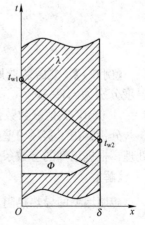

图 0-1　大平壁导热

1

$$\Phi = q \cdot A = \frac{\Delta t}{R_\lambda} A = \frac{\lambda}{\delta} \Delta t A \quad (W) \qquad (0\text{-}1)$$

式中 A——壁面积，m^2；

　　q——热流密度，W/m^2；

　　R_λ——导热热阻，$m^2 \cdot K/W$；

　　Δt——壁两侧表面的温差，$\Delta t = t_{w1} - t_{w2}$，℃；

　　λ——导热系数，亦称热导率，$W/(m \cdot K)$；

　　δ——壁厚度，m。

（2）对流换热—牛顿冷却公式。

已知温度为 t_f 的流体，流过温度为 t_w 的固体壁表面，则两者之间的对流换热量为：

$$\Phi = q \cdot A = h(t_w - t_f) A \quad (W) \qquad (0\text{-}2)$$

式中 h——表面传热系数，亦称换热系数，$W/(m^2 \cdot K)$。

（3）辐射换热—以两个无限大平行平面间的热辐射为例。

设两表面的热力学温度分别为 T_1 和 T_2，假定 $T_1 > T_2$，则单位面积高温表面 1 在单位时间内以辐射方式传递给低温表面 2 的辐射换热量的计算式为：

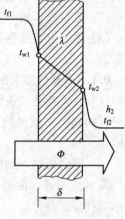

$$\Phi = q \times A = C_{1,2} \left[\left(\frac{T_1}{100} \right)^4 - \left(\frac{T_2}{100} \right)^4 \right] A \quad (W) \qquad (0\text{-}3)$$

式中 $C_{1,2}$——两表面 1 和 2 间的系统辐射系数，其值在 $0 \sim$ 5.67 之间。

（4）传热过程—以两流体与大平壁传热为例。

如图 0-2 所示，流体 1 温度为 t_{f1}，流体 2 温度为 t_{f2}，已知两流体与大平壁之间的表面传热系数分别为 h_1 和 h_2，则它们所构成的传热过程中的传热量为：

$$\Phi = k(t_{f1} - t_{f2}) A \quad (W) \qquad (0\text{-}4)$$

式中 k——传热系数，$k = \dfrac{1}{\dfrac{1}{h_1} + \dfrac{\delta}{\lambda} + \dfrac{1}{h_2}}$，$W/(m^2 \cdot K)$。

图 0-2　传热过程

0.2　典型例题

【例 0-1】　某砖墙壁厚 $\delta = 360mm$，其导热系数为 $\lambda = 0.6 W/(m \cdot K)$，已知壁两侧温度分别为 $t_{w_1} = 16℃$、$t_{w_2} = 4℃$，试计算墙壁的导热热阻和热流密度。如果将壁厚改为 $\delta' = 240mm$，其他参数数值不变，热流密度提高多少？

分析：由于实际墙壁的高度和宽度远远大于其厚度，可以将该问题按大平壁导热问题处理，根据已知的参数条件，直接利用式(0-1)即可求出热流密度。

【解】

砖墙墙壁的导热热阻为 $R_\lambda = \dfrac{\delta}{\lambda} = \dfrac{0.36}{0.6} = 0.6 m^2 \cdot K/W$

由式(0-1)热流密度为 $q = \dfrac{\Delta t}{R_\lambda} = \dfrac{16 - 4}{0.6} = 20 W/m^2$

当墙壁厚度变为 $\delta' = 240\text{mm}$ 时，

导热热阻 $R'_\lambda = \dfrac{\delta'}{\lambda} = \dfrac{0.24}{0.6} = 0.4\text{m}^2 \cdot \text{K/W}$

由式(0-1) $q' = \dfrac{\Delta t}{R'_\lambda} = \dfrac{16-4}{0.4} = 30\text{W/m}^2$

可以看出，热流密度明显提高，其增加率为：

$$\frac{q'-q}{q} \times 100\% = \frac{30-20}{20} \times 100\% = 50\%$$

【讨论】　增大壁厚将增加导热热阻，从而降低热量的传递，起到一定的保温效果。相反地，如果以增加散热为目的的话，就应尽可能减少壁厚。在不改变壁厚的情况下，通过选择导热系数低的材料同样也可以起到相同的效果。

【例 0-2】　一根水平放置的蒸汽管道，其保温层外径为 $d=583\text{mm}$，外表面实测平均温度为 $t_\text{w}=48℃$，周围空气温度 $t_\text{f}=-2℃$，此时空气与管道外表面的自然对流换热表面传热系数为 $h=4.06\text{W/(m}^2 \cdot \text{K)}$，试计算管道的对流散热损失。

分析：空气温度低于管道外表面温度，依据题意可以借助式(0-2)计算管道表面的对流换热量。

【解】　把管道每米长度上的散热量记为 q_l，则参照式(0-2)：

$$q_{l,\text{c}} = \pi d h \Delta t = \pi d h (t_\text{w} - t_\text{f})$$
$$= 3.14 \times 0.583 \times 4.06 \times (48 - (-2))$$
$$= 371.6\text{W/m}$$

【例 0-3】　一换热器管内侧流过的水的对流换热表面传热系数为 $h_1 = 8700\text{W/(m}^2 \cdot \text{K)}$，管外侧制冷剂的换热表面传热系数为 $h_2 = 1800\text{W/(m}^2 \cdot \text{K)}$，已知换热管子壁厚为 $\delta = 1.5\text{mm}$，管内径为 50mm。管子材料的导热系数为 $\lambda = 383\text{W/(m} \cdot \text{K)}$。试计算各部分热阻和换热器的总传热系数。

分析：这是两种流体与管壁之间的传热过程，由于管壁的厚度相对其直径而言较小 $\delta \ll d$，可以将其按平壁处理，依据题目提供的条件，可以利用式(0-4)。

【解】

水侧对流换热热阻：$R_{h_1} = \dfrac{1}{h_1} = \dfrac{1}{8700} = 1.15 \times 10^{-4}\text{m}^2 \cdot \text{K/W}$

制冷剂侧对流换热热阻：$R_{h_2} = \dfrac{1}{h_2} = \dfrac{1}{1800} = 5.56 \times 10^{-4}\text{m}^2 \cdot \text{K/W}$

管壁的导热热阻：$R_\lambda = \dfrac{\delta}{\lambda} = \dfrac{0.0015}{383} = 3.92 \times 10^{-6}\text{m}^2 \cdot \text{K/W}$

总热阻为：$R = R_{h1} + R_\lambda + R_{h2} = 6.75 \times 10^{-4}\text{m}^2 \cdot \text{K/W}$

传热系数：$k = \dfrac{1}{R} = 1482\text{W/(m}^2 \cdot \text{K)}$

【讨论】　从计算结果看，制冷剂侧和水侧的热阻数量级一样，且高于导热热阻2个数量级。导热热阻的影响相对较小，几乎可以忽略。从热阻的构成看，总的热阻数值更接近于单项热阻最大的那个，为此，提高传热系数主要应从如何有效降低热阻较大的传热环节入手，以本题为例，就是要设法提高制冷剂侧的表面传热系数。

0.3 提 高 题

【例 0-4】 某一房间维持室内温度 $t_f = 20℃$，假定房间内壁表面温度在冬天和夏天分别为 $t_d = 14℃$ 和 $t_x = 27℃$。室内有一小物体，其外表面和空气间的自然对流表面传热系数为 $h = 2W/(m^2 \cdot K)$，测得物体外表面的平均温度为 $t_s = 32℃$，物体外表面与房间内墙壁之间的系统辐射系数为 $C_{1,2} = 5.10W/(m^2 \cdot K^4)$，试计算该物体在冬天和夏天的热损失。

分析：室内物体与周围环境之间的换热由两部分组成，即：物体与室内空气的自然对流换热和物体与各房间内壁面之间的辐射换热。根据题目给定的条件，由于冬季和夏季室内空气和物体表面的温度均没有变化，对流换热热损失冬夏季是相同的；而冬夏季室内墙表面温度不同，物体与内墙表面之间的辐射换热量则不同，需要分别计算。

【解】

物体表面与室内空气之间的自然对流换热热流密度为：
$$q_c = h(t - t_f) = 2 \times (32 - 20) = 24 W/m^2$$
$$T_s = 32 + 273 = 305K, \quad T_d = 14 + 273 = 287K, \quad T_x = 27 + 273 = 300K$$

冬天物体与室内壁面之间的辐射换热热流密度为：
$$q_{rd} = C_{1,2} \left[\left(\frac{T_r}{100} \right)^4 - \left(\frac{T_d}{100} \right)^4 \right] = 5.10 \times (3.05^4 - 2.87^4) = 95.4 W/m^2$$

夏天物体与室内壁面之间的辐射换热热流密度为：
$$q_{rx} = C_{1,2} \left[\left(\frac{T_r}{100} \right)^4 - \left(\frac{T_x}{100} \right)^4 \right] = 5.10 \times (3.05^4 - 3^4) = 28.3 W/m^2$$

物体在冬天和夏天的热损失分别为：
$$q_d = q_c + q_{rd} = 24 + 95.4 = 119.4 W/m^2$$
$$q_x = q_c + q_{rx} = 24 + 28.3 = 52.3 W/m^2$$

【讨论】 从求解结果可以看出，在保持同样的室内温度条件下，冬天与夏天物体表面由于室内壁面温度的差异较大而引起相差较大的热损失，物体表面冬季辐射换热损失是夏季的三倍以上。如果把室内的物体看做人员，就可以很好地理解即便冬季和夏季保持同样的室内空气温度，冬季也需要穿较厚的毛衣之类衣服，而夏季只需要在室内穿衬衣就可以了。有兴趣的读者可以将冬夏季室内温度分别取 18℃ 和 24℃，其他参数不变条件下的物体表面的散热损失情况，比较对流换热与辐射换热所占的比例。

【例 0-5】 如图 0-3 所示，一房间墙壁壁厚 $\delta = 360mm$，面积 $A = 12m^2$，其导热系数为 $\lambda = 0.72W/(m \cdot K)$。已知房间内空气温度为 $t_{f1} = 20℃$，外部环境（空气和物体）温度为 $t_{f2} = 5℃$，墙壁内外表面的空气对流表面传热系数分别为 $h_1 = 6W/(m^2 \cdot K)$ 和 $h_2 = 30W/(m^2 \cdot K)$。假定外墙表面与周围环境物体之间的系统辐射系数为 $C_{1,2} = 5.0W/(m^2 \cdot K^4)$，试求通过该墙壁的散热量。

分析：房间内外侧传热过程进入稳态后，通过房间墙

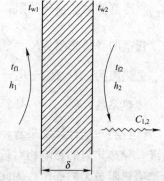

图 0-3 例 0-5 图

壁的散热量等于室内空气与房间内墙的对流换热量，也等于墙壁外表面与室外空气的对流换热量和墙外表面与周围物体表面间辐射换热量之和。

【解】

方法一：设房间墙壁内、外表面的温度分别为 t_{w1} 和 t_{w2}。

室内空气与墙内表面的对流换热量为：

$$q_n = h_1(t_{f1} - t_{w1}) = 6(20 - t_{w1})$$

墙壁的导热量为：

$$q_\lambda = \frac{\lambda}{\delta}(t_{w1} - t_{w2}) = \frac{0.72}{0.36}(t_{w1} - t_{w2}) = 2(t_{w1} - t_{w2})$$

墙外表面与室外空气的对流换热量为：

$$q_w = h_2(t_{w2} - t_{f2}) = 30(t_{w2} - 5)$$

墙外表面与周围物体表面的辐射换热量为：

$$q_r = C_{1,2}\left[\left(\frac{T_{w2}}{100}\right)^4 - \left(\frac{T_{f2}}{100}\right)^4\right] = 5.0 \times \left[\left(\frac{t_{w2}}{100} + 2.73\right)^4 - 2.78^4\right]$$

传热过程进入稳态后，室内空气与内墙的对流换热量＝墙壁的导热量＝墙外表面与室外空气的对流换热量＋墙外表面与周围物体表面的辐射换热量。

故：

$$6(20 - t_{w1}) = 2(t_{w1} - t_{w2})$$

简化为：

$$t_{w2} = 4t_{w1} - 60 \tag{1}$$

$$6(20 - t_{w1}) = 30(t_{w2} - 5) + 5.0 \times \left[\left(\frac{t_{w2}}{100} + 2.73\right)^4 - 2.78^4\right]$$

简化为：

$$t_{w1} = 94.8 - 5t_{w2} - \frac{5.0}{6} \times \left(\frac{t_{w2}}{100} + 2.73\right)^4 \tag{2}$$

联立求解方程式（1）和式（2）可以计算出，t_{w1} 和 t_{w2} 分别为：16.4℃和5.6℃。

则通过墙壁的散热量为：

$$\Phi = h_1 A(t_{f1} - t_{w1}) = 6 \times 12 \times (20 - 16.4) = 259 \text{W}$$

方法二：该问题的热路图如图 0-4 所示。

各部分热阻分别为：

$$R_{h1} = \frac{1}{h_1} = \frac{1}{6} = 0.167 \text{m}^2 \cdot \text{K/W}$$

$$R_\lambda = \frac{\delta}{\lambda} = \frac{0.36}{0.72} = 0.5 \text{m}^2 \cdot \text{K/W}$$

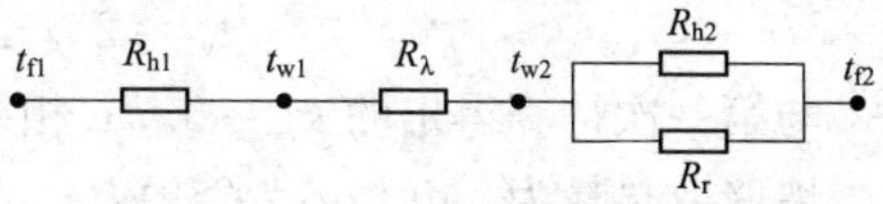

图 0-4　热路图

$$R_{h2} = \frac{1}{h_2} = \frac{1}{30} = 0.033 \text{m}^2 \cdot \text{K/W}$$

定义辐射换热系数：

$$h_r = \frac{C_{1,2}\left[\left(\dfrac{T_{w2}}{100}\right)^4 - \left(\dfrac{T_{f2}}{100}\right)^4\right]}{T_{w2} - T_{f2}} \tag{3}$$

辐射换热热阻

$$R_r = \frac{1}{h_r} = \frac{T_{w2} - T_{f2}}{C_{1,2}\left[\left(\dfrac{T_{w2}}{100}\right)^4 - \left(\dfrac{T_{f2}}{100}\right)^4\right]} \tag{4}$$

腔外表面散热总热阻

$$R_w = \frac{R_{h2}R_r}{R_{h2}+R_r}$$

墙壁换热热流密度

$$q = \frac{t_{f1}-t_{f2}}{R_{h1}+R_\lambda+R_w} = \frac{15}{0.167+0.5+\dfrac{0.033R_r}{0.033+R_r}} \tag{5}$$

由

$$q = \frac{t_{f1}-t_{w2}}{R_{h1}+R_\lambda}$$

得出

$$t_{w2} = t_{f1}-q(R_{h1}+R_\lambda) \tag{6}$$

利用式(4)、式(5)、式(6)循环迭代求解。

先不考虑辐射换热，则：

$$q = \frac{t_{f1}-t_{f2}}{R_{h1}+R_\lambda+R_{h2}}$$

$$= \frac{15}{0.167+0.5+0.033} = 21.4\text{W/m}^2$$

代入式(6)得

$$t_{w2} = 20-21.4\times0.667 = 5.7℃$$

代入式(4)得

$$R_r = \frac{0.7}{5.0\times(2.787^4-2.78^4)} = 0.231\text{m}^2\cdot\text{K/W}$$

代入式(5)得

$$q = \frac{15}{0.667+\dfrac{0.033\times0.231}{0.033+0.231}} = 21.6\text{W/m}^2$$

代入式(6)得

$$t_{w2} = 20-21.6\times0.667 = 5.6℃$$

与第一次计算得出的 $t_{w2}=5.7℃$ 相差不到 2%，结束计算。

墙壁散热量为：$\Phi=qA=259\text{W}$

【讨论】由于房间外壁面温度与室外气流之间的温差较小，其辐射换热量很小，与对流换热量相比可以忽略。通过计算可以看出，按忽略室外侧墙壁表面的辐射换热，所带来的计算误差在题目所给定的参数数值条件下仅为 2%。

0.4 习题解答要点和参考答案

0-1 解答要点：地表面的导热量＋空气的对流换热量。

0-2 解答要点：草叶在夜间向太空辐射放热。白天吸热主要来自太阳的辐射热。

0-3 略。

0-4 解答要点：热传递的三种基本方式的区分及应用。如：散热器外壁→墙壁之间的传热包括两者之间的热辐射、室内空气的热对流、空气内部的导热三种基本方式；太阳照射,阳光→人体之间就是热辐射。

0-5 解答要点:烧开水(水沸腾换热),冬季湖面结冰(凝固),空调器中的冷凝器(制冷剂冷凝换热)和蒸发器(制冷剂沸腾换热),散热器加热室内空气(空气加热,散热器内热水冷却)等。

0-6 解答要点:参见〔例0-4〕。挂上窗帘可增大辐射换热热阻,减少热量向外散失。

0-7 解答要点:参考0.1学习要点中的0.1.3。

0-8 解答要点:热量通过门窗(导热+辐射+漏风对流)、墙壁(导热)、屋顶(导热)等传到室外。

0-9 解答要点:玻璃夹层是真空,导热、热对流可忽略;夹层两侧均镀银,辐射热阻大,热辐射损失也小,保温性能很好。当夹层被破坏后,空气夹层存在导热和对流换热,热损失加大,保温性能变差。

0-10 解答要点:利用公式(0-1):$R_{\lambda总}=\dfrac{R_\lambda}{A}$

参考答案:1:12。

0-11 解答要点:导热系数为常数时为直线,否则为曲线。

0-12 解答要点:填充保温材料是靠导热,而空气夹层是依靠自然对流换热和辐射换热。

0-13 解答要点:对流+导热+对流的复合传热问题,利用式(0-4)分别计算室外侧对流热阻、导热热阻和室内侧对流热阻,然后相加。

参考答案:传热量为385.7W。

0-14 解答要点:大平壁导热问题,直接套用式(0-1)。

参考答案:热阻0.00074K/W,单位面积热阻0.00444$m^2\cdot$K/W,热流量184kW。

0-15 解答要点:利用牛顿对流换热式(0-2)。

参考答案:管壁温度为155℃,热流量为2kW。

0-16 解答要点:直接利用式(0-3)。

参考答案:辐射换热量为139.2W/m^2,换热量提高11.14倍。

0-17 解答要点:典型的传热过程利用式(0-4)。

参考答案:传热系数83.3W/($m^2\cdot$K),传热量为909.6kW。误差2%。不必考虑铜管的热阻。

1 导热理论基础

1.1 学习要点

1.1.1 温度场

温度场是指在各个时刻物体内各点温度分布的总称，它是时间和空间的函数，对直角坐标系即为：

$$t = f(x, y, z, \tau) \tag{1-1}$$

式中　t——温度，℃；

x，y，z——空间坐标；

τ——时间坐标。

式(1-1)表示物体在 x，y，z 三个方向和时间上都发生变化的温度场，温度场不随时间发生变化的称为稳态温度场，随时间变化的则称为非稳态温度场。

1.1.2 等温面及等温线

同一时刻，温度场中所有温度相同的点连接所构成的面称为等温面。

不同的等温面与同一个平面相交，在这个平面上构成的一簇曲线称为等温线。从等温线的分布可以看出温度分布的区域、温度变化的缓急以及热流的方向。

1.1.3 温度梯度及热流矢量

自等温面上某点到另一个等温面，以该点法线方向的温度变化率为最大，按该点的法线方向，且数值等于这个最大温度变化率的矢量称为温度梯度，用 $\mathrm{grad}t$ 表示。

热流矢量与温度梯度的定义相类似，指等温面上某点，以通过该点最大热流密度的方向为方向，数值等于沿该方向热流密度的矢量称为热流密度矢量，简称热流矢量。

1.1.4 热流密度 q

单位时间内单位面积上所传递的热量称为热流密度，单位为 W/m^2。

1.1.5 傅里叶定律

在导热现象中，单位时间内通过给定截面的热量，正比于垂直于该截面方向上的温度变化率和截面面积，而热量矢量的方向与温度梯度的方向相反。

数学表达式为：$q = -\lambda \mathrm{grad}t (W/m^2)$

傅里叶定律是导热现象的基本定律，它适用于连续均匀和各向同性材料的稳态和非稳态导热过程。

1.1.6 导热系数

根据傅里叶定律，导热系数是在单位温度梯度作用下物体内所产生的热流矢量的模，导热系数反映了物质的导热能力。导热系数的数值取决于物质的种类和温度等因素，一般来说，导热系数与物质的种类和状态有关，一般由实验测定，金属材料最高，液体次之，气体最小，非金属固体的导热系数在很大范围内变化。

气体的导热系数随温度升高而增大，大多数金属导热系数随温度升高而减小。

1.1.7 导热微分方程式

导热微分方程式是根据热力学第一定律和傅里叶定律所建立起来的描写物体的温度随空间和时间变化的关系式，在直角坐标系下数学表达式如下：

$$\rho c\frac{\partial t}{\partial \tau}=\frac{\partial}{\partial x}\left(\lambda\frac{\partial t}{\partial x}\right)+\frac{\partial}{\partial y}\left(\lambda\frac{\partial t}{\partial y}\right)+\frac{\partial}{\partial z}\left(\lambda\frac{\partial t}{\partial z}\right)+q_v \tag{1-2}$$

式中　q_v——内热源，W/m^3。

导热微分方程实质上是导热过程的能量方程，借助该式把物体中各点的温度联系起来，它表达了物体的温度随空间和时间变化的关系。

当物性参数 λ、ρ 和 c 均为常数时，导热微分方程可以简化为：

$$\frac{\partial t}{\partial \tau}=\frac{\lambda}{\rho c}\left(\frac{\partial^2 t}{\partial x^2}+\frac{\partial^2 t}{\partial y^2}+\frac{\partial^2 t}{\partial z^2}\right)+\frac{q_v}{\rho c}$$

或写成：

$$\frac{\partial t}{\partial \tau}=a\nabla^2 t+\frac{q_v}{\rho c} \tag{1-3}$$

式中，∇^2 是拉普拉斯运算符；$a=\frac{\lambda}{\rho c}$ 为热扩散率，单位是 m^2/s，表征物体被加热或冷却时，物体内各部分温度趋向均匀一致的能力。热扩散率对非稳态导热过程具有很重要的意义。

圆柱坐标系导热微分方程为：

$$\rho c\frac{\partial t}{\partial \tau}=\frac{1}{r}\frac{\partial}{\partial r}\left(\lambda r\frac{\partial t}{\partial r}\right)+\frac{1}{r^2}\frac{\partial}{\partial \phi}\left(\lambda\frac{\partial t}{\partial \phi}\right)+\frac{\partial}{\partial z}\left(\lambda\frac{\partial t}{\partial z}\right)+q_v \tag{1-4}$$

球坐标系导热微分方程为：

$$\rho c\frac{\partial t}{\partial \tau}=\frac{1}{r^2}\frac{\partial}{\partial r}\left(\lambda r^2\frac{\partial t}{\partial r}\right)+\frac{1}{r^2\sin^2\theta}\frac{\partial}{\partial \phi}\left(\lambda\frac{\partial t}{\partial \phi}\right)+\frac{1}{r^2\sin^2\theta}\frac{\partial}{\partial \theta}\left(\lambda\sin\theta\frac{\partial t}{\partial \theta}\right)+q_v \tag{1-5}$$

导热微分方程式主要是用数学的形式表示了导热过程所应遵循的规律，适用于连续均匀、各向同性介质和各向异性介质中任何导热现象。

1.1.8 单值性条件

（1）几何条件：描述参与导热过程的物体的几何形状和大小。

（2）物理条件：描述参与导热过程的物体的热物性参数和内热源大小及分布情况。

（3）时间条件：时间条件又称初始条件，说明在时间上过程进行的特点。稳态导热过程没有单值性的时间条件，非稳态导热过程应该说明过程开始时刻物体内的温度分布，它可以表示为：

$$t|_{\tau=0}=f(x,y,z) \tag{1-6}$$

（4）边界条件：

常见边界条件的表达式可以分为三类：

1）第一类边界条件是已知任何时刻物体边界面上的温度值，可以表示为：

$$t|_s=t_w \tag{1-7}$$

式中，下标 s 表示边界面，t_w 是温度在边界面 s 的给定值。

对于二维或三维稳态温度场，它的边界面超过两个，这时应逐个按边界面给定它们的温度值。

2）第二类边界条件是已知任何时刻物体边界面上的热流密度值，可以表示为：

$$q|_s = q_w \quad \text{或} \quad -\frac{\partial t}{\partial n}\Big|_s = \frac{q_w}{\lambda} \tag{1-8}$$

若某一个边界面 s 是绝热的，该边界面上温度变化率为零，即：

$$\frac{\partial t}{\partial n}\Big|_s = 0 \tag{1-9}$$

3）第三类边界条件即对流换热边界条件，已知边界面周围流体温度 t_f 和边界面与流体之间的表面传热系数 h，可以表示为：

$$-\lambda \frac{\partial t}{\partial x}\Big|_s = h(t|_s - t_f) \tag{1-10}$$

1.1.9 导热问题求解步骤

（1）根据问题的物理描述，结合实际情况作出一定的化简，写出问题的数学描述形式（导热微分方程式＋初始条件＋边界条件）；

（2）求解微分方程式，得到温度场的通解形式；

（3）结合初始条件和边界条件，求出温度场的定解形式；

（4）利用傅里叶定律求解热流密度、热流量及温度分布并分析其特点。

1.2 典 型 例 题

【例 1-1】 等温面与等温线的特点？

【答】 （1）温度不同的等温面或等温线彼此不能相交；

（2）在连续的温度场中，等温面或等温线不会中断，它们或者是物体中完全封闭的曲面（曲线），或者就终止于物体的边界上；

（3）等温面或等温线的分布并不一定均匀。

【例 1-2】 根据下列各条件分别简化空间直角坐标系中的导热微分方程。

（1）导热体内物性参数为常数，无内热源；

（2）导热体内物性参数为常数，一维、稳态，有内热源；

（3）二维、稳态，无内热源；

（4）导热体内物性参数为常数，二维、稳态，无内热源。

【解】 导热微分方程为：$\rho c \frac{\partial t}{\partial \tau} = \frac{\partial}{\partial x}\left(\lambda \frac{\partial t}{\partial x}\right) + \frac{\partial}{\partial y}\left(\lambda \frac{\partial t}{\partial y}\right) + \frac{\partial}{\partial z}\left(\lambda \frac{\partial t}{\partial z}\right) + q_v$

（1）当物性参数为常数时，则 $\lambda = \text{const}$，无内热源，即 $q_v = 0$，则：

$$\rho c \frac{\partial t}{\partial \tau} = \frac{\partial}{\partial x}\left(\lambda \frac{\partial t}{\partial x}\right) + \frac{\partial}{\partial y}\left(\lambda \frac{\partial t}{\partial y}\right) + \frac{\partial}{\partial z}\left(\lambda \frac{\partial t}{\partial z}\right) + q_v$$

$$= \lambda \frac{\partial^2 t}{\partial x^2} + \lambda \frac{\partial^2 t}{\partial y^2} + \lambda \frac{\partial^2 t}{\partial z^2}$$

$$\Rightarrow \frac{\partial t}{\partial \tau} = \frac{\lambda}{\rho c}\left(\frac{\partial^2 t}{\partial x^2} + \frac{\partial^2 t}{\partial y^2} + \frac{\partial^2 t}{\partial z^2}\right)$$

所以，导热微分方程式可以化简为：

$$\frac{\partial t}{\partial \tau} = \frac{\lambda}{\rho c}\left(\frac{\partial^2 t}{\partial x^2} + \frac{\partial^2 t}{\partial y^2} + \frac{\partial^2 t}{\partial z^2}\right)$$

（2）导热体内物性参数为常数，$\lambda = \text{const}$，一维稳态温度场，则关于 y，z，τ 的偏微分项消除，保留内热源项，则：

$$\rho c \frac{\partial t}{\partial \tau} = \frac{\partial}{\partial x}\left(\lambda \frac{\partial t}{\partial x}\right) + \frac{\partial}{\partial y}\left(\lambda \frac{\partial t}{\partial y}\right) + \frac{\partial}{\partial z}\left(\lambda \frac{\partial t}{\partial z}\right) + q_v$$

$$= \lambda \frac{\partial^2 t}{\partial x^2} + \lambda \frac{\partial^2 t}{\partial y^2} + \lambda \frac{\partial^2 t}{\partial z^2} + q_v$$

$$\Rightarrow 0 = \lambda \frac{\partial^2 t}{\partial x^2} + q_v$$

$$\Rightarrow \frac{d^2 t}{d x^2} + \frac{q_v}{\lambda} = 0$$

所以，导热微分方程式可以化简为：

$$\frac{d^2 t}{d x^2} + \frac{q_v}{\lambda} = 0$$

（3）二维稳态温度场，则关于 z，τ 的偏微分项消除，无内热源，$q_v = 0$，则：

$$\rho c \frac{\partial t}{\partial \tau} = \frac{\partial}{\partial x}\left(\lambda \frac{\partial t}{\partial x}\right) + \frac{\partial}{\partial y}\left(\lambda \frac{\partial t}{\partial y}\right) + \frac{\partial}{\partial z}\left(\lambda \frac{\partial t}{\partial z}\right) + q_v$$

$$\Rightarrow 0 = \frac{\partial}{\partial x}\left(\lambda \frac{\partial t}{\partial x}\right) + \frac{\partial}{\partial y}\left(\lambda \frac{\partial t}{\partial y}\right)$$

所以，导热微分方程式可以化简为：

$$\frac{\partial}{\partial x}\left(\lambda \frac{\partial t}{\partial x}\right) + \frac{\partial}{\partial y}\left(\lambda \frac{\partial t}{\partial y}\right) = 0$$

（4）在（3）的基础上，增加了 $\lambda = \text{const}$，则：

$$\frac{\partial}{\partial x}\left(\lambda \frac{\partial t}{\partial x}\right) + \frac{\partial}{\partial y}\left(\lambda \frac{\partial t}{\partial y}\right) = 0$$

$$\Rightarrow \lambda \frac{\partial^2 t}{\partial x^2} + \lambda \frac{\partial^2 t}{\partial y^2} = 0$$

$$\Rightarrow \frac{\partial^2 t}{\partial x^2} + \frac{\partial^2 t}{\partial y^2} = 0$$

所以，导热微分方程式可以化简为：$\dfrac{\partial^2 t}{\partial x^2} + \dfrac{\partial^2 t}{\partial y^2} = 0$

【讨论】 本题主要考察导热微分方程式的化简及灵活应用。解决该类题目的关键在于理解导热微分方程式的各项物理意义，并根据已知条件判断问题是稳态还是非稳态的，若是稳态则 $\dfrac{\partial t}{\partial \tau} = 0$，若非稳态则 $\dfrac{\partial t}{\partial \tau} \neq 0$；一维问题则 $\dfrac{\partial t}{\partial x} \neq 0$，$\dfrac{\partial t}{\partial y} = 0$，$\dfrac{\partial t}{\partial z} = 0$；有内热源则 $q_v \neq 0$，无内热源则 $q_v = 0$。

【例 1-3】 某一加热板的壁厚为 δ，导热系数 $\lambda = \text{const}$，该加热板具有均匀内热源 $q_v(\text{W}/\text{m}^3)$，已知该加热板的上下两侧边界面 $t = t_w$，且 $t_w = \text{const}$，左侧边界面为绝热面，右侧边界面与温度为 t_f 的流体直接接触，且表面传热系数为 h，试建立该加热板稳态导热的数学模型。

【解】 该问题的物理模型如图 1-1 所示。

导热微分方程式的通用形式为：

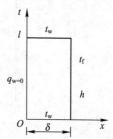

图 1-1 加热板导热

$$\rho c \frac{\partial t}{\partial \tau} = \frac{\partial}{\partial x}\left(\lambda \frac{\partial t}{\partial x}\right) + \frac{\partial}{\partial y}\left(\lambda \frac{\partial t}{\partial y}\right) + \frac{\partial}{\partial z}\left(\lambda \frac{\partial t}{\partial z}\right) + q_v$$

由题意可知，该问题的温度分布不受 z，τ 因素的影响，且导热系数 $\lambda = \mathrm{const}$，因此导热微分方程可以化简为：

$$\frac{\partial^2 t}{\partial x^2} + \frac{\partial^2 t}{\partial y^2} + \frac{q_v}{\lambda} = 0$$

左侧边界为第二类边界条件：

$$x = 0, \quad \frac{\partial t}{\partial x} = 0$$

右侧边界为第三类边界条件：

$$x = \delta, \quad -\lambda \frac{\partial t}{\partial x}\bigg|_{x=\delta} = h(t|_{x=\delta} - t_f)$$

上侧边界为第一类边界条件

$$y = l, \quad t = t_w$$

下侧边界为第一类边界条件

$$y = 0, \quad t = t_w$$

【讨论】 该类问题的解题关键是结合题意准确判断是否存在内热源、可以化简为几维问题，一维问题需写出 2 个边界条件，二维问题需写出 4 个边界条件。

【例 1-4】 下面为两个第三类边界条件的表达式：

$$-\lambda \frac{\partial t}{\partial x}\bigg|_{x=\delta} = h(t|_{x=\delta} - t_f); \quad \lambda \frac{\partial t}{\partial x}\bigg|_{x=\delta} = h(t|_{x=\delta} - t_f)$$

你认为哪一个式子是正确的？

【解】 图 1-2 给出了热流密度和温度梯度的方向示意，温度梯度的方向与热量传递方向相反。

因此：$-\lambda \frac{\partial t}{\partial x}\bigg|_{x=\delta} = h(t|_{x=\delta} - t_f)$ 正确。

【例 1-5】 一无限大平板厚度为 δ，初始温度为 t_0，在某瞬间将平板一侧绝热，另一侧置于温度为 $t_f(t_0 > t_f)$ 的流体中。流体与平板间的表面传热系数 h 为常数。写出一维无限大平板非稳态导热的控制方程及边界条件、初始条件。

【解】 图 1-3 给出了平板非稳态导热的示意图。

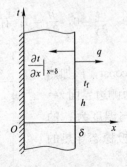

图 1-2 模型示意

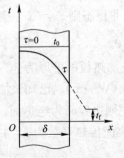

图 1-3 平板非稳态导热

导热微分通用方程式为：

$$\rho c \frac{\partial t}{\partial \tau} = \frac{\partial}{\partial x}\left(\lambda \frac{\partial t}{\partial x}\right) + \frac{\partial}{\partial y}\left(\lambda \frac{\partial t}{\partial y}\right) + \frac{\partial}{\partial z}\left(\lambda \frac{\partial t}{\partial z}\right) + q_v$$

结合题意，该问题属于一维、非稳态、无内热源问题，故上述通用微分方程式的 y，z，q_v 相关项均可以消掉，上式化简为：

$$\rho c \frac{\partial t}{\partial \tau} = \frac{\partial}{\partial x}\left(\lambda \frac{\partial t}{\partial x}\right)$$

边界条件分别属于第二类和第三类边界，因此该问题的数学描述可以写为：

微分方程： $\qquad \rho c \dfrac{\partial t}{\partial \tau} = \dfrac{\partial}{\partial x}\left(\lambda \dfrac{\partial t}{\partial x}\right)$

初始条件： $\qquad \tau = 0, \quad t = t_0, \quad 0 \leqslant x \leqslant \delta$

边界条件： $\qquad x = 0, \quad \dfrac{\partial t}{\partial x} = 0 \quad (\tau > 0)$

$$x = \delta, \quad -\lambda \frac{\partial t}{\partial x}\Big|_{x=\delta} = h(t\big|_{x=\delta} - t_f) \quad (\tau > 0)$$

1.3 提 高 题

【例 1-6】 某换热通道截面如图 1-4 所示，其中外侧正方形的边长为 $2\delta_1$。内侧正方形的边长为 $2\delta_2$，物性为常数且过程处于稳定状态，通道内部表面温度 t_1 保持不变，根据换热的对称性，通道外部边界处于恒壁温，有人分别用不锈钢和铜作为该导热体的材料进行实验测定，认为无论图中所示阴影部分的导热体有无内热源，其上述两种材料组成的换热通道截面的温度分布均不一样。该说法成立吗？为什么？

【解】 判断物体中的温度分布是否一样，关键在于判断物体中的导热微分方程和边界条件是否一样。根据该模型的对称性，选取导热体的 1/4 模型作为研究对象进行分析，其物理模型示意如图 1-5 所示。

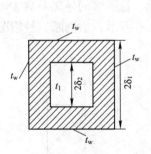
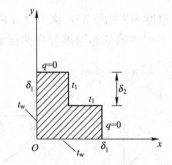

图 1-4 换热通道导热 　　　　图 1-5 导热体模型

（1）当导热体内部无内热源时，即 $q_v = 0$，结合题意，导热微分方程可以进行如下简化：

$$\rho c \frac{\partial t}{\partial \tau} = \frac{\partial}{\partial x}\left(\lambda \frac{\partial t}{\partial x}\right) + \frac{\partial}{\partial y}\left(\lambda \frac{\partial t}{\partial y}\right) + \frac{\partial}{\partial z}\left(\lambda \frac{\partial t}{\partial z}\right) + q_v$$

$$\Rightarrow \frac{\partial}{\partial x}\left(\lambda \frac{\partial t}{\partial x}\right) + \frac{\partial}{\partial y}\left(\lambda \frac{\partial t}{\partial y}\right) = 0$$

$$\Rightarrow \frac{\partial^2 t}{\partial x^2} + \frac{\partial^2 t}{\partial y^2} = 0$$

左侧边界条件为第一类边界条件:

$$x=0, \quad t=t_w;$$

右侧边界条件为分段情况,当 $x=\delta_1$,$0 \leqslant y \leqslant \delta_1 - \delta_2$ 时,为第二类边界条件:

$$\frac{\partial t}{\partial x} = 0;$$

当 $x=\delta_1 - \delta_2$,$\delta_1 - \delta_2 < y \leqslant \delta_1$ 时,为第一类边界条件:

$$t = t_1;$$

上侧边界条件为分段情况,当 $y=\delta_1$,$0 \leqslant x \leqslant \delta_1 - \delta_2$ 时,为第二类边界条件:

$$\frac{\partial t}{\partial y} = 0;$$

当 $y=\delta_1 - \delta_2$,$\delta_1 - \delta_2 < x \leqslant \delta_1$ 时,为第一类边界条件:

$$t = t_1;$$

下侧边界条件为第一类边界条件:

$$y=0, \quad t=t_w;$$

显然,上述方程和边界条件中均不含有与导热系数 λ 有关的量,因此两种材料做成的导热体中的温度分布应该一样,即题目的说法不对。

(2)当导热体内部有内热源时,即 $q_v \neq 0$,结合题意,导热微分方程可简化为:

$$\frac{\partial^2 t}{\partial x^2} + \frac{\partial^2 t}{\partial y^2} + \frac{q_v}{\lambda} = 0$$

边界条件同(1)。

显然,当内热源存在时,上述方程中含有与导热系数 λ 有关的量,此时两种不同材料组成的导热体中的温度分布不一样。

结合(1)与(2)的分析可知,题目的说法不正确。

【例 1-7】 厚度为 δ 的平壁,该平壁无内热源,且平壁的导热系数 $\lambda = a + bt$,其中 a,b 为常数。已知平壁中的稳态温度分布曲线如图 1-6 所示,请判断三种情况下 b 的符号(即 $b>0$,$b=0$,$b<0$)。

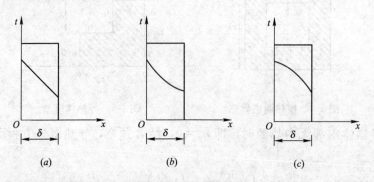

图 1-6 温度分布示意

分析:本题考察重点为热流密度与温度梯度和导热系数之间的关系。并且,每块平壁

沿 x 方向任何一个截面的热流密度 q 均相等。

【解】 由题意可知，该问题为稳态，无内热源问题，结合傅里叶定律的数学表达式：

$$q = -\lambda \frac{dt}{dx}$$

(1) 从图 1-6(a)中可以看出，$x=0$ 到 $x=\delta$ 之间，$\frac{dt}{dx}$ 为常数，因此，若使 $q = -\lambda \frac{dt}{dx}$ 恒定不变，则需 λ 为常数，因此 $b=0$。

(2) 从图 1-6(b)中可以看出，$x=0$ 到 $x=\delta$ 之间，$-\frac{dt}{dx}$ ↘，因此，若使 $q = -\lambda \frac{dt}{dx}$ 恒定不变，则需 λ ↗，所以 $b<0$。

(3) 从图 1-6(c)中可以看出，$x=0$ 到 $x=\delta$ 之间，$-\frac{dt}{dx}$ ↗，因此，若使 $q = -\lambda \frac{dt}{dx}$ 恒定不变，则需 λ ↘，所以 $b>0$。

【例 1-8】 绝缘电线的内部为半径为 R，长度为 L 的铜线，该铜线的导热系数 λ_1 为常数，电阻率为 $\alpha(\Omega \cdot m^2/m)$，导线通过电流 I(A) 而均匀发热。铜线外侧敷设绝缘塑料皮，绝缘塑料皮厚度为 δ，其导热系数 λ_2 为常数，已知铜线外侧与绝缘塑料皮接触处温度恒定为 t_w，绝缘塑料皮的外侧空气温度为 t_f，绝缘塑料皮外侧与空气间的表面传热系数为 h。试写出这一稳态过程的数学描述。

分析：本题考察重点为圆柱形物体的数学描述。根据导线的长度 L 与直径 R 的关系，该问题可以归为一维稳态、圆柱带内热源的导热问题。

【解】 该问题的数学物理模型如图 1-7 所示。

由式(1-4)可知，圆柱坐标系的通用导热微分方程式如下式所示：

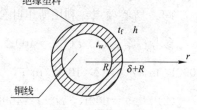

图 1-7 模型示意图

$$\rho c \frac{\partial t}{\partial \tau} = \frac{1}{r} \frac{\partial}{\partial r}\left(\lambda r \frac{\partial t}{\partial r}\right) + \frac{1}{r^2} \frac{\partial}{\partial \phi}\left(\lambda \frac{\partial t}{\partial \phi}\right) + \frac{\partial}{\partial z}\left(\lambda \frac{\partial t}{\partial z}\right) + q_v$$

(1) 结合题意，对于铜线部分，其导热过程为稳态、有内热源的一维导热问题，其导热微分方程可以化简为：

$$\frac{1}{r} \frac{d}{dr}\left(r \frac{dt}{dr}\right) + \frac{q_v}{\lambda_1} = 0$$

内热源可以表示为：$q_v = \dfrac{I^2 \alpha \dfrac{L}{\pi R^2}}{\pi R^2 L} = \dfrac{I^2 \alpha}{(\pi R^2)^2}$

铜线外表面边界条件：$t_{r=R} = t_w$

铜线中心边界条件：$\dfrac{dt}{dr}\bigg|_{r=0} = 0$

(2) 绝缘塑料皮部分为稳态一维导热问题，其导热微分方程可以化简为：

$$\frac{1}{r} \frac{d}{dr}\left(r \frac{dt}{dr}\right) = 0$$

绝缘塑料皮外表面边界条件：$-\lambda_2 \dfrac{dt}{dr}\bigg|_{r=R+\delta} = h(t|_{r=R+\delta} - t_f)$

绝缘塑料皮内表面边界条件：$t_{r=R}=t_w$

1.4 习题解答要点和参考答案

1-1 解答要点：该题主要难点在于变导热系数的计算。

(1) 由文献 [1] 附录 7 可知，在温度为 20℃ 的情况下，$\lambda_{铜}=398W/(m\cdot K)$，$\lambda_{碳钢}=36W/(m\cdot K)$，$\lambda_{铝}=237W/(m\cdot K)$，$\lambda_{黄铜}=109W/(m\cdot K)$，所以，按导热系数大小排列为：$\lambda_{铜}>\lambda_{铝}>\lambda_{黄铜}>\lambda_{钢}$。

(2) 隔热保温材料定义为导热系数最大不超过 $0.12W/(m\cdot K)$。

(3) 当材料的平均温度为 20℃ 时，导热系数为：

膨胀珍珠岩散料：$\lambda=0.0424+0.000137\cdot t=4.51\times10^{-2}W/(m\cdot K)$

矿渣棉：$\lambda=0.0674+0.000215\cdot t=7.17\times10^{-2}W/(m\cdot K)$

聚乙烯泡沫塑料在常温下，$\lambda=0.036W/(m\cdot K)$。

由上可知金属是良好的导热体，而其他三种是好的保温材料。

1-2 解答要点：利用热阻公式计算热阻即可。

参考答案：热阻分别等于 $1.15m^2\cdot K/W$ 和 $0.27m^2\cdot K/W$。

1-4 解答要点：物体为各向同性材料。

1-5 解答要点：利用傅里叶公式以及热流方向与温升方向相反。

参考答案：(1) $t|_{x=0}=400K$，$t|_{x=\delta}=600K$ 时，温度分布如图 1-8(a) 所示，$\dfrac{\partial t}{\partial x}=2000K/m$，$q=-2\times10^5W/m^2$；

(2) $t|_{x=0}=600K$，$t|_{x=\delta}=400K$，温度分布如图 1-8(b) 所示，$\dfrac{\partial t}{\partial x}=-2000K/m$，$q=2\times10^5W/m^2$。

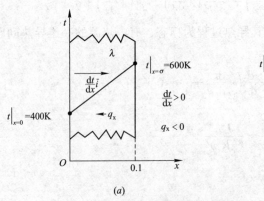
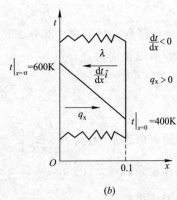

图 1-8 习题 1-5 附图

1-6 解答要点：利用傅里叶公式以及内热源、稳态、一维导热问题的数学表达式

参考答案：$q|_{x=0}=0$，$q|_{x=\delta}=9\times10^3W/m^2$ 以及 $\dot{q}_v=-\lambda\dfrac{d^2t}{dx^2}=1.8\times10^5W/m^3$。

1-9 解答要点：问题为无内热源一维非稳态导热问题。

故有：

$$\frac{\partial t}{\partial \tau}=\frac{\lambda}{\rho c}\left[\frac{1}{r^2}\frac{\partial}{\partial r}\left(r^2\frac{\partial t}{\partial r}\right)\right]\quad \tau>0,\ 0<r<R$$

$$t=t_0,\quad \tau=0,\quad 0\leqslant r\leqslant R$$

$$-\lambda\left.\frac{\partial t}{\partial r}\right|_{r=R}=h(t|_{r=R}-t_f)\quad \tau>0,\ r=R$$

$$\frac{\partial t}{\partial r}=0\quad \tau>0,\ r=0$$

1-10　解答要点：问题为有内热源一维稳态导热问题

(1)　$\lambda\dfrac{\mathrm{d}^2 t}{\mathrm{d}x^2}-\dfrac{\varepsilon\sigma_b U(t+273)^4}{f}=0$

$$,\quad x=0,\quad t+273=T_0$$

$$x=l,\quad -\lambda\frac{\partial t}{\partial x}=\varepsilon\sigma_b(t_l+273)^4 U$$

(2)　$\dfrac{\mathrm{d}^2 T}{\mathrm{d}x^2}-\dfrac{\varepsilon\sigma_b U}{\lambda f}T^4=0$

$$x=0,\quad t=T_0$$

$$x=l,\quad \left.\frac{\mathrm{d}T}{\mathrm{d}x}\right|_{x=l}=0\ （假设的），\quad -\lambda\left.\frac{\mathrm{d}T}{\mathrm{d}x}\right|_{x=l}=\varepsilon\sigma_b T_{x=l}{}^4\ （真实的）$$

2 稳 态 导 热

2.1 学 习 要 点

2.1.1 一维稳态导热

（1）单层壁的稳态导热

1）温度分布

壁厚为 δ 的单层壁两侧恒温且为 t_{w1}、t_{w2}，若 $\lambda = \mathrm{const}$，则：

平壁的温度分布为：

$$t = t_{w1} - \frac{t_{w1} - t_{w2}}{\delta} x \qquad (2\text{-}1a)$$

圆筒壁的温度分布为：

$$t = t_{w1} - (t_{w1} - t_{w2}) \frac{\ln \dfrac{d}{d_1}}{\ln \dfrac{d_2}{d_1}} \qquad (2\text{-}1b)$$

2）热流量 Φ

$$\Phi = \frac{\Delta t}{R_\lambda} \qquad (2\text{-}2)$$

① 第一类边界条件时，两侧壁温分别为 t_{w1}、t_{w2}，则 $\Delta t = t_{w1} - t_{w2}$：

单层平壁：$R_\lambda = \dfrac{\delta}{\lambda A}$；单层圆筒壁：$R_\lambda = \dfrac{1}{2\pi\lambda l} \ln \dfrac{d_2}{d_1}$。

② 第三类边界条件时，两侧流体温度分别为 t_{f1}、t_{f2}，则 $\Delta t = t_{f1} - t_{f2}$：

单层平壁的 $R_\lambda = \dfrac{1}{h_1 A} + \dfrac{\delta}{\lambda A} + \dfrac{1}{h_2 A}$

单层圆筒壁的 $R_\lambda = \dfrac{1}{h_1 \pi d_1 l} + \dfrac{1}{2\pi\lambda l} \ln \dfrac{d_2}{d_1} + \dfrac{1}{h_2 \pi d_2 l}$

（2）多层壁稳态导热

多层壁：由几层不同材料的壁叠在一起组成。

1）热流量 Φ

$$\Phi = \frac{\Delta t}{\displaystyle\sum_{i=1}^{n} R_{\lambda,i}} \qquad (2\text{-}3)$$

① 第一类边界条件时，两侧壁温分别为 t_{w1}、t_{w2}，则 $\Delta t = t_{w1} - t_{w2}$：

多层平壁的 $\displaystyle\sum_{i=1}^{n} R_{\lambda,i} = \sum_{i=1}^{n} \dfrac{\delta_i}{\lambda_i A}$；多层圆筒壁的 $\displaystyle\sum_{i=1}^{n} R_{\lambda,i} = \sum_{i=1}^{n} \dfrac{1}{2\pi\lambda_i l} \ln \dfrac{d_{i+1}}{d_i}$。

② 第三类边界条件时，两侧流体温度分别为 t_{f1}、t_{f2}，则 $\Delta t = t_{f1} - t_{f2}$：

多层平壁的 $\displaystyle\sum_{i=1}^{n} R_{\lambda,i} = \dfrac{1}{h_1 A} + \sum_{i=1}^{n} \dfrac{\delta_i}{\lambda_i A} + \dfrac{1}{h_2 A}$

多层圆筒壁的 $\displaystyle\sum_{i=1}^{n} R_{\lambda,i} = \dfrac{1}{h_1 \pi d_1 l} + \sum_{i=1}^{n} \dfrac{1}{2\pi\lambda_i l} \ln \dfrac{d_{i+1}}{d_i} + \dfrac{1}{h_2 \pi d_{n+1} l}$

说明：在式(2-2)和式(2-3)的热流量计算中，A 表示平壁的表面面积，当 $A=1m^2$ 时，热流量 Φ 可以用 q 表示，称为通过平壁的热流密度，单位为 W/m^2；l 表示圆筒壁的长度，当 $l=1m$ 时，热流量 Φ 可用 q_l 表示，称为通过圆筒壁单位管长的热流量，单位为 W/m。

上述式中的 R_λ、δ、d、λ 分别表示热阻、壁厚、圆筒壁直径、导热系数，下标 1，2，i 分别表示内侧、外侧及壁面层数。多层壁的温度分布可以利用式(2-3)反算求出。

2.1.2 临界热绝缘直径

当在管道外侧敷设保温层时，将有可能存在临界热绝缘直径 d_c，且 $d_c=\dfrac{2\lambda_{ins}}{h}$。若管道外径大于 d_c 时，敷设保温层肯定能起到保温作用。其中 λ_{ins} 为保温材料的导热系数，h 表示管道外表面传热系数。

2.1.3 肋壁稳态导热

肋根温度为 t_0，周围流体温度为 t_f，且 $t_0>t_f$。

（1）温度分布

$$\theta=\theta_0\frac{\exp[m(l-x)]+\exp[-m(l-x)]}{\exp(ml)+\exp(-ml)} \tag{2-4}$$

肋端过余温度的计算式：

$$\theta_l=\theta_0\frac{1}{\mathrm{ch}(ml)} \tag{2-5}$$

（2）散热量

$$\Phi=-\lambda A_L\left.\frac{\mathrm{d}\theta}{\mathrm{d}x}\right|_{x=0}=\sqrt{hU\lambda A_L}\theta_0\mathrm{th}(ml) \tag{2-6}$$

（3）肋片效率

实际散热量与假设整个肋表面处于肋基温度下的散热量之比，是表征肋片散热的有效程度的指标，符号为 η_f，数学式为：

$$\eta_f=\frac{\Phi}{\Phi_0}=\frac{hUl(t_m-t_f)}{hUl(t_0-t_f)}=\frac{\theta_m}{\theta_0}=\frac{\mathrm{th}(ml)}{ml} \tag{2-7}$$

以上式中，θ_0，l，λ，h，A_L，U 分别表示肋基的过余温度，肋片高度，材料的导热系数，表面传热系数，沿肋高方向肋片横截面积，换热的截面周长，且 $m=\sqrt{\dfrac{hU}{\lambda A_L}}$。

对肋片效率进行求解时，除了利用上面的计算公式外，也可以利用曲线图进行求解，曲线图主要将 η_f 与 ml 的关系绘成曲线，利用已知条件求出 ml 值，接着在曲线图上直接查出相应的 η_f 值，继而可以求出肋片的实际散热量或对肋片的散热性能进行评价。

2.1.4 接触热阻

当导热过程在两个直接接触的固体之间进行时，由于固体表面不是理想的平整面接触，将会给导热过程带来额外的热阻，这种热阻称为接触热阻。影响接触热阻的因素有表面粗糙度、接触面上的挤压压力、两固体表面的材料硬度匹配等因素。

2.2 典 型 例 题

【例2-1】 由相同材料做成的保温板，一种形状为平壁面形式，另一种为圆筒壁形式，两种形状保温板的厚度 δ 相同，圆筒壁内表面积 $A_1 = \pi d_1 l$，且等于平壁表面积 A，其他尺寸及参数见图 2-1 所示，试问在两侧表面温度 t_1 和 t_2 保持不变的情况下，哪种情况的保温效果较好？

【解】 保温效果好即指在相同条件下的散热损失小，散热量的计算公式如下：

$$\Phi = \frac{\Delta t}{R_\lambda}$$

由题意可知，两种壁面形式下的两侧温度保持不变，因此，散热量的大小就由热阻决定。

平壁热阻为：$R_{\lambda 1} = \dfrac{\delta}{\pi d_1 l \lambda}$

圆筒壁热阻为：$R_{\lambda 2} = \dfrac{1}{2\pi \lambda l} \ln \dfrac{d_2}{d_1}$

故两者的导热量之比即为：

$$\frac{\Phi_1}{\Phi_2} = \frac{\dfrac{\Delta t}{R_{\lambda 1}}}{\dfrac{\Delta t}{R_{\lambda 2}}} = \frac{\dfrac{1}{2\pi \lambda l} \ln \dfrac{d_2}{d_1}}{\dfrac{\delta}{\pi d_1 l \lambda}}$$

$$= \frac{\dfrac{1}{2} \ln \dfrac{d_2}{d_1}}{\dfrac{\delta}{d_1}} = \frac{\ln \left(1 + \dfrac{2\delta}{d_1}\right)}{\dfrac{2\delta}{d_1}}$$

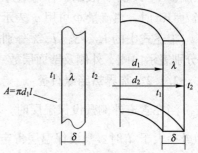

图 2-1　保温板示意图

根据对数函数的变化规律可知，$\ln x$ 小于 x，所以 $\ln \left(1 + \dfrac{2\delta}{d_1}\right)$ 小于 $1 + \dfrac{2\delta}{d_1}$，因此 Φ_1 与 Φ_2 之比小于 1，所以题目中平壁面保温板的保温效果较好。

【例 2-2】 在电磁炉上使用平底茶壶烧开水，已知通过茶壶底部的热流密度 $q = 42400 \text{W/m}^2$，假设茶壶下侧的水垢厚度 δ 分别为 1mm 和 2mm，水垢的导热系数 $\lambda = 1 \text{W/(m·K)}$，水垢上表面温度 $t_1 = 110℃$，求水垢的下表面温度 t_2 分别为多少？

【解】 通过水垢的热流密度计算公式为：$q = \dfrac{\lambda(t_2 - t_1)}{\delta}$

因此：$t_2 = t_1 + \dfrac{q}{\lambda}\delta$

当 $\delta = 1\text{mm}$：

$$t_2 = t_1 + \frac{q}{\lambda}\delta = 110 + \frac{42400}{1} \times 0.001 = 152℃$$

当 $\delta = 2\text{mm}$：

$$t_2 = t_1 + \frac{q}{\lambda}\delta = 110 + \frac{42400}{1} \times 0.002 = 195℃$$

即当水垢厚度分别为 1mm 和 2mm 时，水垢下侧温度分别为 152℃ 和 195℃。

【讨论】 由上述计算可知，水垢厚度越厚，则下侧的温度越高，茶壶底部就会存在被烧穿的危险，所以应该定期除垢。

【例 2-3】 某一大型水箱的外壳依次由钢板、聚乙烯泡沫塑料和铁皮构成，其中钢板厚度 $\delta_1 = 0.8\text{mm}$，导热系数 $\lambda_1 = 45\text{W}/(\text{m}\cdot\text{K})$，聚乙烯泡沫塑料板 $\delta_2 = 30\text{mm}$，$\lambda_2 = 0.035\text{W}/(\text{m}\cdot\text{K})$，铁皮 $\delta_3 = 0.5\text{mm}$，导热系数 $\lambda_3 = 52\text{W}/(\text{m}\cdot\text{K})$，水箱内侧水温 $t_{f1} = 70℃$，水箱外侧空气温度 $t_{f2} = 30℃$，水箱内水与内壁面之间对流换热的表面传热系数 $h_1 = 500\text{W}/(\text{m}^2\cdot\text{K})$，水箱外侧与空气之间的表面传热系数 $h_2 = 2.5\text{W}/(\text{m}^2\cdot\text{K})$，求水箱表面单位面积热损失。

【解】 本题为第三类边界条件下的三层平壁换热问题，现计算各部分单位面积热阻（$\text{m}^2\cdot\text{K}/\text{W}$）

水箱内侧对流换热热阻为：

$$R_{h1} = \frac{1}{h_1} = \frac{1}{500} = 2.00 \times 10^{-3}$$

钢板导热热阻为：

$$R_{\lambda 1} = \frac{\delta_1}{\lambda_1} = \frac{0.8 \times 10^{-3}}{45} = 1.78 \times 10^{-5}$$

聚乙烯泡沫塑料板的导热热阻为：

$$R_{\lambda 2} = \frac{\delta_2}{\lambda_2} = \frac{30 \times 10^{-3}}{0.035} = 8.57 \times 10^{-1}$$

铁皮板的导热热阻为：

$$R_{\lambda 3} = \frac{\delta_3}{\lambda_3} = \frac{0.5 \times 10^{-3}}{52} = 9.62 \times 10^{-6}$$

外侧空气对流换热热阻为：

$$R_{h2} = \frac{1}{h_2} = \frac{1}{2.5} = 0.40$$

则，水箱表面单位面积热损失为：

$$q = \frac{\Delta t}{\sum R} = \frac{t_{f2} - t_{f1}}{R_{h1} + R_{\lambda 1} + R_{\lambda 2} + R_{\lambda 3} + R_{h2}}$$

$$= \frac{70 - 30}{0.00200 + 17.8 \times 10^{-6} + 0.857 + 9.62 \times 10^{-6} + 0.400}$$

$$= 31.8\text{W}/\text{m}^2$$

【例 2-4】 设冬季某采暖管道的外径 $d = 32\text{mm}$，采用聚四氟乙烯塑料板作为保温层是否合适？已知保温层外表面与空气之间的表面传热系数 $h = 10\text{W}/(\text{m}^2\cdot\text{K})$。

分析：采用聚四氟乙烯塑料板作为保温层是否合适的关键在于判断该材料是否能起到保温作用。只有在管道的外径大于临界热绝缘直径的情况下，敷设保温材料才能有效起到保温作用。因此，本题需要计算聚四氟乙烯塑料板的临界热绝缘直径。

【解】 查文献 [1] 的附录 7 可知，聚四氟乙烯塑料板的导热系数等于 $\lambda = 0.25\text{W}/(\text{m}\cdot\text{K})$，依据临界热绝缘直径计算公式可得：

$$d_c = \frac{2\lambda_{\text{ins}}}{h} = \frac{2 \times 0.25}{10} = 50\text{mm}$$

因为 $d < d_c$，所以在上述条件下，采用聚四氟乙烯塑料板作为保温层不合适，需要选

择导热系数更小的保温材料。

【讨论】 根据多层圆筒壁热阻的变化规律，在管道外侧设置导热系数低的材料并不一定能有效起到保温作用，是否能起到保温作用还取决于管道外径与临界热绝缘直径的大小关系。请思考是在管径偏小还是管径偏大时需要考虑临界热绝缘直径。

2.3 提 高 题

【例 2-5】 某一工业加热炉炉体的外表面温度 $t_{w1}=450℃$，为了减小热损失，拟在其炉体外表面敷设矿渣棉作为保温材料以达到节能目的，假定保温层的外表面温度 $t_{w2}=70℃$，若要求热损失不超过 $340W/m^2$，问保温层的厚度至少应为多少？

分析：本题的解题关键是搞清导热热阻、导热系数、厚度之间的关系，并利用傅里叶定律进行计算。

【解】 由文献［1］的附录 8 可知，矿渣棉的导热系数与温度 t 之间的关系为：

$$\lambda=a+bt=0.0674+0.000215t \tag{1}$$

解法一：该问题为一维、变导热系数稳态问题，数学描述可写为：

$$\frac{\mathrm{d}}{\mathrm{d}x}\left(\lambda\frac{\mathrm{d}t}{\mathrm{d}x}\right)=0$$

$$x=0, \quad t=t_{w1}=450℃$$

$$x=\delta, \quad t=t_{w1}=70℃$$

将式（1）代入微分方程积分并结合边界条件，可得：

$$q=\frac{t_{w1}-t_{w2}}{\delta}\times a+\frac{t_{w1}-t_{w2}}{\delta}\times\frac{1}{2}\times b\times(t_{w1}+t_{w2})$$

$$\Rightarrow 340=\frac{450-70}{\delta}\times 0.0674+\frac{450-70}{\delta}\times\frac{1}{2}\times 0.000215\times(450+70)$$

最终解得：$\delta=0.138m$

解法二：炉体壁面平均温度：$t=\frac{450+70}{2}=260℃$。将平均温度 260℃代入导热系数计算公式，可以求得：

$$\lambda=0.0674+0.000215\times 260=0.123W/(m\cdot K)$$

由于：

$$q=-\lambda\frac{\mathrm{d}t}{\mathrm{d}x}=\lambda\frac{t_{w1}-t_{w2}}{\delta}$$

所以：

$$\delta=\lambda\frac{t_{w1}-t_{w2}}{q}=0.123\times\frac{450-70}{340}=0.137m$$

即保温层的厚度至少应为 0.137m。

由上述计算可知，采用两种方法计算的结果相差不大，因此，在进行变导热系数的计算过程中，可以以平壁的平均温度确定导热系数，进而仍可将导热系数视为常数进行计算。

【讨论】 该类题目的考察重点就是利用查表获得导热系数的计算公式，再利用傅里叶公式进行导热量、壁厚等参数的计算。

【例2-6】 蒸汽管道的外径 $d_1 = 32mm$，准备包两层厚度都是15mm不同材料的热绝缘层。a 种材料的导热系数 $\lambda_a = 0.04W/(m \cdot K)$，$b$ 种材料的导热系数 $\lambda_b = 0.1W/(m \cdot K)$。在蒸气管道内表面温度和绝缘层最外表面温度之差保持不变的情况下，试问下列两种方案哪种散热量较小：（1）a 在里层，b 在外层；（2）b 在里层，a 在外层；哪一种好？为什么？

分析：本题两种方案的唯一区别就是 a，b 两种材料的导热系数不同，因此，设置位置不同时，对系统的影响就是导热热阻发生变化，热损失的大小就等于导热量。

【解】 当 a 在里层，b 在外层时，其产生的热阻为：

$$R_{\lambda 1} = \frac{1}{2\pi\lambda_a}\ln\frac{d_2}{d_1} + \frac{1}{2\pi\lambda_b}\ln\frac{d_3}{d_2}$$

$$= \frac{1}{2\times 3.14\times 0.04}\ln\frac{62}{32} + \frac{1}{2\times 3.14\times 0.1}\ln\frac{92}{62}$$

$$= 3.23m \cdot K/W$$

当 b 在里层，a 在外层时，其产生的热阻为：

$$R_{\lambda 2} = \frac{1}{2\pi\lambda_b}\ln\frac{d_2}{d_1} + \frac{1}{2\pi\lambda_a}\ln\frac{d_3}{d_2}$$

$$= \frac{1}{2\times 3.14\times 0.1}\ln\frac{62}{32} + \frac{1}{2\times 3.14\times 0.04}\ln\frac{92}{62}$$

$$= 2.61m \cdot K/W$$

因此，$R_{\lambda 1} > R_{\lambda 2}$，故 $q_2 > q_1$，所以，第一种情况的保温效果好，而且在相同保温要求下，若采取该保温措施，其费用也会降低。

【例2-7】 某混凝土空心砌块墙体如图2-2所示，其外形尺寸为 390mm×245.5mm×190mm，该砌块墙体由内向外由5层组成，依次为水泥砂浆1、混凝土空心砌块2、粘结胶浆3、聚氨酯保温板4和饰面层5，其中混凝土空心砌块的尺寸为 390mm×190mm×190mm，内部空心的尺寸为 390mm×110mm×110mm，水泥砂浆厚度 $\delta = 20mm$，导热系数 $\lambda = 0.93W/(m \cdot K)$，混凝土空心砌块厚度 $\delta = 190mm$，混凝土部分导热系数 $\lambda = 0.90W/(m \cdot K)$，空气当量导热系数 $\lambda = 0.28W/(m \cdot K)$，粘结胶浆厚度 $\delta = 0.5mm$，导热系数 $\lambda = 0.08W/(m \cdot K)$，聚氨酯保温板厚度 $\delta = 30mm$，导热系数 $\lambda = 0.027W/(m \cdot K)$，本例题中的饰面层选择厚度 $\delta = 5mm$，导热系数 $\lambda = 1.99W/(m \cdot K)$ 的普通瓷砖。墙体内表面温度为 $t_{w1} = 25℃$，墙体外表面温度为 $t_{w2} = -10℃$。画出热阻图并求通过图示外墙的导热量。

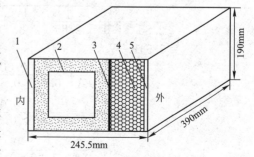

图2-2 空心砌块墙体示意图

分析：本题重点考察串并联热阻的计算方法。文献 [1] 中指出，当组成复合平壁的各种不同材料的导热系数相差不大时，可以近似按照一维问题进行求解，但是本题中的混凝土的导热系数与空气当量导热系数差别较大，因此，本题应该在一维计算结果上，进行修正。

【解】 对于如图 2-2 所示的空心砌块墙体，其空心砌块部分分为混凝土部分和空心（空气）两部分，其热阻可以划分为三列串联的形式，并且每列又分别由三层并联组成，因此，混凝土空心砌块部分热阻图如图 2-3 所示。

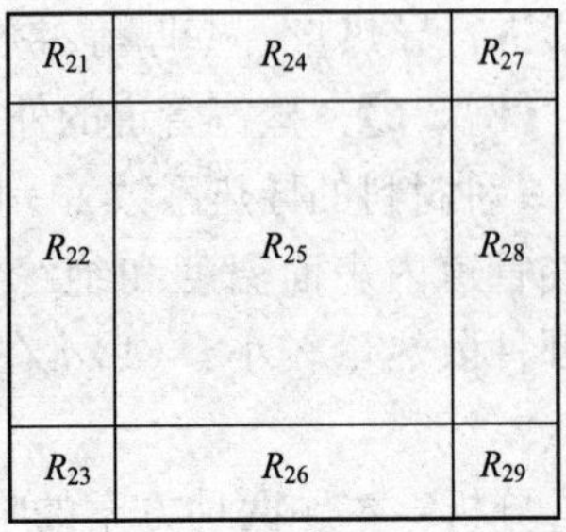

整个空心砌块墙体的导热热阻，由五层热阻串联组成，如图 2-4 所示。

R_{21}	R_{24}	R_{27}
R_{22}	R_{25}	R_{28}
R_{23}	R_{26}	R_{29}

图 2-3 混凝土空心砌块部分热阻

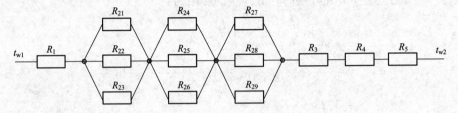

图 2-4 空心砌块墙体热阻

热阻图中各量为：

$$R_1 = \frac{\delta}{\lambda A} = \frac{0.02}{0.93 \times 0.39 \times 0.19} = 0.29 \text{K/W}$$

$$R_{21} = R_{23} = R_{27} = R_{29} = \frac{\delta}{\lambda A} = \frac{0.04}{0.9 \times 0.39 \times 0.04} = 2.85 \text{K/W}$$

$$R_{22} = R_{28} = \frac{\delta}{\lambda A} = \frac{0.04}{0.9 \times 0.39 \times 0.11} = 1.04 \text{K/W}$$

$$R_{24} = R_{26} = \frac{\delta}{\lambda A} = \frac{0.11}{0.9 \times 0.39 \times 0.04} = 7.83 \text{K/W}$$

$$R_{25} = \frac{\delta}{\lambda A} = \frac{0.11}{0.28 \times 0.39 \times 0.11} = 9.16 \text{K/W}$$

$$R_2 = \frac{1}{\frac{1}{R_{21}} + \frac{1}{R_{22}} + \frac{1}{R_{23}}} + \frac{1}{\frac{1}{R_{24}} + \frac{1}{R_{25}} + \frac{1}{R_{26}}} + \frac{1}{\frac{1}{R_{27}} + \frac{1}{R_{28}} + \frac{1}{R_{29}}}$$

$$= \frac{1}{\frac{1}{2.85} + \frac{1}{1.04} + \frac{1}{2.85}} + \frac{1}{\frac{1}{7.83} + \frac{1}{9.16} + \frac{1}{7.83}} + \frac{1}{\frac{1}{2.85} + \frac{1}{1.04} + \frac{1}{2.85}}$$

$$= 3.94 \text{K/W}$$

$$R_3 = \frac{\delta}{\lambda A} = \frac{0.0005}{0.08 \times 0.39 \times 0.19} = 0.084 \text{K/W}$$

$$R_4 = \frac{\delta}{\lambda A} = \frac{0.03}{0.027 \times 0.39 \times 0.19} = 14.99 \text{K/W}$$

$$R_5 = \frac{\delta}{\lambda A} = \frac{0.005}{1.99 \times 0.39 \times 0.19} = 0.03 \text{K/W}$$

$$R = R_1 + R_2 + R_3 + R_4 + R_5$$
$$= 0.29 + 3.94 + 0.084 + 14.99 + 0.03$$
$$= 19.33 \text{K/W}$$

另外，由于本题中$\dfrac{\lambda_空}{\lambda_{混凝土}}=\dfrac{0.28}{0.90}=0.31$，由文献 [1] 的表 2-1 可以查得 $\varphi=0.93$

则该空心砌块墙体的总热阻为：$\sum R=19.33\times0.93=17.98℃/W$

则每块空心砌块墙体的导热量：$\Phi=\dfrac{\Delta t}{\sum R}=\dfrac{t_{w1}-t_{w2}}{\sum R}=\dfrac{25-(-10)}{17.98}=1.95W$

【例 2-8】 某空心球示意图见图 2-5 所示，试推导该空心球球壁的导热热阻。已知空心球内外半径为 r_1、r_2，导热系数为 λ，内外壁面温度分别为 t_{w1}、t_{w2}。

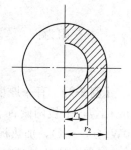

图 2-5 空心球示意图

【解】 解法一：

$$\Phi=-\lambda A\frac{dt}{dr}=-\lambda\cdot(4\pi r^2)\frac{dt}{dr} \qquad (1)$$

由于该空心球为稳态传热，因此，其导热量 $\Phi=\text{const}$，所以式(1)可以写为：

$$\frac{\Phi}{4\pi}\int_{r_1}^{r_2}\frac{dr}{r^2}=-\int_{t_1}^{t_2}\lambda dt$$

如果物性为常数，则对上式进行积分可得

$$\Phi=\frac{4\pi\lambda(t_1-t_2)}{\left(\dfrac{1}{r_1}-\dfrac{1}{r_2}\right)}$$

所以，$R_\lambda=\dfrac{1}{4\pi\lambda}\left(\dfrac{1}{r_1}-\dfrac{1}{r_2}\right)$

解法二：由式(1-5)可知球体的导热微分方程式为：

$$\rho c\frac{\partial t}{\partial\tau}=\frac{1}{r^2}\frac{\partial}{\partial r}\left(\lambda r^2\frac{\partial t}{\partial r}\right)+\frac{1}{r^2\sin^2\theta}\frac{\partial}{\partial\phi}\left(\lambda\frac{\partial t}{\partial\phi}\right)+\frac{1}{r^2\sin^2\theta}\frac{\partial}{\partial\theta}\left(\lambda\sin\theta\frac{\partial t}{\partial\theta}\right)+q_v$$

结合题意，该空心球无内热源、温度仅沿径向发生变化，因此空心球的导热微分方程式可以化简为：

$$\frac{1}{r^2}\frac{d}{dr}\left(\lambda r^2\frac{dt}{dr}\right)=0$$

其边界条件为：
$$r=r_1, \quad t=t_{w1}$$
$$r=r_2, \quad t=t_{w2}$$

对空心球导热微分方程进行求解如下：

$$\lambda r^2\frac{dt}{dr}=c_1$$

$$\Rightarrow dt=\frac{c_1}{\lambda}\frac{dr}{r^2}$$

$$\Rightarrow t=-\frac{c_1}{\lambda r}+c_2$$

将边界条件带入上式可以求出：

$$c_1=-\lambda\frac{t_{w1}-t_{w2}}{\left(\dfrac{1}{r_1}-\dfrac{1}{r_2}\right)}, \quad c_2=t_{w1}+\frac{r_2(t_{w1}-t_{w2})}{r_2-r_1}$$

因此，导热量为：

$$\Phi = -\lambda A \frac{\mathrm{d}t}{\mathrm{d}r}$$

$$= -\lambda \cdot 4\pi r^2 \frac{c_1}{\lambda r^2}$$

$$= \frac{t_{w1} - t_{w2}}{\frac{1}{4\pi\lambda}\left(\frac{1}{r_1} - \frac{1}{r_2}\right)}$$

导热热阻为：

$$R_\lambda = \frac{1}{4\pi\lambda}\left(\frac{1}{r_1} - \frac{1}{r_2}\right)$$

【例 2-9】 有一厚度 $2\delta = 10\text{mm}$ 的 0.5％碳钢类大平板加热板，导热系数 $\lambda = 31\text{W}/$ $(\text{m} \cdot \text{K})$，平板两侧置于温度 $t_f = 20℃$ 的空气中，板两侧与空气之间的表面传热系数 $h = 50\text{W}/(\text{m}^2 \cdot \text{K})$，加热板通过电流时其发热率 $q_v = 4 \times 10^4\,\text{W}/\text{m}^3$，试求平板内的最高温度。

分析：本题考察重点为导热问题的数学描述及其求解，由于加热平板的宽和高比厚度大得多，因此，该问题可以视为一维问题，又由于对称性，可以选取一半作为研究对象，另外，由于存在内热源，为平壁向周围流体的放热过程，因此，最高温度应该出现在中心界面即 $x = 0$ 处。故该问题为一维、稳态、有内热源问题。其示意图如图 2-6 所示。

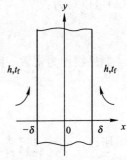

图 2-6 加热板示意图

【解】 结合第 1 章的［例 1-2］中的（3），可以写出该问题的数学描述为：

$$\begin{cases} \dfrac{\mathrm{d}^2 t}{\mathrm{d}x^2} + \dfrac{q_v}{\lambda} = 0 \\ x = 0, \quad \dfrac{\mathrm{d}t}{\mathrm{d}x} = 0 \\ x = \delta, \quad -\lambda \dfrac{\mathrm{d}t}{\mathrm{d}x}\bigg|_{x=\delta} = h(t|_{x=\delta} - t_f) \end{cases}$$

由上面的导热微分方程式可得：

$\dfrac{\mathrm{d}t}{\mathrm{d}x} = -\dfrac{q_v}{\lambda}x + c_1$，进而解得：

$$t = -\frac{q_v x^2}{\lambda 2} + c_1 x + c_2$$

结合边界条件 $x = 0$，$\dfrac{\mathrm{d}t}{\mathrm{d}x} = 0$ 和

$$x = \delta, \quad -\lambda \frac{\mathrm{d}t}{\mathrm{d}x}\bigg|_{x=\delta} = h(t|_{x=\delta} - t_f)$$

解得温度分布为：

$$t = \frac{q_v}{2\lambda}(\delta^2 - x^2) + \frac{q_v \delta}{h} + t_f$$

分析上式，可知最高温度出现在 $x = 0$ 的位置。

将 $2\delta = 10\text{mm}$，$\lambda = 31\text{W}/(\text{m} \cdot \text{K})$，$q_v = 4 \times 10^4\,\text{W}/\text{m}^3$，$t_f = 20℃$，$h = 50\text{W}/(\text{m}^2 \cdot \text{K})$

等值代入上面的温度分布函数关系式,求得:

最高温度 $t=24℃$。

【例 2-10】 在长圆柱体的径向一维稳态导热中,假如管壁的导热系数为常数,且内外壁温的关系为 $t_{w1}<t_{w2}$,圆管内外半径的比值 $r_1/r_2=0.85$。试:

(1) 证明管内表面与管外表面温度梯度不相等;

(2) 定性绘出壁内的温度分布曲线;

(3) 求内外表面温度梯度的比值。

【解】 (1)稳态导热时,单位长度的热流量相等,所以有:

$$\Phi=-\lambda A_1 \frac{dt}{dr}\Big|_{r_1}=-\lambda A_2 \frac{dt}{dr}\Big|_{r_2}$$

$$\Rightarrow \frac{dt}{dr}\Big|_{r_1}=-\frac{\Phi}{\lambda A_1}, \quad \frac{dt}{dr}\Big|_{r_2}=-\frac{\Phi}{\lambda A_2}$$

由于 $A_1\neq A_2$,故两个温度梯度 $\frac{dt}{dr}\Big|_{r_1}\neq\frac{dt}{dr}\Big|_{r_2}$。

(2) 由傅里叶定律可知:$\Phi=-\lambda A \frac{dt}{dr}$,因此,面积 A 越大,则 $\frac{dt}{dr}$ 越小。其温度分布曲线见图 2-7 所示:

(3) 在(1)的证明结果基础上,当稳态导热时,单位长度的热流量相等,所以内外表面温度梯度的比值为:

$$\frac{dt/dr\big|_{r_1}}{dt/dr\big|_{r_2}}=\frac{A_2}{A_1}=\frac{2\pi r_2}{2\pi r_1}=\frac{r_2}{r_1}=1.18$$

【例 2-11】 一室外热水采暖管道,其内管管径 $d_1=100mm$,管材采用厚 $\delta=4mm$ 的无缝钢管(1.5%碳),其采暖管道内侧壁温 $t_{w1}=90℃$,为了保证管道外侧的散热损失小于 $q=116W/m^2$,需要在钢管外部包覆聚氨酯泡沫塑料进行保温,并在保温层外部包覆一层厚度 $\delta_0=0.5mm$ 的镀锌钢板作为保护层,要使保护层外表面温度低于 $50℃$,聚氨酯泡沫塑料的厚度 δ 至少应为多少?

分析:结合题意可知,本题为三层圆筒壁导热问题,即为在已知内外两侧表面温度的情况下,求解某层厚度的问题。图 2-8 给出了该问题的示意图。

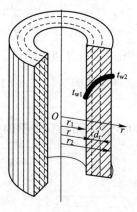 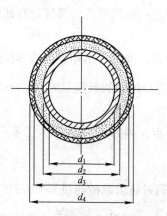

图 2-7 壁内温度分布　　　　　图 2-8 采暖管道截面示意图

【解】 由式(2-3)可知，三层圆筒壁的单位长度热流量计算公式为：

$$q_l = \frac{t_{w1} - t_{w4}}{\frac{1}{2\pi\lambda_1}\ln\frac{d_2}{d_1} + \frac{1}{2\pi\lambda_2}\ln\frac{d_3}{d_2} + \frac{1}{2\pi\lambda_3}\ln\frac{d_4}{d_3}}$$

查文献 [1] 附录7可得，无缝钢管的导热系数为 $\lambda_1 = 36W/(m \cdot K)$，聚氨酯泡沫塑料的导热系数为 $\lambda_2 = 0.03W/(m \cdot K)$，镀锌钢板的导热系数为 $\lambda_3 = 40W/(m \cdot K)$。

将 $t_{w1} = 90℃$，$t_{w4} = 50℃$，$d_1 = 100mm$，$d_2 = 108mm$，$d_3 = 108 + 2\delta$，$d_4 = 108 + 1 + 2\delta$。代入公式可得：

$$\pi \times (108 + 1 + 2\delta) \times 10^{-3} \times 1 \times 116 = \frac{90 - 50}{\frac{1}{2\pi \times 36} \times \ln\frac{108}{100} + \frac{1}{2\pi \times 0.03} \times \ln\frac{(108 + 2\delta)}{108} + \frac{1}{2\pi \times 40} \times \ln\frac{(108 + 1 + 2\delta)}{(108 + 2\delta)}}$$

经多次迭代计算，可解得：$\delta = 10mm$

因此，δ 至少取 10mm。

2.4 习题解答要点和参考答案

2-1 解答要点：不同材料的平壁导热系数不同。

2-2 解答要点：因为在导热系数为常数的无内热源的平壁稳态导热中 $\frac{\partial t}{\partial x}$ 为常数，q 为定值，由 $q = -\lambda\frac{\partial t}{\partial x}$ 求解得 $t = -\frac{q}{\lambda}x + c$，常数 c 无法确定，所以不能唯一地确定平壁中的温度分布。

2-3 解答要点：傅里叶定律的应用。

参考答案：(1) 因为在该导热过程中 $\frac{dt}{dx} = c = -\frac{t_{w1} - t_{w2}}{\delta}$

(2) 不相同。因为 $q = -\lambda\frac{\partial t}{\partial x}$，$\frac{\partial t}{\partial x}$ 为定值，而 λ 不同，则 q 随之而变。

2-4 解答要点：圆筒壁内的温度分布曲线为 $t = t_{w1} - (t_{w1} - t_{w2})\dfrac{\ln\dfrac{d}{d_1}}{\ln\dfrac{d_2}{d_1}}$。

2-5 解答要点：准确写出球体的数学描述，利用边界条件进行求解。

参考答案：空心球壁的导热量为 $\dfrac{t_{w1} - t_{w2}}{\left(\dfrac{1}{r_1} - \dfrac{1}{r_2}\right)\dfrac{1}{4\pi\lambda}}$，导热热阻为 $\left(\dfrac{1}{r_1} - \dfrac{1}{r_2}\right)\dfrac{1}{4\pi\lambda}$。

2-7 解答要点：因为 l，h 远远大于 δ，可认为该墙为无限大平壁的导热问题，利用公式 $\Phi = \dfrac{\Delta t}{\delta/(\lambda A)}$。

参考答案：通过砖墙总散热量 $\Phi = 672W$。

2-8 解答要点：利用 $\Phi = \dfrac{\Delta t}{\delta/(\lambda A)}$ 进行计算。

参考答案：$t_{w1}=15℃$。

2-9 解答要点：利用公式 $q=\dfrac{\Delta t}{\sum\limits_{i=1}^{n}\dfrac{\delta_i}{\lambda_i}}$。

参考答案：$\delta_3=90.6mm$，即加贴硬泡沫塑料层的厚度为 90.6mm。

2-10 解答要点：利用公式 $q=\dfrac{\Delta t}{\delta/\lambda}$。

参考答案：保温层厚度 $\delta\geqslant0.15m$。

2-11 解答要点：利用公式 $q=\dfrac{t_{w2}-t_{w1}}{\dfrac{\delta_1}{\lambda_1}+\dfrac{\delta_2}{\lambda_2}+\dfrac{\delta_3}{\lambda_3}}$，$q'=\dfrac{t_{w2}-t_{w1}}{\dfrac{\delta_1}{\lambda_1}+\dfrac{\delta_3}{\lambda_3}}$，且 $q=q'$

参考答案：红砖层厚度应改为 500mm。

2-12 解答要点：利用 $q=\dfrac{t_{w1}-t_{w4}}{R_\lambda}=\dfrac{t_{w1}-t_{w2}}{R_{\lambda_1}}=\dfrac{t_{w2}-t_{w3}}{R_{\lambda_2}}=\dfrac{t_{w3}-t_{w4}}{R_{\lambda_3}}$。

参考答案：$\dfrac{R_{\lambda_1}}{R_\lambda}=0.22$，$\dfrac{R_{\lambda_2}}{R_\lambda}=0.52$，$\dfrac{R_{\lambda_3}}{R_\lambda}=0.26$。

2-13 解答要点：利用传热系数 $k=\dfrac{1}{\dfrac{1}{h_1}+\dfrac{1}{h_2}+\dfrac{\delta}{\lambda}}$ 以及 $q=k(t_1-t_2)$

参考答案：单位面积传热量 $q=5687.2W/m^2$。

2-14 解答要点：利用第三类边界条件下的热流密度计算公式。最终解得：$q_1=k_1\Delta t=5692.4W/m^2$，$\Delta q_1=q_1-q_0=5.2W/m^2$，$\Delta q_2=q_2-q_0=11.2W/m^2$，$\Delta q_3=1173.5W/m^2$

参考答案：$\Delta q_3>\Delta q_2>\Delta q_1$，第三种方案的强化换热效果最好。

2-15 解答要点：利用热阻计算公式。

参考答案：单位面积热阻分别为 $R_1=0.1307m^2\cdot K/W$，$R_2=0.221m^2\cdot K/W$，$R_\lambda=5.04\times10^{-2}m^2\cdot K/W$。

2-16 解答要点：利用傅里叶定律和圆筒壁热阻计算公式

参考答案：(1) 单位管长圆筒壁热阻分别为 $R_{\lambda1}=1.7\times10^{-4}m\cdot K/W$，$R_{\lambda2}=0.52m\cdot K/W$，$R_{\lambda3}=0.28m\cdot K/W$，$R_{\lambda1}<R_{\lambda3}<R_{\lambda2}$

(2) $q_l=\dfrac{\Delta t}{\sum\limits_{i=1}^{3}R_{\lambda i}}=\dfrac{\Delta t}{R_{\lambda1}+R_{\lambda2}+R_{\lambda3}}=314W/m$

(3) $t_{w2}=300℃$，$t_{w3}=137℃$。

2-17 解答要点：忽略管壁热阻，则 $\dfrac{q_l'}{q_l}=\dfrac{R_\lambda'}{R_\lambda}=\dfrac{\dfrac{1}{2\pi\lambda_2}\ln\dfrac{d_0+2\delta_1}{d_0}+\dfrac{1}{2\pi\lambda_1}\ln\dfrac{d_0+2\delta_1+2\delta_2}{d_0+2\delta_1}}{\dfrac{1}{2\pi\lambda_1}\ln\dfrac{d_0+2\delta_1}{d_0}+\dfrac{1}{2\pi\lambda_2}\ln\dfrac{d_0+2\delta_1+2\delta_2}{d_0+2\delta_1}}$

将相关值带入上述公式即可。

参考答案：热损失比原来减小 21.7%。

2-18 解答要点：本题可归结于圆筒壁导热计算问题。利用公式 $I_{max}=\left(\dfrac{t_{w1max}-t_{w2}}{\dfrac{R_l}{2\pi\lambda}\ln\dfrac{d+2\delta}{d}}\right)^{\frac{1}{2}}$

参考答案：电流为 123.7A。

2-19 解答要点：利用公式 $q_l = \dfrac{\Delta t}{R_{\lambda 1} + R_{\lambda 2}} = \dfrac{t_{w1} - t_{w3}}{\dfrac{1}{2\pi\lambda_1}\ln\dfrac{d_2}{d_1} + \dfrac{1}{2\pi\lambda_2}\ln\dfrac{d_2 + 2\delta_2}{d_2}}$。

参考答案：保温层厚度 $\delta_2 = 72\text{mm}$。

2-20 解答要点：利用公式 $\Phi = \dfrac{t_{w3} - t_{w1}}{\dfrac{1}{4\pi\lambda_2}\left(\dfrac{1}{r_2} - \dfrac{1}{r_3}\right)}$ 和 $\Phi = mr$。

参考答案：$m = 1.85\text{kg/h}$。

2-21 解答要点：有，$d_c = \dfrac{4\lambda_2}{h_2}$。

2-23 解答要点：求解本题的关键是写出数学描述。

$$\frac{\mathrm{d}^2\theta}{\mathrm{d}x^2} - m^2\theta = 0, \quad \theta = t - t_f$$

$$x = 0, \quad \theta = \theta_1 = t_1 - t_f$$

$$x = l, \quad \theta = \theta_2 = t_2 - t_f$$

参考答案：$\theta = c_1 \mathrm{e}^{mx} + c_2 \mathrm{e}^{-mx}$。其中：

$$c_1 = \frac{\theta_2 - \theta_1 \mathrm{e}^{-ml}}{\mathrm{e}^{ml} - \mathrm{e}^{-ml}}, \quad c_2 = \frac{\theta_1 \mathrm{e}^{ml} - \theta_2}{\mathrm{e}^{ml} - \mathrm{e}^{-ml}}。$$

2-24 解答要点：利用 $ml = \sqrt{\dfrac{hU}{\lambda A}}l$ 以及 $\theta = \theta_0 \dfrac{\mathrm{ch}[m(l-x)]}{\mathrm{ch}(ml)}$。

参考答案：$q_l = 174.7\text{W/m}$。

2-25 解答要点：利用 $ml = \sqrt{\dfrac{hU}{\lambda A}}l$ 以及 $\theta_l = \dfrac{\theta_0}{\mathrm{ch}(ml)} \Rightarrow \dfrac{t_0 - t_f}{t_l - t_f} = \mathrm{ch}(ml)$。

参考答案：$\Delta t = 15.9\text{℃}$。

2-26 解答要点：利用 $ml = \sqrt{\dfrac{h}{\lambda\delta}}l$，

参考答案：$\Delta t = 1.34\text{℃}$。

2-27 解答要点：(1) $ml = \sqrt{\dfrac{hU}{\lambda A}}l = 0.312$，$\eta_f = \dfrac{\mathrm{th}(ml)}{ml} = 0.97$；同理：(2) $ml = 0.73$，$\eta_f = 0.85$。

2-28 解答要点：利用 $\Phi_1 = \eta_f \Phi_0 = \eta_f hA(t_0 - t_f)$ 和 $q_1 = n\Phi_1 + (n-1)\Phi_2$
参考答案：11.89kW。

2-30 解答要点：利用形状因子的计算公式以及公式 $q_l = \dfrac{\Phi}{l} = \dfrac{(2S_1 + 2S_2 + 4S_3)\lambda\Delta t}{l}$

参考答案：冷量损失为 618.6W/m。

2-31 解答要点：利用公式 $s = \dfrac{2\pi l}{\ln\left(\dfrac{2H}{r}\right)}$ 和 $q_l = \dfrac{\Phi}{l} = \dfrac{s\lambda\Delta t}{l} = \dfrac{2\pi\lambda}{\ln\left(\dfrac{2H}{r}\right)}\Delta t$

参考答案：每米长的热损失为 $q_l = 154.2\text{W/m}$。

2-32 解答要点：利用形状因子的计算公式，以及 $\Phi = (S_1 + 4S_2 + 4S_3 + 4S_4)\lambda\Delta t$

参考答案：$\delta = 36.2\text{mm}$。

2-33 解答要点： 利用公式 $q = \dfrac{\Delta t}{\dfrac{\delta}{\lambda} + R_c + \dfrac{\delta}{\lambda}}$,

参考答案：温度差为 49℃。

3 非稳态导热

3.1 学习要点

3.1.1 非稳态导热过程

物体的温度随时间而变化的导热过程称非稳态导热。非稳态导热可以分为周期性和瞬态两种类型。对瞬态导热，又存在受初始条件影响的非正规状况阶段和初始条件影响消失而仅受边界条件和物性影响的正规状况阶段。

非稳态导热的基本特点：

（1）在导热微分方程式中 $\frac{\partial t}{\partial \tau}$ 不等于零，这意味着任何非稳态导热过程必然伴随着加热或冷却的过程。

（2）当 λ 为常数时，直角坐标系下的导热微分方程为：

$$\rho c \frac{\partial t}{\partial \tau} = \lambda \left(\frac{\partial^2 t}{\partial x^2} + \frac{\partial^2 t}{\partial y^2} + \frac{\partial^2 t}{\partial z^2} \right) + q_v \tag{3-1}$$

求解非稳态导热问题的实质是在给定的边界条件和初始条件下获得导热物体的瞬时温度分布和在一定时间间隔内所传导的热量。

3.1.2 瞬态导热

瞬态导热过程伴随着物体的突然加热或冷却。当边界条件不随时间改变时，其温度分布的变化可以划分为三个阶段：第一阶段是不规则情况阶段，其特点是温度变化从边界面逐渐地深入到物体内部；第二阶段即正常情况阶段，此时物体内各处温度随时间的变化率具有一定的规律；第三阶段就是新的稳态阶段，在理论上需要经过无限长的时间才能达到，事实上经过一段时间后，物体各处的温度就可近似地认为已达到新的稳态。

3.1.3 渗透厚度

对半无限大物体的非稳态导热研究中，在所考虑的时间段内，将界面上的热作用的影响所波及的厚度称为渗透厚度，其大小随时间而变化。在实际工程中，若在一定时间段内，渗透厚度小于物体本身的厚度，则还可以把有限厚度的物体认为是半无限大物体。

3.1.4 蓄热系数

当物体表面温度波振幅为 1℃时，导入物体的最大热流密度，称为蓄热系数，用 s 表示，其数学计算公式为：$s = \sqrt{\frac{2\pi\rho c\lambda}{T}}$，式中，$\rho$ 表示密度，c 表示比热，λ 表示导热系数，T 表示周期。

3.1.5 *Fo* 准则

表示非稳态导热过程的无量纲时间，其定义式为：$Fo = \frac{a\tau}{\delta^2}$。

3.1.6 *Bi* 准则

表示物体内部导热热阻与物体表面对流换热热阻的比值，其定义式为：$Bi = \frac{\delta h}{\lambda} =$

$\dfrac{\delta/\lambda}{1/h}$。$Bi$ 越大，意味着固体表面的换热条件越强，导致物体的中心温度越迅速地接近周围介质的温度；当 $Bi \to \infty$ 时，意味着表面传热系数趋于无限大，对流换热的热阻等于零，平壁的表面温度几乎从冷却过程一开始立即降低到等于流体的温度；当 $Bi \to 0$ 时，意味着物体的导热热阻趋于零，这时物体内的温度分布趋于均匀。

3.1.7 集总参数法求解瞬态导热问题

温度分布公式为：

$$\theta = \theta_0 \exp(-Bi_{\mathrm{V}} Fo_{\mathrm{V}}) \tag{3-2}$$

式中，$\theta = t - t_{\mathrm{f}}$，$\theta_0 = t_0 - t_{\mathrm{f}}$，$Bi_{\mathrm{V}} = \dfrac{h(V/A)}{\lambda} = \dfrac{hL}{\lambda}$，$Fo_{\mathrm{V}} = \dfrac{\lambda}{\rho c}\dfrac{\tau}{(V/A)^2} = \dfrac{a\tau}{L^2}$

采用集总参数法计算瞬态导热问题的判据：

$$Bi = \frac{hl}{\lambda} < 0.1 \quad \text{或} \quad Bi_{\mathrm{V}} = \frac{h(V/A)}{\lambda} < 0.1M$$

当 $Bi < 0.1$ 时，物体内部热阻远小于其外部热阻，则物体在同一时刻处于同一温度，可以近似地认为物体的温度是均匀的，此时，物体的温度分布与空间坐标无关，只是时间的函数，因此对于形状不规则的物体用现有的计算线图计算，当 $Bi < 0.1$ 时可用集总参数法。

Bi 与 Bi_{V} 的关系见表 3-1。

集总参数法求解时 Bi 与 Bi_{V} 的关系 　　　　表 3-1

物体的形状	l	定型尺寸 $L = \dfrac{V}{A}$	$\dfrac{Bi_{\mathrm{V}}}{Bi}$	M
厚为 2δ 的无限大平板	δ	δ	1	1
半径为 R 的无限长圆柱	R	$\dfrac{R}{2}$	$\dfrac{1}{2}$	$\dfrac{1}{2}$
半径为 R 的球	R	$\dfrac{R}{3}$	$\dfrac{1}{3}$	$\dfrac{1}{3}$

3.1.8 非稳态问题的分析解—以无限大平板为例

平板厚 2δ，处于温度为 t_{f}、表面传热系数为 h 的对流环境中，初始时刻温度为 t_0，则其无量纲温度计算式为：

$$\frac{\theta}{\theta_0} = \sum_{n=1}^{\infty} \frac{2\sin\beta_{\mathrm{n}}}{\beta_{\mathrm{n}} + \sin\beta_{\mathrm{n}}\cos\beta_{\mathrm{n}}} \cos\left(\beta_{\mathrm{n}}\frac{x}{\delta}\right) e^{-\beta_{\mathrm{n}}^2 Fo} = f\left(Bi, Fo, \frac{x}{\delta}\right) \tag{3-3}$$

式中，β_{n} 值由特征方程 $\dfrac{\beta_{\mathrm{n}}}{Bi} = \cot\beta_{\mathrm{n}}$ 解出，称为特征值。

当 $Fo \geqslant 0.2$ 时，式(3-3)中第一项以后的各项均可忽略不计，此时无限大平板内瞬时温度分布或非稳态导热过程中传递热量的计算公式为：

$$\frac{\theta}{\theta_0} = \frac{2\sin\beta_1}{\beta_1 + \sin\beta_1\cos\beta_1} \cos\left(\beta_1\frac{x}{\delta}\right) e^{-\beta_1^2 Fo} \tag{3-4}$$

式中，β_1 值由 $\left(\dfrac{\beta_1}{Bi} = \cot\beta_1\right)$ 方程解出。

另外，对于 $Fo \geqslant 0.2$ 的无限大平壁非稳态导热过程，除了按上式进行计算外，还可以应用分析解的计算线图，计算线图主要以线图的形式给出了函数$\frac{\theta_m}{\theta_0}=f(Bi,Fo)$、$\frac{\theta}{\theta_m}=f\left(Bi,\frac{x}{\delta}\right)$中的自变量和因变量之间的关系，其中$\theta_m=t-t_m$，$t_m$表示物体中心点的温度，在$Bi$、$Fo$准则等参数已知的情况下，由线图可以直接查得$\frac{\theta_m}{\theta_0}$和$\frac{\theta}{\theta_0}$值的大小，进而求得任意位置的温度值。

3.1.9　多维非稳态导热的乘积解

满足乘积解的多维非稳态导热问题可以分解为相应的两个或三个一维问题解的乘积形式。以直角坐标系下的三维问题为例，通解形式为：

$$\frac{\theta(x、y、z、\tau)}{\theta_0}=\frac{\theta(x,\tau)}{\theta_0}\cdot\frac{\theta(y,\tau)}{\theta_0}\cdot\frac{\theta(z,\tau)}{\theta_0} \tag{3-5}$$

式中，θ_0是初始温度，$\theta(x、y、z、\tau)$是直角坐标系中任一点$(x、y、z)$处在τ时刻的过余温度，$\theta(x,\tau)$，$\theta(y,\tau)$，$\theta(z,\tau)$分别表示厚度为$2\delta_x$，$2\delta_y$以及$2\delta_z$的3块无限大平壁中距平壁中心分别为x，y和z处在τ时刻的过余温度。

乘积解中温度必须以过余温度θ的形式出现，而以温度t出现时则不满足乘积解。式(3-5)中的$\frac{\theta(x,\tau)}{\theta_0}$、$\frac{\theta(y,\tau)}{\theta_0}$、$\frac{\theta(z,\tau)}{\theta_0}$可以分别用集总参数法、式(3-3)、式(3-4)计算求得，也可以采用计算线图查图得到。

3.1.10　周期性非稳态导热

在周期性非稳态导热过程中，物体的温度按照一定的周期发生变化，温度的周期性变化使物体传递的热流密度也表现出周期性变化的特征，在周期性非稳态导热问题中，一方面物体内各处的温度按一定的振幅随时间周期地波动，另一方面，对半无限大物体同一时刻物体内的温度分布也呈现周期性波动的特征。

第一类边界条件下的半无限大物体在周期性变化边界条件下温度分布的表达式为：

$$\theta(x,\tau)=A_w\exp\left(-x\sqrt{\frac{\pi}{aT}}\right)\cos\left(\frac{2\pi}{T}\tau-x\sqrt{\frac{\pi}{aT}}\right) \tag{3-6a}$$

式中，A_w是物体表面温度波的振幅，T是周期。

温度波的衰减计算公式：

$$A_x=A_w\exp\left(-x\sqrt{\frac{\pi}{aT}}\right) \tag{3-6b}$$

温度波的延迟计算公式：

$$\xi=相位角/角速度=\frac{x\sqrt{\frac{\pi}{aT}}}{\frac{2\pi}{T}}=\frac{1}{2}x\sqrt{\frac{T}{a\pi}} \tag{3-6c}$$

第三类边界条件下的半无限大物体在周期性变化边界条件下温度分布的表达式为：

$$\theta(x,\tau)=\phi A_f\exp\left(-x\sqrt{\frac{\pi}{aT}}\right)\cos\left(\frac{2\pi}{T}\tau-x\sqrt{\frac{\pi}{aT}}-\Psi\right) \tag{3-6d}$$

式中，$\phi=\dfrac{1}{\sqrt{1+2\dfrac{\lambda}{h}\sqrt{\dfrac{\pi}{aT}}+2\left(\dfrac{\lambda}{h}\right)^2\dfrac{\pi}{aT}}}$

$$\Psi = \arctan\left[\cfrac{1}{1+\cfrac{h}{\lambda}\sqrt{\cfrac{aT}{\pi}}}\right]$$

h 为半无限大物体与周围介质之间的表面传热系数。

半无限大物体在周期性变化边界条件下热流密度的表达式为：

$$q_{w,\tau} = \lambda A_w \sqrt{\frac{2\pi}{aT}}\cos\left(\frac{2\pi}{T}\tau + \frac{\pi}{4}\right) \tag{3-6e}$$

3.2 利用计算机技术求解非稳态导热问题的特征方程

无限大平壁非稳态导热分析解是传热学教学中的经典案例，由于该问题求解结果在数字上的复杂性，往往需要借助图表进行辅助求解。利用计算线图求解，需要进行插值等繁琐的工作，该方法造成的计算误差，难以给学生直观的认识，基于此，采用 VB 软件，进行计算机编程辅助该问题的求解，可以提高计算的效率。具体计算过程如下：

3.2.1 数学物理模型的建立

厚度为 2δ 的无限大平壁（图 3-1），物性为常数。初始时刻温度为 t_0，两侧介质温度为 t_f，表面传热系数为 h。

过余温度：$\theta(x,\tau) = t(x,\tau) - t_f$，则其控制方程和单值性条件为：

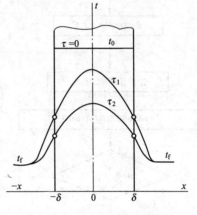

微分方程：$\dfrac{\partial\theta}{\partial\tau} = a\dfrac{\partial^2\theta}{\partial x^2}$ $\tau>0$，$0<x<\delta$ $\quad$ (3-7a)

初始条件：$\tau=0$，$\theta=\theta_0$ $0\leqslant x\leqslant\delta$ $\quad$ (3-7b)

边界条件：$\dfrac{\partial\theta}{\partial x}\bigg|_{x=0}=0$ $\quad\tau>0$ $\quad$ (3-7c)

$-\lambda\dfrac{\partial\theta}{\partial x}\bigg|_{x=\delta}=h\theta|_{x=\delta}$ $\quad\tau>0$ $\quad$ (3-7d)

图 3-1 无限大平壁非稳态导热

3.2.2 计算方法及求解

(1) 分析解

采用分离变量法可得分析解如下：

$$\frac{\theta(x,\tau)}{\theta_0} = \sum_{n=1}^{\infty}\frac{2\sin\beta_n}{\beta_n+\sin\beta_n\cos\beta_n}\cos\left(\beta_n\frac{x}{\delta}\right)e^{-\beta_n^2 Fo} \tag{3-8}$$

其中 β 值由 $\left(\dfrac{\beta}{Bi}=\cot\beta\right)$ 方程解出。

毕渥准则 $Bi=\dfrac{\delta/\lambda}{1/h}$，傅里叶准则 $Fo=\dfrac{a\tau}{\delta^2}$。

当 $Fo\geqslant0.2$ 时，用级数的第一项来描述已足够精确：

$$\frac{\theta(x,\tau)}{\theta_0} = \frac{2\sin\beta_1}{\beta_1+\sin\beta_1\cos\beta_1}\cos\left(\beta_1\frac{x}{\delta}\right)e^{-\beta_1^2 Fo} \tag{3-9}$$

也有文献指出 $Fo\geqslant0.3$ 甚至 $Fo\geqslant0.55$[1]，这样会造成不同的计算误差。以下利用 VB 软件编程辅助求解，对这一问题进行分析。

（2）β 值的求解

由于 β_n 值遵循方程 $\left(\dfrac{\beta_n}{Bi}=\cot\beta_n\right)$，该式为超越方程，$\beta_n$ 有无穷多个解，文献 [1] 中给出了不同 Bi 数下的前六个根，使用中需要进行插值计算。为了计算方便，利用 VB 语言进行编程计算，其计算框图如图 3-2 所示。

3.2.3 结果分析及讨论

利用 VB 计算程序，计算了 x/δ 分别等于 0、0.5、1.0 三种情形，Bi 数分别为 0.05、0.1、0.2、0.5、1.0 的情况下的误差变化情况，计算结果如图 3-3、图 3-4、图 3-5 所示。从图中可以看出，随着 Fo 数（$Fo>0.1$ 时）的增大，采用第一项与精确解之间的误差逐步减小。如令 $Fo=0.2$，最大误差为 2.17%，同样的，当 $Fo=0.3$ 时，最大误差均不超过 1.0%，当 $Fo=0.55$ 时，最大误差均不超过 0.1%。

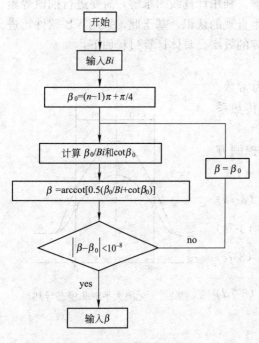

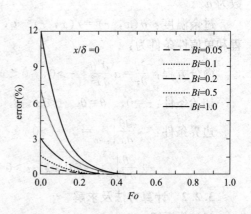

图 3-2　β_n 值计算程序框图

图 3-3　$x/\delta=0$ 时误差随 Fo 数的变化规律

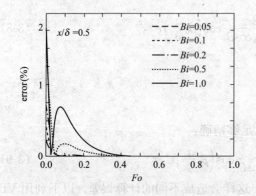

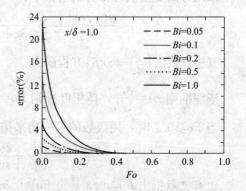

图 3-4　$x/\delta=0.5$ 时误差随 Fo 数的变化规律

图 3-5　$x/\delta=1$ 时误差随 Fo 数的变化规律

3.2.4 小结

利用 VB 软件进行编程，通过数值计算方法求解非稳态导热问题的特征方程，并分析了 x/δ 分别为 0、0.5、1.0 三种情形，Bi 数分别为 0.05、0.1、0.2、0.5、1.0 的情况下，采用第一项计算所引起的误差分布规律，总结如下：

（1）利用数值计算方法可以方便地获得特征方程的根，避免了查表和插值的误差。

（2）利用计算机可以解出不同地点、不同 Bi 数下采用第一项所引起的误差，当 $Fo>0.2$ 时，Bi 越大其误差越大。当 $Fo>0.3$ 时，采用第一项所造成的误差不超过 1%。

3.3 典 型 例 题

【例 3-1】 一大平玻璃厚度为 0.025m。玻璃两侧与流体之间进行对流换热，问当表面传热系数多大时才能把玻璃按集总参数法来处理？

【解】 要使该问题可以按照集总参数法进行处理，则必需满足 $Bi<0.1$。

查文献 [1] 中附录 7 可得平玻璃的导热系数 $\lambda=0.76\text{W}/(\text{m}\cdot\text{K})$。

要使 $Bi=\dfrac{h\delta}{\lambda}<0.1$

则 $h<\dfrac{0.1\lambda}{\delta}=\dfrac{0.1\times0.76}{\dfrac{0.025}{2}}=6.08\text{W}/(\text{m}^2\cdot\text{K})$

因此，当 $h<6.08\text{W}/(\text{m}^2\cdot\text{K})$ 时，该平板才可以按照集总参数法求解。

【讨论】 集总参数法是对非稳态导热问题的简化处理方法，该方法认为物体的温度分布只与时间有关，而与空间坐标无关，其判据即为 $Bi<0.1$。

【例 3-2】 某内燃机中使用的曲轴为含碳 0.5% 的合金钢，其质量 $m=7.84\text{kg}$，表面面积 $A=0.087\text{m}^2$，从手册上查得其导热系数 $\lambda=42\text{W}/(\text{m}\cdot\text{K})$，比热 $c_p=418.7\text{J}/(\text{kg}\cdot\text{K})$，密度 $\rho=7840\text{kg/m}^3$，曲轴表面传热系数 $h=29.1\text{W}/(\text{m}^2\cdot\text{K})$，现将曲轴加热至 $t_0=600℃$ 后，突然将其置于一空气温度 $t_f=20℃$ 的环境中进行冷却。求：使曲轴冷却到与周围空气温度相差 15℃ 时所需的时间。

【解】 $Bi_V=\dfrac{h(V/A)}{\lambda}=\dfrac{29.1\times[7.84/(7840\times0.087)]}{42}=0.00796$

若 $Bi_V<0.1M$ 成立，则该问题可以采用集总参数法进行求解，由表 3-1 可知，圆柱体的 $M=0.5$，而 $0.00796<0.05$，所以，该问题可以采用集总参数法进行求解。

由集总参数法温度分布计算公式：$\theta=\theta_0 e^{-\frac{hA}{\rho c_p V}\tau}$

可得 $\tau=\dfrac{\rho c_p V}{hA}\ln\left(\dfrac{\theta_0}{\theta}\right)$

因此，将相关参数带入 τ 的计算式可得：

$$\tau=\frac{\rho c_p V}{hA}\ln\left(\frac{\theta_0}{\theta}\right)$$
$$=\frac{7840\times418.7\times7.84}{29.1\times7840\times0.087}\times\ln\left(\frac{600-20}{15}\right)$$
$$=4739\text{s}$$
$$=79\text{min}$$

所需时间为 79min，亦即 1h19min。

【例 3-3】 将一红松木板和一平板玻璃装饰板同时置于温度为 10℃的房间中搁置很久，用手分别接触这两种物体，人手的温度可视为 37℃。请问哪一种物体使人感觉凉一些？

【解】 手指与木板或玻璃之间的冷热感觉由手指与它们之间的热流密度决定。假定木板和玻璃可当做半无限大物体，则由公式：

$$q_w = \lambda \frac{t_w - t_0}{2\sqrt{\dfrac{a\tau}{\pi}}} = \sqrt{\lambda \rho c \pi} \frac{t_w - t_0}{2\sqrt{\tau}}$$

可得：$q_{w,红松} = \sqrt{(\lambda\rho c)_{红松}\pi} \dfrac{t_w - t_0}{2\sqrt{\tau}}$

$$q_{w,玻璃} = \sqrt{(\lambda\rho c)_{玻璃}\pi} \frac{t_w - t_0}{2\sqrt{\tau}}$$

所以，$\dfrac{q_{w,红松}}{q_{w,玻璃}} = \dfrac{(\sqrt{\lambda\rho c})_{红松}}{(\sqrt{\lambda\rho c})_{玻璃}}$

由文献 [1] 的附录 7 可以查得红松木和平板玻璃的物性值为：

红松木：$\lambda = 0.11 W/(m^2 \cdot K)$，$\rho = 377 kg/m^3$，$c = 1.93 kJ/(kg \cdot K)$

平板玻璃：$\lambda = 0.76 W/(m^2 \cdot K)$，$\rho = 2500 kg/m^3$，$c = 0.84 kJ/(kg \cdot K)$

所以：$\dfrac{q_{w,红松}}{q_{w,玻璃}} = \sqrt{\dfrac{0.11 \times 377 \times 1.93}{0.76 \times 2500 \times 0.84}} = 0.22$

即红松木导热的热流密度仅为平板玻璃的 0.22 倍，因此，人手的感觉是玻璃要凉一些。

【讨论】 人对冷暖感觉的衡量指标不仅取决于所接触的物体温度，同时也与表面散热量的大小有关，散热量低时感觉暖，散热量高时感觉冷。因此，相同温度下，人手与物体相接触时，由于物体热物性的不同，其散热量是不同的，人手的冷暖感觉也就有差别。

【例 3-4】 某商场的防排烟系统设置有火灾报警系统，其报警系统方式为导线熔断报警，已知该导线的熔点温度等于 $t_r = 500℃$，导热系数 $\lambda = 210 W/(m \cdot K)$，密度 $\rho = 7200 kg/m^3$，比热 $c_p = 420 J/(kg \cdot K)$，初始温度 $t_0 = 25℃$，$h = 12 W/(m^2 \cdot K)$。若要求该报警系统的导线在突然受到 600℃烟气加热情况下，1 分钟内需发出报警信号，导线直径最大为多少？

【解】 假设该问题可以采用集总参数法求解。则

$$Fo_V = \frac{a\tau}{(V/A)^2} = \frac{4\tau}{R^2} \cdot \frac{\lambda}{\rho c} = \frac{4 \times 60}{R^2} \times \frac{210}{7200 \times 420} = \frac{0.0167}{R^2}$$

$$Bi_V = \frac{h(V/A)}{\lambda} = \frac{12 \times \dfrac{R}{2}}{210} = 0.0286R$$

$$\frac{\theta}{\theta_0} = \frac{t_r - t_f}{t_0 - t_f} = \frac{500 - 600}{25 - 600} = 0.17$$

代入 $\dfrac{\theta}{\theta_0} = e^{-Bi_V \cdot Fo_V}$，解得：

$$-Bi_V \cdot Fo_V = \ln \frac{\theta}{\theta_0} \Rightarrow -\frac{0.0167}{R^2} \times 0.0286R = \ln 0.17$$

则，$R = 2.7 \times 10^{-4} \text{m}$

校核 $Bi_V = \frac{h(V/A)}{\lambda} = \frac{12 \times \frac{0.00027}{2}}{210} = 7.7 \times 10^{-6}$ 小于 0.05，因此，假设成立。

所以，直径 $d = 2R = 2 \times 2.7 \times 10^{-4} = 5.4 \times 10^{-4} \text{m} = 0.54 \text{mm}$

故导线直径最大为 0.54mm。

注意：对于解题过程中出现假定的情况，解题最后一定要验证假定是否成立。

【例 3-5】 一块厚度 $2\delta = 0.06 \text{m}$ 的大橡胶板，如图 3-6 所示，初始温度 $t_0 = 20 ℃$，其热扩散率 $a = 0.62 \times 10^{-6} \text{m}^2/\text{s}$，导热系数 $\lambda = 0.15 \text{W}/(\text{m} \cdot \text{K})$，把它放入 $t_f = 55 ℃$ 的恒温房间，板表面传热系数 $h = 24 \text{W}/(\text{m}^2 \cdot \text{K})$。试求半小时后橡胶板中心和板表面的温度。

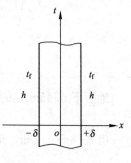

图 3-6 橡胶板导热

【解】 $Bi = \frac{h\delta}{\lambda} = \frac{24 \times 0.03}{0.15} = 4.8$

$$Fo = \frac{a\tau}{\delta^2} = \frac{0.62 \times 10^{-6} \times 1800}{(0.03)^2} = 1.24$$

查文献 [1] 的图 3-5 与图 3-6 可得：

$$\frac{\theta_m}{\theta_0} = 0.14$$

$$\frac{\theta}{\theta_m} = 0.25$$

$$\frac{\theta}{\theta_0} = \frac{\theta_m}{\theta_0} \cdot \frac{\theta}{\theta_m} = 0.14 \times 0.25 = 0.035$$

$$\theta_m = \theta_0 0.14 \Rightarrow t_m - t_f = 0.14 \times (t_0 - t_f)$$

$$t_m = t_f + 0.14 \times (t_0 - t_f) = 55 + 0.14 \times (20 - 55) = 50.1 ℃$$

$$\theta = \theta_0 0.035 \Rightarrow t - t_f = 0.035 \times (t_0 - t_f)$$

$$t = t_f + 0.035 \times (t_0 - t_f) = 55 + 0.035 \times (20 - 55) = 53.8 ℃$$

即半小时后橡胶板中心和板表面的温度分别为 50.1℃ 和 53.8℃。

【例 3-6】 某地区深冬季节测得某一天地表面最高温度 $t_{max} = 7 ℃$，最低温度 $t_{min} = -5 ℃$。已知土壤的导热系数 $\lambda = 1.28 \text{W}/(\text{m} \cdot \text{K})$，热扩散率 $a = 0.12 \times 10^{-5} \text{m}^2/\text{s}$，试问地面下 0.05m 和 0.45m 处的最低温度分别为多少？达到最低温度的时间滞后多少？

【解】 由题意可知：$t_{max} = 7 ℃$，$t_{min} = -5 ℃$，因此：

地表面的平均温度为：

$$t_m = \frac{t_{max} + t_{min}}{2} = \frac{7 + (-5)}{2} = 1 ℃$$

地表面温度振幅为：

$$A_w = \frac{t_{max} - t_{min}}{2} = \frac{7 - (-5)}{2} = 6 ℃$$

由式（3-6b）可知，地表下 0.05m 处的温度振幅为

$$A|_{x=0.05} = A_w \exp\left(-x\sqrt{\frac{\pi}{aT}}\right)$$

$$= 6 \times \exp\left(-0.05 \times \sqrt{\frac{3.14}{0.12 \times 10^{-5} \times 24 \times 3600}}\right)$$

$$= 4.6℃$$

地表下 0.05m 处的最低温度为：

$$t_{\min} = t_m - A|_{x=0.05} = 1 - 4.6 = -3.6℃$$

由式(3-6b)可知，地表下 0.45m 处的温度振幅为：

$$A|_{x=0.45} = A_w \exp\left(-x\sqrt{\frac{\pi}{aT}}\right)$$

$$= 6 \times \exp\left(-0.45 \times \sqrt{\frac{3.14}{0.12 \times 10^{-5} \times 24 \times 3600}}\right)$$

$$= 0.5℃$$

地表下 0.45m 处的最低温度为：

$$t_{\min} = t_m - A|_{x=0.45} = 1 - 0.5 = 0.5℃$$

由式(3-6c)可知，地表下 0.05m 处的时间延迟为：

$$\xi|_{x=0.05} = \frac{1}{2}x\sqrt{\frac{T}{a\pi}}$$

$$= \frac{1}{2} \times 0.05 \times \sqrt{\frac{24 \times 3600}{0.12 \times 10^{-5} \times 3.14}}$$

$$= 3785s$$

$$= 1.05h$$

由式(3-6c)可知，地表下 0.45m 处的时间延迟为：

$$\xi|_{x=0.45} = \frac{1}{2}x\sqrt{\frac{T}{a\pi}}$$

$$= \frac{1}{2} \times 0.45 \times \sqrt{\frac{24 \times 3600}{0.12 \times 10^{-5} \times 3.14}}$$

$$= 34070s$$

$$= 9.46h$$

3.4 提 高 题

【例 3-7】 已知一直径 $d=1$mm 的铜导线，其电阻值 $\alpha=0.019\Omega \cdot mm^2/m$，通过电流 $I=25A'$，假定导线横截面上温度分布均匀，忽略长度方向的温度变化。试写出其导线温度变化的微分方程，并确定导线刚通电瞬间的温度变化率。

【解】 图 3-7 给出了导线非稳态导热某一微元段示意图。

对导线的任一微元段 dx 建立热平衡，可得：

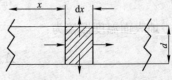

图 3-7 导线非稳态导热

$$A_c \mathrm{d}x \rho c_p \frac{\mathrm{d}t}{\mathrm{d}\tau} + hP\mathrm{d}x(t-t_f) = I^2\left(\frac{\alpha \mathrm{d}x}{A_c}\right) \tag{1}$$

由文献［1］的附录 7 以及金属材料物性表可以查得，纯铜导线的比热容 $c_p = 384$J/(kg·K)，密度 $\rho = 8954$kg/m³，式中 P 表示周长，A_c 表示横截面积，t_f 表示空气温度，h 表示导线的表面传热系数。

$\theta = t - t_f$，则式(1)可以简化为：

$$\frac{\mathrm{d}\theta}{\mathrm{d}\tau} = \frac{I^2\alpha}{A_c^2\rho c_p} - \frac{hP\theta}{A_c\rho c_p}$$

当导线刚通电瞬时 $\tau = 0$，$\theta = t - t_f = 0$，则温度变化率为：

$$\left.\frac{\mathrm{d}\theta}{\mathrm{d}\tau}\right|_{\tau=0} = \frac{I^2\alpha}{A_c^2\rho c_p} = 25 \times 25 \times 0.019 \times 10^6 \times \frac{1}{\left[\frac{3.14 \times 1^2}{4}\right]^2 \times 8954 \times 384} = 5.6\text{K/s}$$

【例 3-8】 采用热线风速仪测量风管中空气流速，已知热线风速仪的受热金属丝直径 $d = 1$mm，材质为铜丝，密度 $\rho = 8666$kg/m³，导热系数 $\lambda = 26$W/(m·K)，比热容 $c_p = 343$J/(kg·K)，单位长度电阻值 $R = 0.01\Omega$，空气温度 $t_f = 20$℃，表面传热系数 $h = 30$W/(m²·K)，某时刻起电流强度 $I = 30$A′的电流突然流经导线并保持不变。试求：

(1) 当导线的温度稳定后其数值为多少？

(2) 从导线通电开始瞬间到导线温度与稳定时之值相差为 1℃时所需的时间。

分析：本题的解题关键是确定该非稳态问题能否用集总参数法求解。

【解】 (1) 稳定时导线表面散热量等于其内部发热量。

单位长度发热量为：$\Phi = I^2R = 30^2 \times 0.01 = 9$W

表面对流散热量：$\Phi = \pi dh\Delta t$

依据热平衡，则 $\Delta t = \frac{\Phi}{\pi dh} = \frac{9}{3.14 \times 0.001 \times 30} = 95.5$℃，则 $t_w = \Delta t + t_f = 95.5 + 20 = 115.5$℃

(2) $Bi_V = \frac{h \cdot \frac{d}{2}}{\lambda} = \frac{30 \times 0.001 \times 0.5}{26} = 5.8 \times 10^{-4} < 0.05$，故可采用集总参数法求解。

令：$\theta = t - t_w$，则 $\theta_0 = t_0 - t_w = 20 - 115.5 = -95.5$℃

当导线通电开始瞬间到导线温度与稳定时之值相差为 1℃，即 $\theta = t - t_w = -1$℃

利用集总参数法计算：

$$\frac{\theta}{\theta_0} = \exp\left(-\frac{hA}{\rho c_p V}\tau\right) = \exp\left(-\frac{4h}{\rho c_p d}\tau\right)$$

$$\frac{\theta}{\theta_0} = \frac{1}{95.5} = \exp\left(-\frac{4h}{\rho c_p d}\tau\right)$$

$$\Rightarrow 4.56 = \frac{4 \times 30}{8666 \times 343 \times 0.001}\tau$$

解得：$\tau = 113$s

【例 3-9】 一正方体铸铁锭，如图 3-8 所示，边长 $2\delta = 500$mm，初始温度 $t_0 = 20$℃，把它放入温度为 $t_f = 800$℃的炉内加热。已知铸铁导热系数 $\lambda = 52$W/(m·K)，热扩散率 $a = 1.75 \times 10^{-5}$m²/s，铸铁锭表面与炉内介质之间的表面传热系数 $h = 80$W/(m²·K)，求

1h 后，该铸铁锭图示的中心点 1 点、2 点、3 点(右上侧边界中心点)及 4 点(右侧面中心点)的温度。

【解】 该正方体铸铁锭可以认为是 3 个厚度为 $2\delta=500$mm 的无限大平壁垂直相交形成的。故可用乘积解方法求解。

对于无限大平壁：

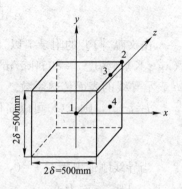

图 3-8　正方体铸铁锭示意图

$$Bi=\frac{h\delta}{\lambda}=\frac{80\times0.25}{52}=0.38>0.1, \quad \frac{1}{Bi}=2.6$$

$$Fo=\frac{a\tau}{\delta^2}=\frac{1.75\times10^{-5}\times3600}{(0.25)^2}=1.008$$

由文献 [1] 的图 3-5、图 3-6 查得：

$$\left(\frac{\theta_m}{\theta_0}\right)_p=0.69, \quad \left(\frac{\theta_w}{\theta_m}\right)_p=0.84$$

于是

$$\left(\frac{\theta_w}{\theta_0}\right)_p=\left(\frac{\theta_m}{\theta_0}\right)_p\cdot\left(\frac{\theta_w}{\theta_m}\right)_p=0.69\times0.84=0.58$$

另外：$\theta_0=t_0-t_f=20-800=-780$℃

对于 1 点：

$$\frac{\theta_1}{\theta_0}=\left(\frac{\theta_m}{\theta_0}\right)_p\left(\frac{\theta_m}{\theta_0}\right)_p\left(\frac{\theta_m}{\theta_0}\right)_p=0.69\times0.69\times0.69=0.33$$
$$\theta_1=0.33\theta_0=0.33\times(-780)=-257℃$$
$$t_1=\theta_1+t_f=-257+800=543℃$$

对于 2 点：

$$\frac{\theta_2}{\theta_0}=\left(\frac{\theta_w}{\theta_0}\right)_p\left(\frac{\theta_w}{\theta_0}\right)_p\left(\frac{\theta_w}{\theta_0}\right)_p=0.58\times0.58\times0.58=0.20$$
$$\theta_2=0.20\theta_0=0.20\times(-780)=-156℃$$
$$t_2=\theta_2+t_f=-156+800=644℃$$

对于 3 点：

$$\frac{\theta_3}{\theta_0}=\left(\frac{\theta_w}{\theta_0}\right)_p\left(\frac{\theta_w}{\theta_0}\right)_p\left(\frac{\theta_m}{\theta_0}\right)_p=0.58\times0.58\times0.69=0.23$$
$$\theta_3=0.23$$
$$\theta_0=0.23\times(-780)=-179℃$$
$$t_3=\theta_3+t_f=-179+800=621℃$$

对于 4 点：

$$\frac{\theta_4}{\theta_0}=\left(\frac{\theta_w}{\theta_0}\right)_p\left(\frac{\theta_m}{\theta_0}\right)_p\left(\frac{\theta_m}{\theta_0}\right)_p=0.58\times0.69\times0.69=0.28$$
$$\theta_4=0.28\theta_0=0.28\times(-780)=-218℃$$
$$t_4=\theta_4+t_f=-218+800=582℃$$

中心点及表面 1、2、3、4 的温度分别是 543、644、621 和 582℃。

3.5　习题解答要点和参考答案

3-1　解答要点：正常情况阶段：物体内各处温度随时间的变化率具有一定的规律，

该阶段为物体加热或冷却过程中温度分布变化的第二阶段。

3-2 解答要点：当 $Bi < 0.1$ 时，可以近似地认为物体的温度是均匀的，这种忽略物体内部导热热阻，认为物体温度均匀一致的分析方法称为集总参数法。

给出任意形态的物体，由于它的导热系数很大，或者它的尺寸很小，或者它的表面与周围流体间的表面传热系数很小，因此物体的 Bi 准则小于 0.1，可以采用集总参数法。

3-3 解答要点：综合温度的振幅为 37.1℃，屋顶外表面温度振幅为 28.6℃，内表面温度振幅为 4.9℃，振幅是逐层减小的，这种现象称为温度波的衰减。

不同地点，温度最大值出现的时间是不同的，综合温度最大值出现时间为中午 12 点，而屋顶外表面最大值出现时间为 12 点半，内表面最大值出现时间将近 16 点，这种最大值出现时间逐层推迟的现象叫做时间延迟。

3-4 解答要点：根据物体热平衡方程式：

$$\rho c V \frac{\partial \theta}{\partial \tau} = V q_{\mathrm{v}} - h A \theta$$

$$\theta(\tau) = \frac{q_{\mathrm{v}} V}{h A} + c \exp\left(\frac{h A}{\rho c V} \tau\right)$$

参考答案：$\theta(\tau) = \frac{q_{\mathrm{v}} V}{h A} + \left[1 + \exp\left(-\frac{h A}{\rho c V} \tau\right) \right]$

3-5 解答要点：采用集总参数法计算，定性尺寸 $L = \frac{V}{A} = \frac{R}{3} = \frac{1}{6} \times 0.15 = 0.025 \text{mm}$

参考答案：热电偶在两种情况下的时间常数分别为 1.52s 和 0.7s。

3-6 解答要点：采用集总参数法计算，并且，$L = \frac{V}{A} = 7.16 \times 10^{-4} \text{mm}$。

参考答案：$\tau_{\mathrm{c}} = 111.56\text{s}$。

3-7 解答要点：热电偶热结点尺寸很小，故可采用集总参数法，主要利用公式：$\frac{\theta}{\theta_0} = \exp(-Bi_{\mathrm{V}} Fo_{\mathrm{V}}) = 0.01$。

参考答案：$\tau = 14\text{s}$，$t = 119℃$。

3-8 解答要点：$Bi < 0.1$，则可以采用集总参数法，利用公式 $\frac{\theta}{\theta_0} = \exp(-Bi_{\mathrm{V}} Fo_{\mathrm{V}})$ 计算。

参考答案：$\tau = 426\text{s}$。

3-9 解答要点：取 $\lambda = 16.3 \text{W/(m·K)}$，$Bi = \frac{h\delta}{\lambda} = 2.3$，则 $\frac{1}{Bi} = 0.43$，利用公式 $Fo = \frac{a\tau}{\delta^2}$ 和 $\tau = \frac{Fo\delta^2}{a}$ 进行求解。

参考答案：$\tau = 0.554\text{h}$。

3-10 解答要点：假设符合集总参数法，则 $\frac{\theta}{\theta_0} = \exp(-Bi_{\mathrm{V}} Fo_{\mathrm{V}}) = \exp\left(-\frac{h\tau}{\rho c_{\mathrm{p}} \delta}\right)$，最后根据计算结果再判断该问题是否适合采用集总参数法进行求解。

参考答案：$h = 83.2 \text{W/(m}^2\text{·K)}$。

3-11 解答要点：设平壁 A、B 的厚度分别为 δ_{A}、δ_{B} 则 $\delta_{\mathrm{A}} = 2\delta_{\mathrm{B}}$，本题不符合集总参数法的求解条件。因此，采用解析求解方式，主要利用式(3-3)，应满足 $Fo_{\mathrm{A}} = Fo_{\mathrm{B}}$。

参考答案：$\tau_A = 48\text{min}$。

3-12 解答要点：$\theta_0 = t_0 - t_f = 30℃ - 800℃ = -770℃$，$\theta_m = t_m - t_f = t_m - 800$，分别计算出 $\dfrac{1}{Bi}$ 和 Fo 后，查文献［1］的图 3-5，最后用乘积解进行求解。

参考答案：$t_m = 327℃$。

3-13 解答要点：$Bi = \dfrac{hd}{6\lambda} = \dfrac{40 \times 4 \times 10^{-2}}{6 \times 4} = 0.07 < 0.1$，采用集总参数法进行求解。

参考答案：$\tau = 3151\text{s}$。

3-14 解答要点：$Bi = \dfrac{h\delta}{\lambda} = 0.015 < 0.1$，采用集总参数法进行求解。

参考答案：$\tau = 1795\text{s}$。

3-15 解答要点：解题过程同习题 3-14。

参考答案：$\tau = 5.97\text{h}$。

3-16 解答要点：依据 Bi 的大小进行判断是采用集总参数法还是查图法进行求解，主要利用公式 $Bi = \dfrac{hl}{\lambda}$，$Fo = \dfrac{a\tau}{l^2} = \dfrac{\lambda}{\rho c_p} \cdot \dfrac{\tau}{l^2}$。

参考答案：(1)10min 后棒中心及表面油温 $t_m = t_w = 30℃$；(2)$\phi_I = 1043\text{kJ}$。

3-17 解答要点：解题过程与习题 3-16 类似。

参考答案：$\tau = 2.9\text{h}$。

3-18 解答要点：首先通过公式 $\delta(\tau) = 3.46\sqrt{a\tau}$ 判断问题是否可视为半无限大物体处理，接着利用公式 $\theta_w = \dfrac{2q_w}{\lambda}\sqrt{\dfrac{a\tau}{\pi}}$ 进行求解。

参考答案：$t_w = 30.85℃$，$t_{x=0.1} = 21.53℃$。

3-21 解答要点：按照半无限大问题处理，主要利用公式

$$\theta(x, \tau) = \frac{2q_w}{\lambda}\sqrt{a\tau}\,\text{ierfc}\left(\frac{x}{2\sqrt{a\tau}}\right)。$$

参考答案：$\tau = 2.32\text{h}$。

3-22 解答要点：利用公式 $q_w = \lambda \cdot \dfrac{t_w - t_0}{2\sqrt{\dfrac{a\tau}{\pi}}}$。

参考答案：1014.97W/m^2。

3-23 解答要点：利用温度波衰减公式 $A_x = A_w \exp\left(-x\sqrt{\dfrac{\pi}{aT}}\right)$。

参考答案：砖墙 $x = 0.618\text{m}$；木墙 $x = 0.25\text{m}$。

3-24 解答要点：利用温度波衰减公式 $A_x = A_w \exp\left(-x\sqrt{\dfrac{\pi}{aT}}\right)$，以及 $\xi = \dfrac{1}{2}x\sqrt{\dfrac{T}{a\pi}}$。

参考答案：$x = 0.1\text{m}$，$t_{min} = -1.9℃$，$\xi = 2.1\text{h}$；$x = 0.5\text{m}$，$t_{min} = 0.7℃$，$\xi = 10.5\text{h}$。

4 导热数值解法基础

4.1 学习要点

4.1.1 导热数值解法的基本思想

把研究对象分割为有限数目的网格单元(控制体)，把原来在空间和时间上连续的物理量的场，转变为有限个离散的网格单元节点上的物理量的集合，然后用数值方法求解针对各个节点建立起来的离散方程，得到各节点上被求物理量的集合。求解过程可用图 4-1 表示。

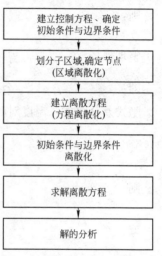

图 4-1 导热数值求解的基本过程

4.1.2 建立离散方程的方法

(1) 泰勒级数展开法

通过将泰勒级数展开获得控制方程中各导数项的差分表达式，所略去的高阶导数项反映了截断误差的大小，该误差取决于截差阶数和网格步长。

(2) 热平衡法

假设相邻节点间的温度分布是线性的，根据傅里叶定律计算网格单元与周围网格单元之间的导热量，并考虑内热源等其他因素，列出网格单元的热平衡式。

热平衡法与建立导热微分方程一样，均利用了傅里叶定律和能量守恒定律。热平衡法与泰勒级数展开法相比，物理概念清晰，导出方便，但难以进行误差分析。因此，工程上多采用热平衡法建立节点方程，在进行误差分析时，可以利用泰勒级数展开法。

4.1.3 稳态导热节点离散方程

(1) 内节点离散方程的建立

对于常物性，无内热源二维稳态导热问题，取均分网格，则内节点离散方程为相邻四个节点温度的平均值，即：

$$t_{i,j} = \frac{1}{4}(t_{i+1,j} + t_{i-1,j} + t_{i,j+1} + t_{i,j-1}) \tag{4-1}$$

如果有内热源，利用热平衡法建立离散方程较为方便。

(2) 边界节点离散方程的建立

第一类边界条件的边界节点，其节点温度直接以数值的形式参加到与边界节点相邻的内节点的离散方程中，无需再建立方程。

第二类边界条件、第三类边界条件只需将通过边界的换热量代入热平衡方程，辐射边界条件也可以用同样的方法处理。

4.1.4 非稳态导热节点离散方程

(1) 内节点离散方程

物理问题：常物性、无内热源的一维非稳态导热。

$$\frac{\partial t}{\partial \tau} = a \frac{\partial^2 t}{\partial x^2} \tag{4-2}$$

采用中心差分离散：

$$\left(\frac{\partial^2 t}{\partial x^2}\right)_{i,k} = \frac{t_{i-1}^k - 2t_i^k + t_{i+1}^k}{\Delta x^2}$$

显式差分格式：温度对时间的一阶导数采用向前差分：

$$\left(\frac{\partial t}{\partial \tau}\right)_{i,k} = \frac{t_i^{k+1} - t_i^k}{\Delta \tau}$$

则：

$$\frac{t_i^{k+1} - t_i^k}{\Delta \tau} = a \frac{t_{i-1}^k - 2t_i^k + t_{i+1}^k}{\Delta x^2}$$

整理得：

$$t_i^{k+1} = \frac{a\Delta \tau}{\Delta x^2}(t_{i-1}^k + t_{i+1}^k) + \left(1 - 2\frac{a\Delta \tau}{\Delta x^2}\right)t_i^k$$

即：

$$t_i^{k+1} = Fo(t_{i-1}^k + t_{i+1}^k) + (1 - 2Fo)t_i^k \tag{4-3}$$

隐式差分格式：温度对时间的一阶导数采用向后差分：

$$\left(\frac{\partial t}{\partial \tau}\right)_{i,k} = \frac{t_i^k - t_i^{k-1}}{\Delta \tau}$$

则：

$$\frac{t_i^k - t_i^{k-1}}{\Delta \tau} = a \frac{t_{i-1}^k - 2t_i^k + t_{i+1}^k}{\Delta x^2}$$

或：

$$\frac{t_i^{k+1} - t_i^k}{\Delta \tau} = a \frac{t_{i-1}^{k+1} - 2t_i^{k+1} + t_{i+1}^{k+1}}{\Delta x^2}$$

整理得：

$$\left(1 + 2\frac{a\Delta \tau}{\Delta x^2}\right)t_i^{k+1} = \frac{a\Delta \tau}{\Delta x^2}(t_{i-1}^{k+1} + t_{i+1}^{k+1}) + t_i^k$$

即：

$$(1 + 2Fo)t_i^{k+1} = Fo(t_{i-1}^{k+1} + t_{i+1}^{k+1}) + t_i^k \tag{4-4}$$

(2) 边界节点离散方程

边界节点离散方程的建立方法与内节点基本相同，利用热平衡法较为方便，同样可以采用显式格式和隐式格式。

(3) 非稳态导热离散格式的稳定性

显式差分格式(4-3)所建立的离散方程，等式右边各项的系数应满足不小于零的条件，否则方程是不稳定的。原因是负的系数会导致 t_i^k 的温度扰动，对 t_i^{k+1} 造成相反的影响，不符合物理规律。数学上满足条件的解，不能保证得到有物理意义的结果。因此，式(4-3)的稳定性条件为：

$$Fo \leqslant \frac{1}{2} \quad \text{或} \quad \frac{a\Delta \tau}{\Delta x^2} \leqslant \frac{1}{2}$$

其他非稳态问题显式格式的稳定性可用同样方法分析。

隐式差分格式是无条件稳定的。

4.1.5 节点离散方程组的求解

由于直接解法无法适应未知量较多的情形及非线性问题，因此对于导热问题的离散方程多采用迭代法求解。

(1) 稳态问题的求解

利用迭代法求解应重点考虑以下因素：

① 如何构造迭代方式；

② 迭代序列是否收敛；

③ 如何提高收敛速度：

$$t_1 = a_{11}t_1 + a_{12}t_2 + \cdots + a_{1n}t_n + c_1$$
$$t_2 = a_{21}t_1 + a_{22}t_2 + \cdots + a_{2n}t_n + c_2$$
$$\cdots\cdots$$
$$t_n = a_{n1}t_1 + a_{n2}t_2 + \cdots + a_{nn}t_n + c_n$$

或：

$$t_i = \sum_{j=1}^{n} a_{i,j}t_j + c_i \quad i = 1, 2, \cdots, n$$

系数 $a_{i,j}$ 组成大型稀疏矩阵。

简单迭代法：任意假定一组节点温度的初始值 t_1^0, t_2^0, $\cdots$, t_n^0，代入节点温度代数方程组，逐一计算出改进值 t_1^1, t_2^1, $\cdots$, t_n^1。再将 t_1^1, t_2^1, $\cdots$, t_n^1 代入方程组，进一步计算改进值 t_1^2, t_2^2, $\cdots$, t_n^2，依此类推，直到满足收敛条件为止。

收敛条件：$\max |t_i^{k+1} - t_i^k| \leqslant \varepsilon$

或：$\max \left| \dfrac{t_i^{k+1} - t_i^k}{t_i^k} \right| \leqslant \varepsilon$

高斯-赛德尔迭代法：每次迭代时总是使用节点温度的最新值，如：

$$t_2^{k+1} = a_{21}t_1^{k+1} + a_{22}t_2^k + \cdots + a_{2n}t_n^k + c_2$$
$$t_3^{k+1} = a_{31}t_1^{k+1} + a_{32}t_2^{k+1} + a_{33}t_3^k \cdots + a_{3n}t_n^k + c_3$$
$$\cdots\cdots$$
$$t_n^{k+1} = a_{n1}t_1^{k+1} + a_{n2}t_2^{k+1} + a_{n3}t_3^{k+1} \cdots + a_{n,n-1}t_n^{k+1} + a_{nn}t_n^k + c_n$$

即在计算 t_3^{k+1} 时，代入的是 t_1^{k+1}、t_2^{k+1}。

(2) 非稳态问题的求解

以式(4-4)为例：$(1+2Fo)t_i^{k+1} - Fo(t_{i-1}^{k+1} + t_{i+1}^{k+1}) = t_i^k$

从 $k=0$ 时刻开始，逐层推进。

4.2 典 型 例 题

【例 4-1】 利用热平衡法导出二维稳态导热：

(1) 对流边界外部拐角节点方程式(图 4-2a)；

(2) 对流边界内部拐角节点方程式(图 4-2b)。

【解】 (1) 针对对流边界外部拐角节点 (i, j) 建立热平衡关系式，得

$$\lambda \frac{t_{i-1,j} - t_{i,j}}{\Delta x} \frac{\Delta y}{2} + \lambda \frac{t_{i,j-1} - t_{i,j}}{\Delta y} \frac{\Delta x}{2} + h(t_f - t_{i,j})\left(\frac{\Delta x}{2} + \frac{\Delta y}{2}\right) = 0$$

当网格均分，即 $\Delta x = \Delta y$ 时，有：

$$t_{i-1,j} + t_{i,j-1} - \left(2 + \frac{2h\Delta x}{\lambda}\right)t_{i,j} + \frac{2h\Delta x}{\lambda}t_f = 0$$

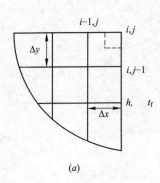 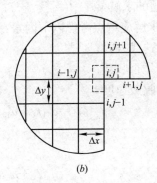

图 4-2　拐角节点示意图

(a)外部拐角；(b)内部拐角

当边界绝热时，即 $h=0$，则节点方程简化为：

$$t_{i-1,j}+t_{i,j-1}-2t_{i,j}=0$$

（2）针对对流边界内部拐角节点(i,j)建立热平衡关系式，得

$$\lambda\frac{t_{i-1,j}-t_{i,j}}{\Delta x}\Delta y+\lambda\frac{t_{i,j-1}-t_{i,j}}{\Delta y}\frac{\Delta x}{2}+\lambda\frac{t_{i+1,j}-t_{i,j}}{\Delta x}\frac{\Delta y}{2}$$

$$+\lambda\frac{t_{i,j+1}-t_{i,j}}{\Delta y}\Delta x+h(t_f-t_{i,j})\left(\frac{\Delta x}{2}+\frac{\Delta y}{2}\right)=0$$

取 $\Delta x=\Delta y$，得：

$$t_{i,j-1}+t_{i+1,j}+2(t_{i-1,j}+t_{i,j+1})-\left(6+\frac{2h\Delta x}{\lambda}\right)t_{i,j}+\frac{2h\Delta x}{\lambda}t_f=0$$

当边界绝热时，即 $h=0$，则节点方程简化为：

$$t_{i,j-1}+t_{i+1,j}+2(t_{i-1,j}+t_{i,j+1})-6t_{i,j}=0$$

【讨论】　解决这类问题的关键在于写出节点所代表的控制体能量收支平衡关系，进而根据相应的条件对方程进行简化。

【例 4-2】　试推导内部拐角一侧绝热，另一侧对流换热边界条件的二维稳态导热节点方程式（图 4-3）。

【解】　针对节点建立热平衡关系式，得

$$\lambda\frac{t_{i-1,j}-t_{i,j}}{\Delta x}\Delta y+\lambda\frac{t_{i,j-1}-t_{i,j}}{\Delta y}\frac{\Delta x}{2}+\lambda\frac{t_{i+1,j}-t_{i,j}}{\Delta x}\frac{\Delta y}{2}$$

$$+\lambda\frac{t_{i,j+1}-t_{i,j}}{\Delta y}\Delta x+h(t_f-t_{i,j})\frac{\Delta x}{2}=0$$

取 $\Delta x=\Delta y$，得：

$$t_{i,j-1}+t_{i+1,j}+2(t_{i-1,j}+t_{i,j+1})-\left(6+\frac{h\Delta x}{\lambda}\right)t_{i,j}+\frac{h\Delta x}{\lambda}t_f=0$$

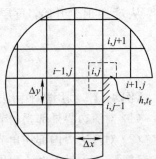

图 4-3　内部拐角节点示意图

【例 4-3】　试推导具有内热源 $q_v(\mathrm{W/m^3})$ 的二维稳态导热：

（1）对流换热边界节点方程式（图 4-4a）；

（2）绝热边界内部拐角节点方程式（图 4-4b）。

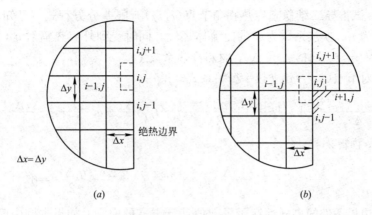

图 4-4　边界节点示意图

(*a*)边界节点；(*b*)内部拐角

【解】（1）针对对流边界节点(i,j)建立热平衡关系式，得：

$$\lambda\frac{t_{i-1,j}-t_{i,j}}{\Delta x}\Delta y\cdot 1+\lambda\frac{t_{i,j-1}-t_{i,j}}{\Delta y}\frac{\Delta x}{2}\cdot 1+\lambda\frac{t_{i,j+1}-t_{i,j}}{\Delta y}\frac{\Delta x}{2}\cdot 1$$

$$+q_{v}\frac{\Delta x}{2}\Delta y\cdot 1+h(t_{f}-t_{i,j})\Delta y\cdot 1=0$$

取 $\Delta x=\Delta y$，得：

$$t_{i,j-1}+t_{i,j+1}+2t_{i-1,j}-\left(4+\frac{2h\Delta x}{\lambda}\right)t_{i,j}+\frac{2h\Delta x}{\lambda}t_{f}+q_{v}\frac{\Delta x^{2}}{\lambda}=0$$

若边界绝热，则：

$$t_{i,j-1}+t_{i,j+1}+2t_{i-1,j}-4t_{i,j}+q_{v}\frac{\Delta x^{2}}{\lambda}=0$$

若无内热源，则方程简化为：

$$t_{i,j-1}+t_{i,j+1}+2t_{i-1,j}-4t_{i,j}=0$$

（2）绝热边界内部拐角热平衡关系：

$$\lambda\frac{t_{i-1,j}-t_{i,j}}{\Delta x}\Delta y+\lambda\frac{t_{i,j-1}-t_{i,j}}{\Delta y}\frac{\Delta x}{2}+\lambda\frac{t_{i+1,j}-t_{i,j}}{\Delta x}\frac{\Delta y}{2}$$

$$+\lambda\frac{t_{i,j+1}-t_{i,j}}{\Delta y}\Delta x+q_{v}\frac{3\Delta x\Delta y}{4}=0$$

取 $\Delta x=\Delta y$，得：

$$t_{i,j-1}+t_{i+1,j}+2(t_{i-1,j}+t_{i,j+1})-6t_{i,j}+q_{v}\frac{3\Delta x^{2}}{2\lambda}=0$$

若无内热源，则方程简化成 ［例 4-1］（2）的最终简化结果。

【讨论】　存在内热源的导热问题，其内热源是作用于控制体上的，建立热平衡关系式时，应乘以控制体的体积，这与导热问题的傅里叶定律是作用于面积相似，只不过直角坐标系的 z 方向往往取为单位长度。对于其他坐标系，应慎重考虑。

【例 4-4】 试推导二维稳态导热拐角节点 $(i，j)$ 有限差分方程式。已知右侧壁绝热，顶端处于温度为 t_f、换热系数为 h 的冷流体环境，同时受到外界热辐射 $q_r（W/m^2）$ 照射。有内热源 $q_v（W/m^3）$，网格 $\Delta x=\Delta y$，材料导热系数 λ。

【解】 针对节点 $(i，j)$ 建立热平衡关系式，得

$$\lambda \frac{t_{i-1,j}-t_{i,j}}{\Delta x}\frac{\Delta y}{2}+\lambda \frac{t_{i,j-1}-t_{i,j}}{\Delta y}\frac{\Delta x}{2}+h(t_f-t_{i,j})\frac{\Delta x}{2}+q_r\frac{\Delta x}{2}+q_v\frac{\Delta x\Delta y}{4}=0$$

取 $\Delta x=\Delta y$，整理得：

$$t_{i-1,j}+t_{i,j-1}-\left(2+\frac{h\Delta x}{\lambda}\right)t_{i,j}+\frac{h\Delta x}{\lambda}t_f+\frac{q_r\Delta x}{\lambda}+\frac{q_v\Delta x^2}{2\lambda}=0$$

【讨论】 边界条件的多样性赋予了数值计算丰富的内涵。如果本题中已知表面发射率，同样可以将控制体通过辐射与外界交换的热量计入热平衡关系式。

【例 4-5】 在某个一维稳态导热问题的数值解中，边界附近节点的配置如图 4-6 所示，网格均匀划分。物体有均匀内热源 q_v，其物性参数已知且为常数。给定边界温度 t_{i+1}，而内节点温度已由数值计算得到，用热平衡法导出边界热流密度 q_B 的计算式。

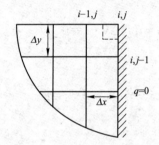

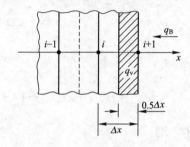

图 4-5 外部拐角节点示意图　　　　图 4-6 一维稳态导热节点示意图

【解】 取垂直于 x 方向为单位面积，则 $i+1$ 点节点方程为：

$$\lambda \frac{t_i-t_{i+1}}{\Delta x}\cdot 1+q_B\cdot 1+q_v\frac{\Delta x}{2}\cdot 1=0$$

整理得：

$$q_B=\lambda \frac{t_{i+1}-t_i}{\Delta x}-\frac{q_v\Delta x}{2}$$

【讨论】 对于这类问题，也需要先建立节点方程，然后导出相应的物理量。

【例 4-6】 写出直角坐标系下二维常物性、无内热源非稳态导热微分方程的显式差分格式，并给出数值求解的稳定性条件(空间方向采用均分网格，中心差分格式)。

【解】 二维常物性、无内热源非稳态导热微分方程式为：

$$\frac{\partial t}{\partial \tau}=a\left(\frac{\partial^2 t}{\partial x^2}+\frac{\partial^2 t}{\partial y^2}\right)$$

对非稳态项采用向前差分：$\dfrac{\partial t}{\partial \tau}=\dfrac{t_{i,j}^{k+1}-t_{i,j}^k}{\Delta \tau}$

扩散项均采用中心差分，即：

$$\frac{\partial^2 t}{\partial x^2} = \frac{t_{i-1,j}^k - 2t_{i,j}^k + t_{i+1,j}^k}{\Delta x^2}$$

$$\frac{\partial^2 t}{\partial y^2} = \frac{t_{i,j-1}^k - 2t_{i,j}^k + t_{i,j+1}^k}{\Delta y^2}$$

于是，节点离散方程为：

$$\frac{t_{i,j}^{k+1} - t_{i,j}^k}{\Delta \tau} = a \left(\frac{t_{i-1,j}^k - 2t_{i,j}^k + t_{i+1,j}^k}{\Delta x^2} + \frac{t_{i,j-1}^k - 2t_{i,j}^k + t_{i,j+1}^k}{\Delta y^2} \right)$$

因 $\Delta x = \Delta y$，整理得：

$$t_{i,j}^{k+1} = Fo(t_{i-1,j}^k + t_{i+1,j}^k + t_{i,j-1}^k + t_{i,j+1}^k) + (1-4Fo)t_{i,j}^k$$

欲使离散方程稳定，应满足等式右边各项系数不小于零，即：

$$Fo \leqslant \frac{1}{4}$$

【例 4-7】 二维平壁的非稳态导热，已知边界面周围流体温度 t_f 和边界面与流体之间的表面传热系数 h，取步长为 Δx。针对外拐角节点（图 4-2a），应用热平衡法推导出数值计算的显式差分格式，并给出数值求解的稳定性条件。

【解】 针对边界节点列热平衡关系式：

$$\rho c \frac{t_{i,j}^{k+1} - t_{i,j}^k}{\Delta \tau} \frac{\Delta x \Delta y}{4} = \lambda \frac{t_{i-1,j}^k - t_{i,j}^k}{\Delta x} \frac{\Delta y}{2} + \lambda \frac{t_{i,j-1}^k - t_{i,j}^k}{\Delta y} \frac{\Delta x}{2} + h(t_f^k - t_{i,j}^k)\left(\frac{\Delta x}{2} + \frac{\Delta y}{2}\right)$$

取 $\Delta x = \Delta y$，方程两边同乘 $4/\lambda$，整理得：

$$\frac{t_{i,j}^{k+1} - t_{i,j}^k}{Fo} = 2(t_{i-1,j}^k - 2t_{i,j}^k + t_{i,j-1}^k) + \frac{4h\Delta x}{\lambda}(t_f^k - t_{i,j}^k)$$

$$t_{i,j}^{k+1} = 2Fo(t_{i-1,j}^k + t_{i,j-1}^k + 2Bit_f^k) + (1-4Fo-4FoBi)t_{i,j}^k$$

离散方程的稳定性条件为：$1-4Fo-4FoBi \geqslant 0$，即：$Fo \leqslant \dfrac{1}{4Bi+4}$

【例 4-8】 一薄板开始时处于均匀温度为 200℃ 的环境中，在某时刻 $\tau = 0$，板右侧的温度突然降为 0℃，左侧绝热。用控制容积热平衡法写出各节点的离散方程并求解。（假设节点共划分为 5 个，边界节点为 1 和 5，图 4-7）。已知物性参数和厚度均为常数，无内热源。

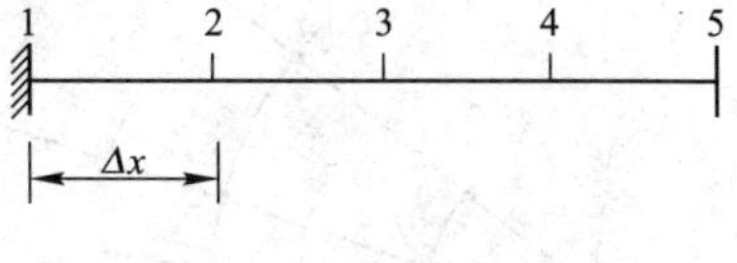

【解】 根据题意，该问题为一维非稳态导热，板右侧边界节点 5 的温度始终为 0℃，即：$t_5^{k+1} = 0$。

图 4-7 薄板节点示意图

针对左侧边界节点 1 列热平衡方程：

$$\rho c \frac{t_1^{k+1} - t_1^k}{\Delta \tau} \frac{\Delta x}{2} = \lambda \frac{t_2^k - t_1^k}{\Delta x}, \quad \text{即：} \quad t_1^{k+1} = 2Fot_2^k + (1-2Fo)t_1^k$$

同理，得：$t_2^{k+1} = Fo(t_1^k + t_3^k) + (1-2Fo)t_2^k$

$$t_3^{k+1} = Fo(t_2^k + t_4^k) + (1-2Fo)t_3^k$$

$$t_4^{k+1} = Fo(t_3^k + t_5^k) + (1-2Fo)t_4^k$$

取 $Fo = 0.5$，根据以上方程将前几组计算结果列表如下：

τ	$t_1(℃)$	$t_2(℃)$	$t_3(℃)$	$t_4(℃)$	$t_5(℃)$
0	200	200	200	200	0
$\Delta\tau$	200	200	200	100	0
$2\Delta\tau$	200	200	150	100	0
$3\Delta\tau$	200	175	150	75	0
$4\Delta\tau$	175	175	125	75	0
$5\Delta\tau$	175	150	125	62.5	0
$6\Delta\tau$	150	150	106.2	62.5	0
$7\Delta\tau$	150	128.1	106.2	53.1	0

随着计算时间的推移，各点温度将趋于零。

4.3 提 高 题

【例 4-9】 试列出极坐标系中的二维、稳态、常物性、有均匀内热源 q_v 的导热问题节点 (i, j) 的离散方程(图 4-8)。

【解】 对节点 (i, j) 建立热平衡关系式，得

$$\lambda\frac{t_{i,j-1}-t_{i,j}}{\Delta r}\frac{r_j+r_{j-1}}{2}\Delta\theta+\lambda\frac{t_{i,j+1}-t_{i,j}}{\Delta r}\frac{r_j+r_{j+1}}{2}\Delta\theta+\lambda\frac{t_{i-1,j}-t_{i,j}}{r_j\Delta\theta}\Delta r$$

$$+\lambda\frac{t_{i+1,j}-t_{i,j}}{r_j\Delta\theta}\Delta r+q_v\cdot r_j\Delta r\Delta\theta=0$$

【讨论】 在极坐标系下建立离散方程与直角坐标系方法类似，但相应的尺度与作用面积有所不同，需谨慎对待。

【例 4-10】 一根长的空心圆管(图 4-9)，管内有均匀内热源 q_v，管外壁与温度为 t_f 的流体对流换热，表面传热系数为 h，管壁内温度分布只是半径 R 的函数。写出外边界节点 N 的离散方程式。管壁材料的导热系数 λ 为常数。

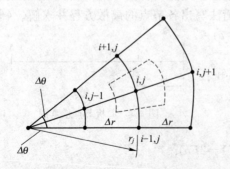

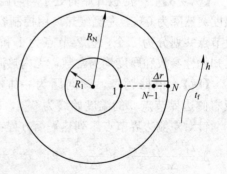

图 4-8 极坐标系网格示意图   图 4-9 例 4-10 图

【解】 对节点 N 建立热平衡关系式

$$\lambda\frac{t_{N-1}-t_N}{\Delta r}\frac{R_N+R_{N-1}}{2}+h(t_N-t_f)R_N+q_v\frac{3R_N+R_{N-1}}{4}\frac{\Delta r}{2}=0$$

【**例 4-11**】　对由导热系数分别为 λ_1 和 λ_2 的两种材料组成的复合结构中发生的无内热源二维稳态导热问题进行数值计算，节点 (i,j) 布置在两种材料平直交界面上（图 4-10）。试用热平衡法建立节点 (i,j) 的离散方程。

【**解**】　对节点 (i,j) 建立热平衡关系式

$$\lambda_1\frac{t_{i-1,j}-t_{i,j}}{\Delta x}\Delta y+\lambda_2\frac{t_{i+1,j}-t_{i,j}}{\Delta x}\Delta y+(\lambda_1+\lambda_2)\frac{t_{i,j+1}-t_{i,j}}{\Delta y}\frac{\Delta x}{2}+(\lambda_1+\lambda_2)\frac{t_{i,j-1}-t_{i,j}}{\Delta y}\frac{\Delta x}{2}=0$$

【**讨论**】　由于两种材料导热系数不同，列热平衡方程时应分别考虑。

【**例 4-12**】　对导热系数分别为 λ_P 和 λ_E 的双层大平板中的一维稳态导热问题进行数值计算，交界面 e 处的网格单元划分如图 4-11 所示。界面 e 是单元 P 与单元 E 的交界面。在用热平衡法建立节点 E 的有限差分方程时，需要用到单元 P 与单元 E 之间交界面 e 的热流密度 q_e，试：

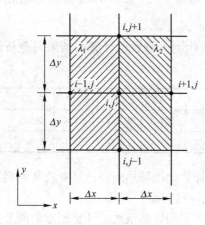

图 4-10　二维稳态导热

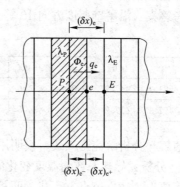

图 4-11　两种材料的一维稳态导热

（1）写出热流密度 q_e 的表达式。

（2）通过将（1）中的热流密度 q_e 的表达式整理成 $q_e=\dfrac{\lambda_e(t_P-t_E)}{(\delta x)_e}$ 的形式（式中 λ_e 称为界面导热系数），导出界面导热系数 λ_e 的表达式。

【**解**】（1）界面热流密度：

$$q_e=\lambda_P\frac{t_P-t_e}{(\delta x)_e^-}=\lambda_E\frac{t_e-t_E}{(\delta x)_e^+}$$

（2）由于：$q_e=\dfrac{t_P-t_e}{\dfrac{(\delta x)_e^-}{\lambda_P}}=\dfrac{t_e-t_E}{\dfrac{(\delta x)_e^+}{\lambda_E}}=\dfrac{t_P-t_E}{\dfrac{(\delta x)_e}{\lambda_e}}$

根据等比定理可得：

$$\frac{(\delta x)_e}{\lambda_e}=\frac{(\delta x)_e^-}{\lambda_P}+\frac{(\delta x)_e^+}{\lambda_E}$$

如果网格均分，则：

$$\lambda_e=\frac{2\lambda_P\lambda_E}{\lambda_P+\lambda_E}$$

4.4 习题解答要点和参考答案

4-4 分析：具有内热源的一维稳态导热问题。

解答要点：利用热平衡法列出各节点离散方程，进而用迭代法求解。节点方程为：

$$t_1-t_0+\frac{h_1\Delta x}{\lambda}(t_{f1}-t_0)+\frac{q_v}{\lambda}\frac{\Delta x^2}{2}=0, \quad t_{i-1}-2t_i+t_{i+1}+\frac{q_v}{\lambda}\Delta x^2=0$$

$$t_{n-1}-t_n+\frac{h_2\Delta x}{\lambda}(t_{f2}-t_n)+\frac{q_v}{\lambda}\frac{\Delta x^2}{2}=0$$

其中，$\Delta x=\dfrac{\delta}{n}$

本题有分析解，根据微分方程式$\dfrac{\mathrm{d}^2 t}{\mathrm{d}x^2}+\dfrac{q_v}{\lambda}=0$求得 $t=-\dfrac{q_v}{2\lambda}x^2+ax+b$，结合相应的边界条件和已知数据，得：$t=-2747.25x^2+619.89x+401.07$

参考答案：沿平壁厚度方向 10 等分，利用迭代法进行数值计算的结果与分析解对比如下表。

位置(m)	0	0.03	0.06	0.09	0.12	0.15	0.18	0.21	0.24	0.27	0.30
数值解	401.1	417.2	428.4	434.6	435.9	432.2	423.6	410.1	391.6	368.2	339.8
分析解	401.1	417.2	428.4	434.6	435.9	432.2	423.6	410.1	391.6	368.2	339.8

数值解与分析解完全一致，表明用数值方法计算此类导热问题已具有较高的精度。

4-5 分析：导热系数随温度变化的一维稳态导热问题。

解答要点：建立节点方程式，两相邻节点间的平均导热系数的计算温度取两节点的平均温度，即：$(43+0.04t_i+0.04t_{i-1})(t_{i-1}-t_i)+(43+0.04t_i+0.04t_{i+1})(t_{i+1}-t_i)=0$。整理得：

$$t_i=\frac{(43+0.04t_i+0.04t_{i-1})t_{i-1}+(43+0.04t_i+0.04t_{i+1})t_{i+1}}{86+0.08t_i+0.04t_{i-1}+0.04t_{i+1}}$$

采用迭代法进行计算，等式右侧的未知数用上一迭代层次的数值。

分析解：根据微分方程式$\dfrac{\mathrm{d}}{\mathrm{d}x}\left(\lambda\dfrac{\mathrm{d}t}{\mathrm{d}x}\right)=0$，得 $\lambda\dfrac{\mathrm{d}t}{\mathrm{d}x}=c$，即$(43+0.08t)\dfrac{\mathrm{d}t}{\mathrm{d}x}=c$，求得温度分布为：$43t+0.04t^2=-44749.44x+13250$。

参考答案：沿平壁厚度方向 5 等分，利用迭代法进行数值计算的结果与分析解对比如下表。

位置(m)	0	0.05	0.10	0.15	0.20	0.25
数值解	250	213.65	175.44	135.07	92.11	46
分析解	250	213.65	175.44	135.07	92.11	46

数值解与分析解完全一致，热流密度为 44.75 kW/m²。

4-6 分析：梯形直肋一维稳态导热问题。

解答要点：首先应判断是否满足 $Bi<0.1$ 的条件。建立一维稳态导热离散方程：

$$t_0 = 350℃$$

$$\left(\lambda \frac{t_{i-1}-t_i}{\Delta x} + \lambda \frac{t_{i+1}-t_i}{\Delta x}\right)\left(6 - 4.5 \frac{i}{n}\right) \times 10^{-3} + h(t_f - t_i) \cdot 2\Delta x = 0, \quad (i = 1, 2, \cdots, n-1)$$

$$\lambda \frac{t_{n-1}-t_n}{\Delta x} \times 1.5 \times 10^{-3} + h(t_f - t_n) \cdot \Delta x = 0$$

整理得：$t_i = \dfrac{t_{i-1}+t_{i+1}}{2} + \dfrac{h(t_f - t_i) \cdot \Delta x^2}{\lambda\left(6 - 4.5\dfrac{i}{n}\right) \times 10^{-3}}, \quad (i = 1, 2, \cdots, n-1)$

$$t_n = t_{n-1} + \frac{h(t_f - t_n) \cdot \Delta x^2}{\lambda \times 1.5 \times 10^{-3}}$$

其中，$\Delta x = \dfrac{l}{n}$。采用迭代法求解，等式右侧的未知数用上一计算层次的数值（即延迟修正）。

参考答案：沿肋片高度方向 13 等分，解得各节点温度分布如下表，并与 65 等分计算结果进行比较。

位置(m)	0.005	0.010	0.015	0.020	0.025	0.030	0.035	0.040	0.045	0.050	0.055	0.060	0.065
13 等分	349.78	349.58	349.38	349.20	349.02	348.86	348.72	348.59	348.47	348.38	348.30	348.26	348.24
65 等分	349.76	349.54	349.32	349.12	348.93	348.76	348.60	348.46	348.33	348.23	348.15	348.10	348.08

4-7　分析：二维稳态导热问题的简化处理。

解答要点：根据问题的对称性，知 $t_b = t_f$，$t_d = t_e$，$\Delta x = \Delta y$，根据热平衡条件建立各节点离散方程：

$$\lambda \frac{t_b - t_a}{\Delta x}\Delta y + \lambda \frac{t_f - t_a}{\Delta y}\Delta x + \lambda \frac{t_{w2}-t_a}{\Delta x}\Delta y + \lambda \frac{t_{w2}-t_a}{\Delta y}\Delta x = 0, \quad 即 \ t_a = \frac{t_b + t_f + 2t_{w2}}{4} = \frac{t_b + t_{w2}}{2}$$

$$\lambda \frac{t_a - t_b}{\Delta x}\Delta y + \lambda \frac{t_c - t_b}{\Delta x}\Delta y + \lambda \frac{t_{w1}-t_b}{\Delta y}\Delta x + \lambda \frac{t_{w2}-t_b}{\Delta y}\Delta x = 0, \quad 即 \ t_b = \frac{t_a + t_c + t_{w1} + t_{w2}}{4}$$

同理：$t_c = \dfrac{t_b + t_d + t_{w1} + t_{w2}}{4}$，$t_d = \dfrac{t_c + t_{w1} + t_{w2}}{3}$

参考答案：采用迭代法求解，$t_a = 134.5℃$，$t_b = 219.0℃$，$t_c = 241.5℃$，$t_d = 247.2℃$

4-8　分析：二维稳态导热问题各种边界条件的处理。

解答要点：根据热平衡条件建立各节点离散方程，且 $\Delta x = \Delta y$，则：

$$t_{1,1} = \frac{1}{2}\left(t_{1,2} + t_{2,1} + \frac{q_w \Delta x}{\lambda}\right)$$

$$t_{i,1} = \frac{1}{4}\left(2t_{i,2} + t_{i-1,1} + t_{i+1,1} + \frac{2q_w \Delta x}{\lambda}\right), \quad (i = 2, 3, 4, 5)$$

$$t_{6,1} = \frac{1}{2}\left[t_{5,1} + t_{6,2} + \frac{q_w \Delta x}{\lambda} + \frac{h(t_f - t_{6,1})\Delta x}{\lambda}\right]$$

$$t_{1,j} = \frac{1}{4}(2t_{2,j} + t_{1,j-1} + t_{1,j+1}), \quad (j = 2, 3)$$

$$t_{6,j} = \frac{1}{4}\left[2t_{5,j} + t_{6,j-1} + t_{6,j+1} + \frac{h(t_f - t_{6,j})\Delta x}{\lambda}\right], \quad (j = 2, 3)$$

$$t_{i,4}=200, \quad (i=1, 2, 3, 4, 5, 6)$$

$$t_{i,j}=\frac{1}{4}(t_{i-1,j}+t_{i+1,j}+t_{i,j-1}+t_{i,j+1}), \quad (i=2, 3, 4, 5; j=2, 3)$$

参考答案：采用迭代法求解，结果如下表所示。

位置(m)y \ x	0	0.08	0.16	0.24	0.32	0.40
0.24	200	200	200	200	200	200
0.16	201.33	201.15	200.55	199.38	197.25	193.36
0.08	203.03	202.72	201.69	199.7	196.28	190.92
0	205.34	204.98	203.79	201.44	197.23	189.56

4-9 分析：定壁温的一维非稳态导热问题。

解答要点：由于问题的对称性，可取半壁厚为计算厚度，中心点为绝热边界条件，则节点离散方程为：

$$t_0^{k+1}=t_0^k=t_f$$

$$\frac{t_i^{k+1}-t_i^k}{\Delta\tau}=a\frac{t_{i-1}^k-2t_i^k+t_{i+1}^k}{\Delta x^2}\Rightarrow t_i^{k+1}=Fo(t_{i-1}^k+t_{i+1}^k)+(1-2Fo)t_i^k$$

$$\frac{t_n^{k+1}-t_n^k}{2\Delta\tau}=a\frac{t_{n-1}^k-t_n^k}{\Delta x^2}\Rightarrow t_n^{k+1}=2Fot_{n-1}^k+(1-2Fo)t_n^k$$

取空间步长 1mm，时间步长的选择必须满足 $Fo\leqslant0.5$。

参考答案：达到胶化所需时间为 4348s。

4-10 分析：周期性非稳态导热问题。

解答要点：建立一维非稳态导热显式差分方程，室外周期性边界条件按线性变化处理。

边界节点：$t_1^{k+1}=2Fo(t_2^k+Bi_1t_{f1})+(1-2Bi_1Fo-2Fo)t_1^k$

$$t_n^{k+1}=2Fo(t_{n-1}^k+Bi_2t_{f2})+(1-2Bi_2Fo-2Fo)t_n^k$$

内节点：$t_i^{k+1}=Fo(t_{i-1}^k+t_{i+1}^k)+(1-2Fo)t_i^k$

参考答案：以中午 12 点稳态温度分布为计算初始值，计算 5 个周期(24 小时为 1 周期)后，各点温度值不再发生变化，各时刻温度值(℃)如下表：

时刻	1	2	3	4	5	6	7	8	9	10	11	12
内表面	15.32	15.23	15.14	15.04	14.96	14.89	14.84	14.82	14.81	14.83	14.86	14.92
外表面	−5.03	−4.51	−3.9	−3.22	−2.5	−1.74	−0.98	−0.18	0.63	1.45	2.28	3.12
时刻	13	14	15	16	17	18	19	20	21	22	23	24
内表面	14.99	15.07	15.17	15.26	15.35	15.41	15.46	15.49	15.49	15.47	15.44	15.38
外表面	2.89	2.38	1.77	1.08	0.37	−0.39	−1.16	−1.96	−2.76	−3.59	−4.41	−5.26

可见，外表面温度在中午 12 点达到最大值，晚上 12 点达到最低值，而内表面温度变化很小，最大和最小值分别出现在 21 点和上午 9 点。

4-12 分析：瞬态导热问题计算。

解答要点：建立一维非稳态导热显式差分方程，室外侧边界条件的处理方法。

边界节点：$t_1^{k+1}=2Fot_2^k+(1-2Fo)t_1^k$，$t_n^{k+1}=35+3(k+1)\Delta\tau$

内节点：$t_i^{k+1}=Fo(t_{i-1}^k+t_{i+1}^k)+(1-2Fo)t_i^k$

参考答案：进入正常情况阶段时壁内的最大温度差为 1.39℃，所经历的时间为 167min。

5 对流换热分析

5.1 学习要点

5.1.1 影响对流换热表面传热系数的因素

主要包括流动的起因、流动状态、流体物性、流体物相变化、固体表面的几何参数等。

(1) 流动的起因：自然对流，流体因各部分温度不同而引起的密度差异所产生的流动；受迫对流，由外力，如泵、风机、液面高差等作用产生的流动；混合对流，由外力引起的受迫对流和与流体本身的温度差引起的自然对流共同作用，且两者强度相当时产生的流动。

(2) 流动状态：主要分层流和紊流流动。

(3) 流体物性：主要有比热容、导热系数、密度、黏度及体积膨胀系数等。

(4) 流体物相变化：在一定条件下，流体在换热过程中会发生相变，这时的换热称相变换热，如冷凝、沸腾、升华、凝华、融化和凝固等。

(5) 表面的几何参数：涉及表面尺寸、粗糙度、形状及与流体的相对位置等。

综合上述影响，表面传热系数是下列因素的函数，即

$$h = f(u,\ t_w,\ t_f,\ \lambda,\ c_p,\ \rho,\ \alpha,\ \mu,\ l,\ \cdots) \tag{5-1}$$

式中，u 为流体速度，t_w 为壁面温度，t_f 为流体温度，λ、c_p、ρ、μ 和 α 分别为流体的导热系数、比热容、密度、动力黏度及体积膨胀系数，l 为定型尺寸，此外，还有粗糙度及相变时的潜热 r 等。

5.1.2 对流换热微分方程组

(1) 对流换热过程方程式

$$h = -\frac{\lambda}{(t_w - t_f)}\left(\frac{\partial t}{\partial y}\right)_w = -\frac{\lambda}{\Delta t}\left(\frac{\partial t}{\partial y}\right)_w \tag{5-2}$$

(2) 对流换热微分方程组——以二维不可压缩、常物性、牛顿型流体、层流为例

连续性方程：
$$\frac{\partial u}{\partial x} + \frac{\partial v}{\partial y} = 0 \tag{5-3}$$

动量微分方程：

x 方向：
$$\rho\left(\frac{\partial u}{\partial \tau} + u\frac{\partial u}{\partial x} + v\frac{\partial u}{\partial y}\right) = X - \frac{\partial p}{\partial x} + \mu\left(\frac{\partial^2 u}{\partial x^2} + \frac{\partial^2 u}{\partial y^2}\right) \tag{5-4a}$$

y 方向：
$$\rho\left(\frac{\partial v}{\partial \tau} + u\frac{\partial v}{\partial x} + v\frac{\partial v}{\partial y}\right) = Y - \frac{\partial p}{\partial y} + \mu\left(\frac{\partial^2 v}{\partial x^2} + \frac{\partial^2 v}{\partial y^2}\right) \tag{5-4b}$$

能量方程：

$$\rho c_p\left(\underbrace{\frac{\partial t}{\partial \tau}}_{\text{非稳态项}} + \underbrace{u\frac{\partial t}{\partial x} + v\frac{\partial t}{\partial y}}_{\text{对流项}}\right) = \underbrace{\lambda\left(\frac{\partial^2 t}{\partial x^2} + \frac{\partial^2 t}{\partial y^2}\right)}_{\text{扩散项}} \tag{5-5}$$

其中，X，Y 分别为单位容积流体在 x，y 方向受到的体积力分量。方程式(5-2)、式(5-3)、式(5-4a)、式(5-4b)和式(5-5)共五个方程，包含表面传热系数 h，速度 u 及 v，温度 t，压力 p 等五个未知量。原则上可利用分析方法或数值计算方法求解。

5.1.3　边界层及换热微分方程组的解

(1) 流动边界层：固体壁面附近流体速度急剧变化的薄层称为流动边界层，其特点：

① 边界层厚度 δ：$\dfrac{u}{u_\infty}=0.99$ 处的离壁距离。

② 边界层内速度梯度 $\dfrac{\partial u}{\partial y}$：在边界层区，流体流动的速度梯度较大，属黏性流动。而在主流区，速度梯度很小，可视作无黏流动。

③ 边界层内流动状态：层流边界层、紊流边界层。

(2) 热边界层(温度边界层)：固体壁面附近流体温度急剧变化的薄层则称为热边界层(温度边界层)，其特点：

① 热边界层厚度 δ_t：$\dfrac{\theta}{\theta_f}=\dfrac{t-t_w}{t_f-t_w}=0.99\left(\text{而非}\dfrac{t}{t_f}=0.99\right)$ 处的离壁距离。

② 热边界层内存在较大的温度梯度，主流区温度梯度接近于零。

③ 对于 $Pr=1$ 的流体，$\delta=\delta_t$。

(3) 常物性流体外掠平板层流换热边界层微分方程式分析解：

边界层厚度：

$$\frac{\delta_x}{x}=5\sqrt{\frac{\nu x}{u_\infty}}=5Re_x^{-1/2} \tag{5-6}$$

局部摩擦系数：

$$C_{f,x}=0.646Re_x^{-1/2} \tag{5-7}$$

常壁温平板局部努谢尔特数：

$$Nu_x=0.332Re_x^{1/2}Pr^{1/3} \tag{5-8}$$

长度为 l 的常壁温平板努谢尔特数：

$$Nu=0.664Re^{1/2}Pr^{1/3} \tag{5-9}$$

分析求解时采用了常物性的假定，而实际流体的物性总是随温度而变的，在计算时物性参数可按 $t_m=(t_f+t_w)/2$ 确定。

5.1.4　边界层换热积分方程解——以常物性流体外掠常壁温平板层流换热为例

(1) 边界层动量积分方程

假设条件：常物性不可压缩牛顿流体，二维稳态受迫流动，忽略体积力，并且不考虑 y 方向的流速 v。

$$\rho\frac{d}{dx}\int_0^\delta u(u_\infty-u)dy=\mu\left(\frac{du}{dy}\right)_w \tag{5-10}$$

(2) 边界层能量积分方程

假设条件：常物性不可压缩牛顿流体，二维稳态受迫流动，流体无内热源，不考虑黏性耗散热，忽略 x 方向导热；热边界层外，忽略导热。

$$\frac{\mathrm{d}}{\mathrm{d}x}\int_0^{\delta_t} u(t_f - t)\mathrm{d}y = a\left(\frac{\partial t}{\partial y}\right)_w \tag{5-11}$$

（3）边界层换热积分方程解

1）动量方程积分解

速度分布近似解：

$$\frac{u}{u_\infty} = \frac{3}{2}\frac{y}{\delta} - \frac{1}{2}\left(\frac{y}{\delta}\right)^3 \tag{5-12}$$

边界层厚度：

$$\frac{\delta_x}{x} = 4.64\sqrt{\frac{vx}{u_\infty}} = 4.64 Re_x^{-1/2} \tag{5-13}$$

2）能量方程积分解

温度分布近似解：

$$\frac{t - t_w}{t_f - t_w} = \frac{\theta}{\theta_f} = \frac{3}{2}\frac{y}{\delta_t} - \frac{1}{2}\left(\frac{y}{\delta_t}\right)^3 \tag{5-14}$$

热边界层厚度与速度边界层厚度之间关系：

$$\frac{\delta_t}{\delta} = \frac{1}{1.025}Pr^{-1/3} \approx Pr^{-1/3} \tag{5-15}$$

此时，局部努谢尔特数为：

$$Nu_x = 0.332 Re_x^{1/2} Pr^{1/3} \tag{5-16}$$

全板长平均努谢尔特数为：

$$Nu = 0.664 Re^{1/2} Pr^{1/3} \tag{5-17}$$

上述方程中的定性温度 $t_m = (t_f + t_w)/2$，定型尺寸分别为 x 和 l，适用条件 $Re < 5 \times 10^5$。

式(5-16)、式(5-17)是采用三次方速度分布假设及三次方温度分布假设得到的，如果改变速度分布和温度分布假设，我们将得到不同的结果，因此积分方程是近似解，与式(5-8)、式(5-9)的完全一致只是巧合。

5.1.5 动量传递与热量传递的类比

（1）雷诺类比与柯尔朋类比

对于紊流，在 $Pr=1$，$Pr_t=1$ 的情况下：

雷诺类比
$$St = \frac{h}{\rho c_p u_\infty} = \frac{\tau_w}{\rho u_\infty^2} = C_f/2 \tag{5-18a}$$

式中 St——斯坦登准则。

上述关系对于局部表面传热系数和局部摩擦系数也适用，

$$St_x = C_{f,x}/2 \tag{5-18b}$$

当 $Pr \neq 1$ 时：

柯尔朋类比 $$St \cdot Pr^{2/3} = C_f/2 \tag{5-19a}$$

对于局部表面传热系数和局部摩擦系数也适用，

$$St_x \cdot Pr^{2/3} = C_{f,x}/2 \tag{5-19b}$$

定性温度：$t_m = \dfrac{t_f + t_w}{2}$，近似适用于 $Pr = 0.5 \sim 50$。

（2）外掠平板紊流换热

局部摩擦系数：

$$C_{f,x} = 0.0592 Re_x^{-1/5} \tag{5-20}$$

局部表面传热系数：

$$Nu_x = 0.0296 Re_x^{4/5} \cdot Pr^{1/3} \tag{5-21}$$

适用条件：$0.6 \leqslant Pr \leqslant 60$，$5 \times 10^5 \leqslant Re \leqslant 10^7$

全板平均表面传热系数

$$Nu = (0.037 Re^{0.8} - 870) \cdot Pr^{1/3} \tag{5-22}$$

适用条件：$0.6 \leqslant Pr \leqslant 60$，$5 \times 10^5 \leqslant Re \leqslant 10^7$

定型尺寸：板长 l，定性温度：$t_m = \dfrac{t_f + t_w}{2}$

5.1.6 相似理论

（1）主要对流换热准则

格拉晓夫准则 Gr：浮升力项与黏滞力项的相对大小。Gr 的大小，表明浮升力作用的大小。在准则关联式中，Gr 显示自然对流状态对换热的影响。

雷诺准则 Re：表征流体流动时惯性力与黏滞力的相对大小。Re 数增大，说明惯性力作用的扩大，因此，Re 的大小能反映流态。

普朗特准则 Pr：Pr 大小反映了流体的动量传递能力与热量传递能力的相对大小。Pr 值越大，该流体传递动量的能力越大。

努谢尔特准则 Nu：表征壁面法向无量纲过余温度梯度的大小，而此梯度的大小反映对流换热的强弱。

（2）相似准则的关联式

研究对流换热问题的几个常用准则，包括 Nu，Re，Pr，Gr，这样，就可以根据不同的对流换热现象，选用不同的准则描述，从而列出各类对流换热问题的准则关联式。如对于无相变受迫稳态对流换热，且当自然对流不可忽略时，可采用准则关联式：$Nu = f(Re, Pr, Gr)$，而对于自然对流换热，则可采用准则关联式：$Nu = f(Pr, Gr)$。

在利用准则关联式进行换热计算时，必须使用准则关联式所要求的定性温度及定型尺寸，否则会导致较大误差。

5.2 典 型 例 题

【例 5-1】 取外掠平板边界层的流动由层流转变为紊流的临界雷诺数 $Re_c = 5 \times 10^5$，试分别计算 25℃的水、空气及 14 号润滑油以 $u_\infty = 1\mathrm{m/s}$ 的速度外掠平板时，达到临界 Re_c 数时所需的板长。

【解】 （1）查文献 [1] 附表 2，25℃时空气的运动黏性系数为：$\nu = 15.53 \times 10^{-6}\,\mathrm{m^2/s}$，根据雷诺数公式，可求得达到临界雷诺数的板长：

$$L_c = \frac{Re_c \nu}{u_\infty} = \frac{5 \times 10^5 \times 15.53 \times 10^{-6}}{1} = 7.77\mathrm{m}$$

（2）同理，查文献 [1] 附表 3，25℃时水的运动黏性系数为：$\nu = 0.9055 \times 10^{-6}\,\mathrm{m^2/s}$，求得达到临界雷诺数的板长：

$$L_c = \frac{Re_c \nu}{u_\infty} = \frac{5 \times 10^5 \times 0.9055 \times 10^{-6}}{1} = 0.45 \text{m}$$

（3）查文献［1］附表 6，25℃时 14 号润滑油的运动黏性系数为：$\nu = 313.7 \times 10^{-6} \text{m}^2/\text{s}$，求得达到临界雷诺数的板长：

$$L_c = \frac{Re_c \nu}{u_\infty} = \frac{5 \times 10^5 \times 313.7 \times 10^{-6}}{1} = 157 \text{m}$$

【讨论】 对于不同流体，在相同速度和温度的条件下，由于运动黏度差别较大，因此达到临界雷诺数所需的板长差别较大，黏度越大的流体，达到临界雷诺数所需的板长越长。特别是对于油来说，外掠平板时，要达到紊流所需板长至少要几十到几百米，因此是不可能实现的。

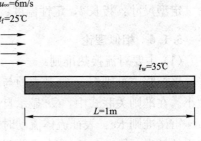

图 5-1 太阳能集热器示意图

【例 5-2】 温度为 $t_f = 25℃$ 的空气，以 $u_\infty = 6\text{m/s}$ 的流速平行吹过一太阳能集热器的表面。已知太阳能集热器的表面尺寸为 $1\text{m} \times 1\text{m}$，平均温度为 $t_w = 35℃$，如图 5-1 所示。求：由于对流换热而散失的热量。

【解】 定性温度 $t_m = \frac{1}{2}(t_f + t_w) = \frac{1}{2}(25 + 35) = 30℃$

根据文献［1］附表 2 查取空气的物性：

$$Pr = 0.701, \quad \lambda = 2.67 \times 10^{-2} \text{W/(m·K)}, \quad \nu = 16 \times 10^{-6} \text{m}^2/\text{s}$$

$$Re = \frac{u_\infty l}{\nu} = \frac{6 \times 1}{16 \times 10^{-6}} = 3.75 \times 10^5 < Re_c = 5 \times 10^5$$

因此，流动为层流，可应用式（5-9），

$$Nu = 0.664 Re^{1/2} Pr^{1/3} = 0.664 \times (3.75 \times 10^5)^{1/2} \times 0.701^{1/3} = 361.2$$

$$h = Nu \frac{\lambda}{l} = 361.2 \times \frac{0.0267}{1} = 9.64 \text{W/(m}^2 \cdot \text{K)}$$

$$\Phi = hA(t_w - t_f) = 9.64 \times 1 \times 1 \times (35 - 25) = 96.4 \text{W}$$

【例 5-3】 标准大气压力下，温度 $t_f = 18℃$ 的空气以 $u_\infty = 1\text{m/s}$ 的速度外掠 40mm 长的平板。已知平板壁温 $t_w = 36℃$，试计算：

（1）距平板前缘 $x = 40\text{mm}$ 处的流动边界层厚度、热边界层厚度、局部表面传热系数和平均表面传热系数。

（2）沿板长方向流动边界层厚度、热边界层厚度、局部表面传热系数和平均表面传热系数随距平板前缘距离 x 的变化。

【解】 （1）定性温度 $t_m = \frac{1}{2}(t_f + t_w) = \frac{1}{2}(18 + 36) = 27℃$

根据文献［1］附表 2 查取空气的物性：$Pr = 0.702$、$\lambda = 2.65 \times 10^{-2} \text{W/(m·K)}$，$\nu = 15.72 \times 10^{-6} \text{m}^2/\text{s}$

$$Re_x = \frac{u_\infty x}{\nu} = \frac{1 \times 0.04}{15.72 \times 10^{-6}} = 2.545 \times 10^3 < Re_c = 5 \times 10^5$$

因此流动为层流，由式(5-6)、式(5-8)和式(5-9)有

流动边界层厚度：
$$\delta = 5xRe_x^{-1/2} = 5 \times 0.04 \times (2.545 \times 10^3)^{-1/2} = 4.0\text{mm}$$

热边界层厚度：
$$\delta_t = \delta \times Pr^{-1/3} = 4.0 \times 0.702^{-1/3} = 4.5\text{mm}$$

局部表面传热系数：
$$h_x = 0.332 \frac{\lambda}{x} Pr^{1/3} Re_x^{1/2} = 0.332 \times \frac{2.65 \times 10^{-2}}{0.04} \times 0.702^{1/3} \times (2.545 \times 10^3)^{1/2}$$
$$= 9.8\text{W/(m}^2 \cdot \text{K)}$$

平均表面传热系数：
$$h = 2h_x = 2 \times 9.8 = 19.6\text{W/(m}^2 \cdot \text{K)}$$

（2）下表为沿板长方向 5 个局部点的计算结果

	x(mm)	Re_x	δ(mm)	δ_t(mm)	h_x [W/(m$^2 \cdot$ K)]	h [W/(m$^2 \cdot$ K)]
1	5	3.18×10^2	1.4×10^{-3}	1.6×10^{-3}	27.8	55.6
2	10	6.36×10^2	2.0×10^{-3}	2.2×10^{-3}	19.7	39.4
3	20	1.27×10^3	2.8×10^{-3}	3.2×10^{-3}	13.9	27.8
4	30	1.91×10^3	3.4×10^{-3}	3.9×10^{-3}	11.4	22.8
5	40	2.55×10^3	4.0×10^{-3}	4.5×10^{-3}	9.8	19.6

【讨论】 从计算结果可以看出，流动边界层厚度 δ 和热边界层厚度 δ_t 随距平板前缘距离 x 增加而增大，局部表面传热系数 h_x 和平均表面传热系数 h 随距平板前缘距离 x 增加而减小。对于空气来说，流动边界层厚度 δ 略小于热边界层厚度 δ_t，而在其他条件不变的情况下，流体换成水时，$\delta > \delta_t$；换成润滑油时，$\delta \gg \delta_t$。

【例 5-4】 若平板上流动边界层速度分布为 $\dfrac{u}{u_\infty} = \dfrac{y}{\delta}$，求层流边界层厚度与流过距离 x 的关系（按积分方程推导）。

【解】 由动量积分方程有：
$$\rho \frac{\mathrm{d}}{\mathrm{d}x} \int_0^\delta u(u_\infty - u)\mathrm{d}y = \mu \left(\frac{\mathrm{d}u}{\mathrm{d}y}\right)_w \tag{1}$$

式(1)左边：
$$\rho \frac{\mathrm{d}}{\mathrm{d}x} \int_0^\delta u(u_\infty - u)\mathrm{d}y = \rho \frac{\mathrm{d}}{\mathrm{d}x} \int_0^\delta u_\infty^2 \cdot \frac{u}{u_\infty}\left(1 - \frac{u}{u_\infty}\right)\mathrm{d}y = \rho \frac{\mathrm{d}}{\mathrm{d}x}\left[u_\infty^2 \int_0^\delta \frac{y}{\delta}\left(1 - \frac{y}{\delta}\right)\mathrm{d}y\right]$$
$$= \rho \frac{\mathrm{d}}{\mathrm{d}x}\left(\frac{\delta u_\infty^2}{6}\right) \tag{2}$$

根据 $\dfrac{u}{u_\infty} = \dfrac{y}{\delta}$，则式(1)右边：
$$\mu \left(\frac{\mathrm{d}u}{\mathrm{d}y}\right)_w = \mu \frac{u_\infty}{\delta} \tag{3}$$

由式(2)和式(3)有，$\rho \dfrac{\mathrm{d}}{\mathrm{d}x}\left(\dfrac{\delta u_\infty^2}{6}\right) = \mu \dfrac{u_\infty}{\delta}$

$u_\infty = $ const，因此有，

$$\frac{\mathrm{d}\delta}{\mathrm{d}x} = \frac{6\mu}{\rho u_\infty \delta} \Rightarrow \delta\mathrm{d}\delta = \frac{6\mu}{\rho u_\infty}\mathrm{d}x = \frac{6\nu}{u_\infty}\mathrm{d}x \tag{4}$$

对式（4）积分有：$\int_0^\delta \delta\mathrm{d}\delta = \int_0^x \frac{6\nu}{u_\infty}\mathrm{d}x$

$$\therefore \delta = \sqrt{\frac{12\nu x}{u_\infty}} x = 3.464 Re_x^{-10/2} x$$

【**例5-5**】 温度为 $t_f = 4℃$ 的空气，以 $u_\infty = 5\mathrm{m/s}$ 的速度平行吹过房屋的某一侧墙面，该墙的温度为 $t_w = 12\mathrm{m}$，高 4m，长 10m，试确定由于对流引起的该墙面向外界的散热损失，如果风速提高一倍对流引起的散热损失又是多少？

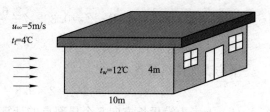

图 5-2 房屋外墙面对流换热

【**解**】 定性温度 $t_m = \frac{1}{2}(t_f + t_w) = \frac{1}{2}(4+12) = 8℃$

查文献［1］附表2，空气物性有

$$\nu = 1.3984\times10^{-5}\mathrm{m^2/s}, \quad \lambda = 0.02496\mathrm{W/(m\cdot K)}, \quad Pr = 0.7054$$

$$Re_{x1} = \frac{u_\infty l}{\nu} = \frac{5\times10}{1.3984\times10^{-5}} = 3.576\times10^6 > Re_c = 5\times10^5$$

因此应用式（5-22），

$$Nu = (0.037Re^{0.8} - 870)\cdot Pr^{1/3} = (0.037\times(3.576\times10^6)^{0.8} - 870)\times0.7054^{1/3}$$
$$= 4.98\times10^3$$

$$h = \frac{Nu\lambda}{l} = \frac{4.98\times10^3\times0.02496}{10} = 12.4\mathrm{W/(m^2\cdot K)}$$

$$\Phi = hA(t_w - t_f) = 12.4\times10\times4\times(12-4) = 3981\mathrm{W}$$

当风速增大一倍时，

$$Re_1 = \frac{u_{\infty1} l}{\nu} = \frac{2\times5\times10}{1.3984\times10^{-5}} = 7.15\times10^6 > Re_c = 5\times10^5$$

应用式（5-22），

$$Nu_1 = (0.037Re_1^{0.8} - 870)\cdot Pr^{1/3} = (0.037\times(7.15\times10^6)^{0.8} - 870)\times0.7054^{1/3}$$
$$= 9.25\times10^3$$

$$h_1 = \frac{Nu_1\lambda}{l} = \frac{9.25\times10^3\times0.02496}{10} = 23.1\mathrm{W/(m^2\cdot K)}$$

$$\Phi_1 = h_1 A(t_w - t_f) = 23.1\times10\times4\times(12-4) = 7390\mathrm{W}$$

【**例5-6**】 在一台尺寸缩小成为实物 1/8 的模型中，用 $t_{f1} = 20℃$ 的空气来模拟实物中平均温度为 $t_{f2} = 200℃$ 空气的加热过程。实物中空气的平均流速为 $u_2 = 6.03\mathrm{m/s}$，问模型中的流速应为多少？若模型中测得的平均表面传热系数为 $195\mathrm{W/(m^2\cdot K)}$，求相应实物中的值。在这一实物中，模型与实物中流体的 Pr 数并不严格相等，你认为这样的模化试

验有无实用价值?

【解】 根据文献［1］附表 2 查取空气的物性:

20℃: $\nu_1 = 15.06 \times 10^{-6} \, \text{m}^2/\text{s}$, $\lambda_1 = 2.59 \times 10^{-2} \, \text{W}/(\text{m} \cdot \text{K})$, $Pr_1 = 0.703$

200℃: $\nu_2 = 34.85 \times 10^{-6} \, \text{m}^2/\text{s}$, $\lambda_2 = 3.93 \times 10^{-2} \, \text{W}/(\text{m} \cdot \text{K})$, $Pr_2 = 0.680$

根据相似理论,为了使模型与实物流动相似,应使得模型与实物中的 Re 数相等 $Re_1 = Re_2$,即

$$\frac{u_1 l_1}{\nu_1} = \frac{u_2 l_2}{\nu_2}, \quad u_1 = \frac{\nu_1 l_2}{\nu_2 l_1} u_2 = \frac{15.06 \times 10^{-6}}{34.85 \times 10^{-6}} \times 8 \times 6.03 = 20.9 \, \text{m/s}$$

严格来说,要模型中的对流换热过程与实物相似,两者所用工质的 Pr 数应该相等,但因模型与实物中流体的 Pr 数相差不大,因此这样的模化试验有实用价值。

既然可以认为模型与实物对流换热相似,那么 $Nu_1 = Nu_2$,所以

$$h_2 = \frac{\lambda_2 l_1}{\lambda_1 l_2} h_1 = \frac{3.93 \times 10^{-2} \times 1}{2.59 \times 10^{-2} \times 8} \times 195 = 37 \, \text{W}/(\text{m}^2 \cdot \text{K})$$

这样人们就可以用尺寸小得多的模型上测得的数据来预估尚未建成的实物中的数据。

5.3 提 高 题

【例 5-7】 外掠平板的边界层的动量方程式为: $u \dfrac{\partial u}{\partial x} + v \dfrac{\partial u}{\partial y} = \nu \dfrac{\partial^2 u}{\partial y^2}$。试求: 沿 y 方向作积分(从 $y = 0$ 到 $y \to \infty$)导出边界层的动量积分方程。

【解】 动量方程左右两端从 $y = 0$ 到 $y \to \infty$ 积分,

$$\int_0^\infty u \frac{\partial u}{\partial x} \mathrm{d}y + \int_0^\infty v \frac{\partial u}{\partial y} \mathrm{d}y = \int_0^\infty \nu \frac{\partial^2 u}{\partial y^2} \mathrm{d}y \tag{1}$$

展开有,

$$\int_0^\delta u \frac{\partial u}{\partial x} \mathrm{d}y + \int_\delta^\infty u \frac{\partial u}{\partial x} \mathrm{d}y + \int_0^\delta v \frac{\partial u}{\partial y} \mathrm{d}y + \int_\delta^\infty v \frac{\partial u}{\partial y} \mathrm{d}y = \int_0^\delta \nu \frac{\partial^2 u}{\partial y^2} \mathrm{d}y + \int_\delta^\infty \nu \frac{\partial^2 u}{\partial y^2} \mathrm{d}y \tag{2}$$

当 $y > \delta$ 时, $u \approx u_\infty$,因此, $\displaystyle\int_\delta^\infty u \frac{\partial u}{\partial x} \mathrm{d}y \approx 0$, $\displaystyle\int_\delta^\infty v \frac{\partial u}{\partial y} \mathrm{d}y \approx 0$, $\displaystyle\int_\delta^\infty \nu \frac{\partial^2 u}{\partial y^2} \mathrm{d}y \approx 0$

故

$$\int_0^\delta u \frac{\partial u}{\partial x} \mathrm{d}y + \int_0^\delta v \frac{\partial u}{\partial y} \mathrm{d}y = \int_0^\delta \nu \frac{\partial^2 u}{\partial y^2} \mathrm{d}y = \nu \int_0^\delta \frac{\partial^2 u}{\partial y^2} \mathrm{d}y \tag{3}$$

因为

$$\int_0^\delta \frac{\partial^2 u}{\partial y^2} \mathrm{d}y = \left(\frac{\partial u}{\partial y}\right)_0^\delta = -\left(\frac{\partial u}{\partial y}\right)_{y=0} \tag{4}$$

所以

$$\int_0^\delta u \frac{\partial u}{\partial x} \mathrm{d}y + \int_0^\delta v \frac{\partial u}{\partial y} \mathrm{d}y = -\nu \left(\frac{\partial u}{\partial y}\right)_{y=0} \tag{5}$$

又

$$\int_0^\delta v \frac{\partial u}{\partial y} \mathrm{d}y = (uv)_0^\delta - \int_0^\delta u \frac{\partial v}{\partial y} \mathrm{d}y = u_\infty v_\delta - \int_0^\delta u \frac{\partial v}{\partial y} \mathrm{d}y \tag{6}$$

由连续性方程 $\dfrac{\partial u}{\partial x} + \dfrac{\partial v}{\partial y} = 0$ 有, $\dfrac{\partial v}{\partial y} = -\dfrac{\partial u}{\partial x}$ 及 $v_\delta = -\displaystyle\int_0^\delta \dfrac{\partial u}{\partial x} \mathrm{d}y$,代入式(6)有,

$$\int_0^\delta v \frac{\partial u}{\partial y} \mathrm{d}y = -u_\infty \int_0^\delta \frac{\partial u}{\partial x} \mathrm{d}y + \int_0^\delta u \frac{\partial u}{\partial x} \mathrm{d}y \tag{7}$$

将式(7)代入式(5)有,

$$\int_0^\delta u \frac{\partial u}{\partial x} \mathrm{d}y + \int_0^\delta v \frac{\partial u}{\partial y} \mathrm{d}y = \int_0^\delta u \frac{\partial u}{\partial x} \mathrm{d}y - u_\infty \int_0^\delta \frac{\partial u}{\partial x} \mathrm{d}y + \int_0^\delta u \frac{\partial u}{\partial x} \mathrm{d}y = -\nu \left(\frac{\partial u}{\partial y}\right)_{y=0} \tag{8}$$

根据式(8)整理得到,

$$\frac{\mathrm{d}}{\mathrm{d}x} \int_0^\delta \left[u(u - u_\infty)\right] \mathrm{d}y = \nu \left(\frac{\partial u}{\partial y}\right)_{y=0}$$

【例 5-8】 速度为 u_∞、温度为 t_f 的流体绕流温度为 t_w 的恒壁温平板,若 $Pr \ll 1$,试用边界层能量积分方程求解温度边界层厚度(温度分布可以取一次多项式近似)。

【解】 边界层能量积分方程:

$$\frac{\mathrm{d}}{\mathrm{d}x} \int_0^\delta u(t_\mathrm{f} - t) \mathrm{d}y = a \left(\frac{\partial t}{\partial y}\right)_\mathrm{w}$$

假设温度分布取为一次多项式近似: $t = b + cy$

根据边界条件 $\begin{cases} y=0, & t=t_\mathrm{w} \\ y=\delta, & t=t_\mathrm{f} \end{cases}$

求得 $\begin{cases} b = t_\mathrm{w} \\ c = \dfrac{1}{\delta}(t_\mathrm{f} - t_\mathrm{w}) \end{cases}$

因此, $t = t_\mathrm{w} + \dfrac{1}{\delta}(t_\mathrm{f} - t_\mathrm{w})y$, $\dfrac{\partial t}{\partial y} = \dfrac{1}{\delta}(t_\mathrm{f} - t_\mathrm{w})$

当 $Pr \ll 1$ 时,速度边界层厚度比温度边界层厚度小得多,因此,温度边界层内的速度分布可以近似看作是均匀的,即 $u = u_\infty$,

将上列各式带入边界层能量积分方程,有

$$\frac{\mathrm{d}}{\mathrm{d}x} \int_0^\delta u_\infty \left(t_\mathrm{f} - t_\mathrm{w} - \frac{1}{\delta}(t_\mathrm{f} - t_\mathrm{w})y\right) \mathrm{d}y = a \frac{1}{\delta}(t_\mathrm{f} - t_\mathrm{w})$$

即 $\dfrac{u_\infty \delta}{2} = a \dfrac{1}{\delta} x$

温度边界层厚度为: $\delta = \sqrt{\dfrac{2a}{u_\infty} x}$

【例 5-9】 通过实验得到空气外掠一倾斜 45°角的正方形柱体(图 5-3)的换热数据:

Nu	Re	Pr
37	6000	0.69
45	10000	0.69
90	25000	0.69
102	40000	0.7
160	81000	0.7
184	90000	0.7

求：采用 $Nu=CRe^nPr^m$ 的关系式来整理数据并取 $m=1/3$，试确定其中的常数 C 与指数 n。

【解】 由 $Nu=CRe^nPr^m$ 有：

$$\lg Nu=\lg C+n\lg Re+m\lg Pr$$

$m=1/3$，整理后有：$\lg Nu-\dfrac{1}{3}\lg Pr=\lg C+n\lg Re$

令 $y=\lg Nu-\dfrac{1}{3}\lg Pr$，$x=\lg Re$，$a=\lg C$，$b=n$，则有

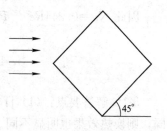

图 5-3 流体外掠正方形柱体示意图

$y=a+bx$，其中，

i	1	2	3	4	5	6
y_i	1.622	1.707	2.008	2.062	2.256	2.316
x_i	3.778	4.000	4.398	4.602	4.908	4.954

采用最小二乘法拟合，令 $\varphi=\sum\limits_{i=1}^{k}\left[y_i-(a+bx_i)\right]^2$，其中，$k=6$，求其最小值，则有

$$b=\dfrac{\sum\limits_{i=1}^{k}x_iy_i-\sum\limits_{i=1}^{k}x_i\sum\limits_{i=1}^{k}y_i/k}{\sum\limits_{i=1}^{k}x_i^2-\left(\sum\limits_{i=1}^{k}x_i\right)^2/k}=0.587$$

$$a=\sum\limits_{i=1}^{k}y_i/k-b\sum\limits_{i=1}^{k}x_i/k=-0.612$$

$$C=10^a=10^{-0.612}=0.244$$

即 $y=-0.612+0.587x$

相关系数 $r=\dfrac{\sum\limits_{i=1}^{k}x_iy_i-k\sum\limits_{i=1}^{k}(x_i/k)\sum\limits_{i=1}^{k}(y_i/k)}{\sqrt{\left[\sum\limits_{i=1}^{k}x_i^2-k\left(\sum\limits_{i=1}^{k}x_i/k\right)^2\right]\left[\sum\limits_{i=1}^{k}y_i^2-k\left(\sum\limits_{i=1}^{k}y_i/k\right)^2\right]}}=0.995$

r 值接近 1，说明采用线性回归是合理的。图 5-4 为 $y=\lg Nu-\dfrac{1}{3}\lg Pr$ 和 $x=\lg Re$ 之间关系的拟合曲线及实验点图，可以看出该回归公式很好地逼近了实验数据。

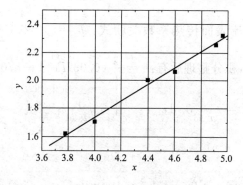

图 5-4 实验点与拟合曲线图

因此 $Nu = 0.244Re^{0.587}Pr^{1/3}$

5.4　习题解答要点和参考答案

5-1　解答要点：（1）日常生活中，蒸汽换热与水换热，其种类不同，物理性质也不同，则换热效果也明显不同。

（2）在晴朗无风的天气里与有风的天气里晒衣服，其流体速度不同，衣服晒干的时间也是不同的，说明换热效果有不同。

（3）一杯水放在空气中与放在冰箱里，环境温度不同，其换热效果是不同的。

（4）板式换热器与肋片式换热器形状不同，定性尺寸也不同，换热效果也不同。

（5）换热器放在窗下面与放在墙角换热效果是不一样的。

（6）粗糙管与光滑管的换热效果也是不一样的。

5-2　解答要点：加热水使其在沸腾状态，放一物体在沸腾水中，此状况下物体表面温度可认为是恒定的。将一物体外层包裹一层绝热材料，再将物体连入一恒定电流的加热器中，则其物体可认为是表面热流恒定。

5-3　解答要点：在冰箱内壁结了一层冰，与冰箱内物体换热，此时，冰箱内壁是常壁温的。电炉加热可视为常热流。水壶烧开水，可近似认为是恒热流的加热方式。暖壶装满热水内壁可近似认为是常壁温的。

5-5　解答要点：沸腾水与常温水的温度没有数量级差别。如果流体外掠长度只有1mm 的平板，那么它的板长与边界厚度相比可以认为是 1 与 δ 之比。

5-6　解答要点：换热微分方程中 h_x 是未知量，且是局部值，而导热第三类边界条件方程 h 是已知量，且是平均值，换热微分方程 λ 是流体的导热系数，是已知量，导热第三类边界条件的 λ 一般是固体的导热系数，是未知量。

5-7　解答要点：流动速度越大，边界层越薄，因此导热的热阻也就越小，传热系数增加。

5-8　解答要点：Pr 大的流体，温度边界层厚度小于速度边界层厚度，温度梯度速度大于速度梯度，则平均表面传热系数将较大。

5-9　解答要点：根据外掠平板局部层流表面传热系数关联式：$h_{x1} = 0.332\dfrac{\lambda}{x}Re_x^{1/2}$

$Pr^{1/3}$ 及外掠平板局部紊流表面传热系数关联式：$h_{x2} = 0.0296\dfrac{\lambda}{x}Re_x^{4/5} \cdot Pr^{1/3}$，有 $h = $

$\dfrac{1}{l}\left(\int_0^{x_c} h_{x1}\,\mathrm{d}x + \int_{x_c}^l h_{x2}\,\mathrm{d}x\right)$，积分整理后有：$h = \dfrac{\lambda}{l}(0.037Re^{0.8} - 870)Pr^{1/3}$。

5-10　解答要点：$\bar{\delta} = \dfrac{1}{x}\int_0^x \delta_{x1}\,\mathrm{d}x_1 = \dfrac{1}{x}\int_0^x 5\sqrt{\dfrac{\nu}{u_\infty}}x_1^{1/2}\,\mathrm{d}x_1 = \dfrac{10}{3x}\sqrt{\dfrac{\nu}{u_\infty}}x_1^{3/2}\Big|_{x_1=x} = \dfrac{10}{3}$

$\sqrt{\dfrac{\nu}{u_\infty}}x^{1/2}$。

5-11　解答要点：根据公式 $\dfrac{\delta_t}{\delta} = \dfrac{1}{1.025}Pr^{-1/3}$ 分析。

5-12　解答要点：根据 $Re_x = \dfrac{u_\infty x}{\nu} = 2.237 \times 10^5 < Re_c = 5 \times 10^5$ 判断，流动为层流，根据公式 $\dfrac{\delta}{x} = 4.64\sqrt{\dfrac{\nu x}{u_\infty}} = 4.64 Re_x^{-1/2}$ 求解。

参考答案：$\delta = 1.47 \times 10^{-3} \mathrm{m}$。

5-13　解答要点：根据 $Re_x = \dfrac{u_\infty x}{\nu} = 2.824 \times 10^5 < Re_c = 5 \times 10^5$ 判断，流动为层流，根据公式 $\dfrac{\delta}{x} = 5\sqrt{\dfrac{\nu x}{u_\infty}} = 5 Re_x^{-1/2}$ 及 $\delta_t \approx \delta_x Pr^{-1/3}$ 求解。

参考答案：$\delta = 1.41 \mathrm{mm}$，$\delta_t = 0.98 \mathrm{mm}$。

5-14　参考答案：$h_{x1} = 0.332 \dfrac{\lambda}{x_1} Pr^{1/3} Re_{x1}^{1/2} = 1136.2 \mathrm{W/(m^2 \cdot K)}$，$h_1 = 2h_{x1} = 2272.4 \mathrm{W/(m^2 \cdot K)}$，$h_{x2} = 803.4 \mathrm{W/(m^2 \cdot K)}$，$h_2 = 1607 \mathrm{W/(m^2 \cdot K)}$，$h_{x3} = 656 \mathrm{W/(m^2 \cdot K)}$，$h_3 = 1312 \mathrm{W/(m^2 \cdot K)}$，$h_{x4} = 535.6 \mathrm{W/(m^2 \cdot K)}$，$h_4 = 1071 \mathrm{W/(m^2 \cdot K)}$。

5-15　参考答案：$\delta_{max} = \dfrac{4.64 l}{\sqrt{Re_l}} = \dfrac{4.64}{\sqrt{2.98 \times 10^5}} \times 0.3 = 2.55 \times 10^{-3} \mathrm{m}$，$u_l(y) = 529.4 y - 2.71 \times 10^7 y^3 \mathrm{m/s}$。

5-16　解答要点：由公式 $u = \left[\dfrac{3}{2}\left(\dfrac{y}{\delta}\right) - \dfrac{1}{2}\left(\dfrac{y}{\delta}\right)^3 \right] u_\infty$ 有：

$$\frac{\partial u}{\partial x} = \frac{3 y u_\infty}{2\delta^2}\left[-1 + \left(\frac{y}{\delta}\right)^2 \right]\frac{\mathrm{d}\delta}{\mathrm{d}x},$$

由公式 $\delta = 4.64\sqrt{\dfrac{\nu x}{u_\infty}}$ 有：$\dfrac{\mathrm{d}\delta}{\mathrm{d}x} = \dfrac{\delta}{2x}$，

根据连续性方程，并将上述方程代入有

$$\frac{\partial v}{\partial y} = -\frac{\partial u}{\partial x} = \frac{3 y u_\infty}{2\delta^2}\left[1 - \left(\frac{y}{\delta}\right)^2 \right]\frac{\delta}{2x} = \frac{3 y u_\infty}{4\delta x}\left[1 - \left(\frac{y}{\delta}\right)^2 \right]$$

$$\frac{v}{u_\infty} = \frac{1}{u_\infty}\int_0^y \frac{\partial v}{\partial y}\mathrm{d}y = \frac{1}{u_\infty}\int_0^y \frac{3 y u_\infty}{4\delta x}\left[1 - \left(\frac{y}{\delta}\right)^2 \right]\mathrm{d}y = \frac{3}{4\delta x}\int_0^y y\left[1 - \left(\frac{y}{\delta}\right)^2 \right]\mathrm{d}y$$

$$= \frac{3 y^2}{8\delta x}\left[1 - \frac{1}{2}\left(\frac{y}{\delta}\right)^2 \right]$$

5-17　解答要点：根据公式 $\dfrac{v}{u_\infty} = \dfrac{3 y^2}{8\delta x}\left[1 - \dfrac{1}{2}\left(\dfrac{y}{\delta}\right)^2 \right]$ 对 y 求导并令其为 0，有 $y = \delta$ 时，$v = v_{max} = \dfrac{3 y^2 u_\infty}{8\delta x}\left[1 - \dfrac{1}{2}\left(\dfrac{y}{\delta}\right)^2 \right] = \dfrac{3\delta u_\infty}{16x}$。

参考答案：$v_{max} = 1.43 \times 10^{-3} \mathrm{m/s}$。

5-18　解答要点：这是一个流体外掠平板的对流换热问题，首先根据全板长计算雷诺数并判断流态为层流，选取公式 $Nu = 0.664 Re_l^{1/2} Pr^{1/3}$，然后求取流过平板的对流换热系数，再根据牛顿冷却公式得到换热量。

参考答案：$h = 13.9 \mathrm{W/(m^2 \cdot K)}$，$\varPhi = 556 \mathrm{W}$。

5-19　求解方法同习题 5-18，选取公式 $Nu = (0.037 Re^{0.8} - 870) Pr^{1/3}$，

参考答案：$h = 26.7 \mathrm{kW/(m^2 \cdot K)}$，$\varPhi = 970.3 \mathrm{kW}$。

5-20　求解方法同习题 5-18，选取公式 $Nu=0.664Re_l^{1/2}Pr^{1/3}$，

参考答案：$h=324.9\text{kW/(m}^2\cdot\text{K)}$，$\Phi=13\text{kW}$。

5-21　见［例 5-4］。

5-22　解答要点：设紊流局部表面传热系数关联式可表示为：$Nu_x=CRe_x^{4/5}\cdot Pr^{1/3}$

$$h=\frac{1}{l}\left[\int_0^{x_c}0.332Re_x^{1/2}Pr^{1/3}\mathrm{d}x+\int_0^{x_c}C\frac{\lambda}{x}Re_x^{4/5}Pr^{1/3}\mathrm{d}x\right]$$

$$x_c=\frac{Re_c\nu}{u_\infty},\ Re_c=5\times10^5$$

$$Nu=\left(\frac{5}{4}CRe^{4/5}-831\right)Pr^{1/3}$$

$$C=0.0287,\ Nu=0.0287Re_x^{4/5}Pr^{1/3}$$

5-23　参考答案：$h=-\dfrac{\lambda}{\Delta t}\left(\dfrac{\mathrm{d}t}{\mathrm{d}y}\right)_w=\dfrac{\lambda b}{t_w-t_f}$。

5-24　解答要点：将能量方程做从 $y=0$ 到 $y=\delta_t$ 的积分：

$$\int_0^{\delta t}u\frac{\partial t}{\partial x}\mathrm{d}y+\int_0^{\delta t}v\frac{\partial t}{\partial y}\mathrm{d}y=\int_0^{\delta t}a\frac{\partial^2 t}{\partial y^2}\mathrm{d}y=a\int_0^{\delta t}\frac{\partial^2 t}{\partial y^2}\mathrm{d}y$$

$$\int_0^{\delta t}\frac{\partial^2 t}{\partial y^2}\mathrm{d}y=\left(\frac{\partial t}{\partial y}\right)_0^{\delta t}=-\left(\frac{\partial t}{\partial y}\right)_{y=0}$$

$$\int_0^{\delta t}v\frac{\partial t}{\partial y}\mathrm{d}y=(vt)_0^{\delta t}-\int_0^{\delta t}t\frac{\partial v}{\partial y}\mathrm{d}y=t_\infty v_{\delta t}-\int_0^{\delta t}t\frac{\partial v}{\partial y}\mathrm{d}y=-t_\infty\int_0^{\delta t}\frac{\partial u}{\partial x}\mathrm{d}y+\int_0^{\delta t}t\frac{\partial u}{\partial x}\mathrm{d}y$$

$$\int_0^{\delta t}u\frac{\partial t}{\partial x}\mathrm{d}y-t_\infty\int_0^{\delta t}\frac{\partial u}{\partial x}\mathrm{d}y+\int_0^{\delta t}t\frac{\partial u}{\partial x}\mathrm{d}y=-a\left(\frac{\partial t}{\partial y}\right)_{y=0}$$

故边界层的动量积分方程为

$$\frac{\mathrm{d}}{\mathrm{d}x}\int_0^{\delta t}\left[u(t_\infty-t)\right]\mathrm{d}y=a\left(\frac{\partial t}{\partial y}\right)_{y=0}$$

5-25　解答要点：该题运用平均表面传热系数计算公式 $\Phi=\displaystyle\int_0^{r_0}h_r2\pi r(t_w-t_f)\mathrm{d}r$。

参考答案：$\Phi=\pi a(t_w-t_f)r_0^2+\dfrac{\pi b(t_w-t_f)r_0^{n+2}}{n+2}$。

5-26　解答要点：该题运用平均表面传热系数计算公式 $h=\dfrac{1}{l}\displaystyle\int_0^l h_x\mathrm{d}x$。

参考答案：120.5W。

5-27　解答要点：$h=-\dfrac{\lambda}{t_f-t_w}\dfrac{\mathrm{d}t}{\mathrm{d}y}\bigg|_{y=0}=\lambda Pr\dfrac{u_\infty}{\nu}\exp\left(Pr\dfrac{u_\infty y}{\nu}\right)_{y=0}=\lambda Pr\dfrac{u_\infty}{\nu}$。

参考答案：$h=1\times10^4\,\text{W/(m}^2\cdot\text{K)}$。

5-28　解答要点：$Re_1=\dfrac{u_{\infty 1}l_1}{\nu_1}=\dfrac{50\times1}{2.16\times10^{-5}}=2.31\times10^6$

$$Re_2=\frac{u_{\infty 2}l_2}{\nu_2}=\frac{8.08\times5}{1.746\times10^{-5}}=2.31\times10^6$$

知：$Re_1=Re_2$，$Pr_1\approx Pr_2$，且几何相似，得 $Nu_1=Nu_2$，

$h_2=\dfrac{\lambda_2}{l_2}Nu_1=\dfrac{\lambda_2}{\lambda_1}\cdot\dfrac{l_1}{l_2}\cdot h_1$，而：$h_1=\dfrac{Q_1}{A_1\Delta t_1}$

$$h_2 = \frac{\lambda_2}{\lambda_1} \frac{l_1}{l_2} \frac{Q_1}{A_1 \Delta t_1}$$

参考答案：$h = 8.24\text{W}/(\text{m}^2 \cdot \text{K})$。

5-29　解答要点：该题在计算时应注意换热面积应包括平板上下两表面，应用柯尔朋

类比律公式 $\dfrac{\tau_w}{\rho u_\infty^2} = \dfrac{C_f}{2} = St \cdot Pr^{2/3} = \dfrac{h}{\rho c_p u_\infty} \cdot Pr^{2/3}$,

参考答案：$\Phi = 241.4\text{W}$。

5-31　解答要点：直接利用管内流动摩擦系数公式及类比律公式。

参考答案：$h = 31.4\text{W}/(\text{m}^2 \cdot \text{K})$。

5-32　参考答案：水下融解量所占比例 $r = 99.93\%$，水上融解量所占比例 $r = 0.07\%$。

6 单相流体对流换热

6.1 学 习 要 点

6.1.1 管内受迫对流换热特征

(1) 流动充分发展段的特征：

$$\frac{\partial u}{\partial x}=0, \quad v=0$$

(2) 热充分发展段的特征：

$\dfrac{\partial}{\partial x}\left(\dfrac{t-t_w}{t_f-t_w}\right)=0$，即无量纲温度 $\dfrac{t-t_w}{t_f-t_w}$ 随管长保持不变；

$\dfrac{\partial}{\partial r}\left(\dfrac{t-t_w}{t_f-t_w}\right)_{r=R}=\dfrac{(\partial t/\partial r)_{r=R}}{t_f-t_w}=\mathrm{const}=\dfrac{h}{\lambda}$，即常物性流体在热充分发展段的表面传热系数保持不变。

(3) 流动进口段与热进口段长度比较：

$Pr>1$：热进口段长度＞流动进口段长度；

$Pr<1$：热进口段长度＜流动进口段长度。

6.1.2 管内受迫对流换热紊流换热准则关联式

(1) 迪图斯-贝尔特公式（Dittus-Boelter）

加热流体 $\qquad\qquad Nu_f=0.023Re_f^{0.8}Pr_f^{0.4}\qquad (t_w>t_f)$ (6-1)

冷却流体 $\qquad\qquad Nu_f=0.023Re_f^{0.8}Pr_f^{0.3}\qquad (t_w<t_f)$ (6-2)

适用条件：水力光滑管，流体与壁面具有中等以下温差（空气 50℃、水 20℃ 左右），$l/d\gg10$，$Re_f>10^4$，$Pr_f=0.7\sim160$；

定性温度：全管长流体平均温度；定型尺寸：管内径。

(2) 西得-塔特公式（Sieder-Tate）

$$Nu_f=0.027Re_f^{0.8}Pr_f^{1/3}\left(\frac{\mu_f}{\mu_w}\right)^{0.14}$$ (6-3)

适用条件：水力光滑管，$l/d\gg10$，$Re_f>10^4$，$Pr_f=0.7\sim16700$，可用于流体物性随温度变化较大的情况。

对于非圆形截面管，上述准则的定型尺寸采用当量直径，$d_e=4f/U$，其中，f 为管道的断面面积，U 为流体润湿的流道周边。

对于螺旋形管，由于流体在螺旋形管弯曲的管道中流动产生离心力，在流场中形成二次流，此二次流与主流垂直，增加了对边界层的扰动，强化了换热。对此应乘以管道弯曲影响的修正系数，气体：$\varepsilon_R=1+1.77d/R$，液体：$\varepsilon_R=1+10.3(d/R)^3$。其中，$R$ 为螺旋管曲率半径。

6.1.3 管内受迫对流换热层流换热准则关联式

(1) 西得-塔特公式(Sieder-Tate)

$$Nu_f = 1.86 Re_f^{1/3} Pr_f^{1/3} \left(\frac{d}{l}\right)^{1/3} \left(\frac{\mu_f}{\mu_w}\right)^{0.14} \tag{6-4}$$

或

$$Nu_f = 1.86 \left(Pe_f \frac{d}{l}\right)^{1/3} \left(\frac{\mu_f}{\mu_w}\right)^{0.14} \tag{6-5}$$

式中 Pe——贝克利准则，$Pe = Re \cdot Pr$。

适用条件：常壁温，$0.48 < Pr_f < 16700$，$0.0044 < \dfrac{\mu_f}{\mu_w} < 9.75$；

定性温度：流体进出口平均温度；定型尺寸：管内径。

(2) 流体热充分发展段

当管子较长，且满足 $\left(Re_f Pr_f \dfrac{d}{l}\right)^{1/3} \left(\dfrac{\mu_f}{\mu_w}\right)^{0.14} \leqslant 2$ 时，Nu_f 可作常数处理：

$$Nu_f = 4.36 \quad (\text{常热流 } q = \text{const})$$

$$Nu_f = 3.66 \quad (\text{常壁温 } t_w = \text{const})$$

6.1.4 粗糙管壁的换热

(1) 摩擦系数 f

层流：

$$f = \frac{64}{Re} \tag{6-6}$$

紊流：

$$f = \left[2 \times \lg\left(\frac{R}{k_s}\right) + 1.74\right]^{-2} \tag{6-7}$$

式中 R——管半径；

k_s——粗糙度。

(2) 管内对流换热类比律表达式

$$St = \frac{h}{\rho c_p u_m} = \frac{f}{8} \tag{6-8}$$

St 为斯坦登准则。

考虑物性的影响，用 $Pr^{2/3}$ 修正有

$$St \cdot Pr^{2/3} = \frac{f}{8} \tag{6-9}$$

St、Pr 采用流体平均温度作为定性温度。

6.1.5 外掠圆管对流换热准则关联式

(1) 外掠单圆管对流换热准则关联式

$$Nu_f = C Re_f^n Pr_f^{0.37} \left(\frac{Pr_f}{Pr_w}\right)^{0.25} \tag{6-10}$$

适用范围：$0.7 < Pr_f < 500$，$1 < Re_f < 10^6$。

当 $Pr_f > 10$，Pr_f 的幂次由 0.37 改为 0.36。

式(6-10)中 C 和 n 的取值如下：

外掠单圆管对流换热准则关联式系数　　　　　表 6-1

Re	C	n
$1\sim40$	0.75	0.4
$40\sim1\times10^3$	0.51	0.5
$1\times10^3\sim2\times10^5$	0.26	0.6
$2\times10^5\sim1\times10^6$	0.076	0.7

定性温度：主流平均温度；定型尺寸：管外径。

（2）外掠管束对流换热准则关联式

$$Nu_f=CRe_f^n Pr_f^{0.36}\left(\frac{Pr_f}{Pr_w}\right)^{0.25}\left(\frac{S_1}{S_2}\right)^p\varepsilon_z \tag{6-11}$$

$\dfrac{S_1}{S_2}$ 为相对管间距，ε_z 为排数影响的修正系数，当排数大于 20 时的平均表面传热系数关联式见表 6-2；若排数小于 20，采用表 6-3 的排数修正系数修正。

管束平均表面传热系数准则关联式　　　　　表 6-2

排列方式	适用范围 $0.7<Pr_f<500$		C	n	p	对空气或烟气的简化式
顺排	$Re_f=10^3\sim2\times10^5$	$S_1/S_2>0.7$	0.027	0.63	0	$Nu_f=0.024Re_f^{0.63}\varepsilon_z$
	$Re_f=2\times10^5\sim2\times10^6$		0.021	0.84	0	$Nu_f=0.018Re_f^{0.84}\varepsilon_z$
叉排	$Re_f=10^3\sim2\times10^5$	$S_1/S_2\leqslant2$	0.35	0.6	0.2	$Nu_f=0.31Re_f^{0.6}(S_1/S_2)^{0.2}\varepsilon_z$
		$S_1/S_2>2$	0.4	0.6	0	$Nu_f=0.35Re_f^{0.6}\varepsilon_z$
	$Re_f=2\times10^5\sim2\times10^6$		0.022	0.84	0	$Nu_f=0.019Re_f^{0.84}\varepsilon_z$

排数修正系数表　　　　　表 6-3

排数	1	2	3	4	5	6	8	12	16	20
顺排	0.69	0.80	0.86	0.90	0.93	0.95	0.96	0.98	0.99	1.0
叉排	0.62	0.76	0.84	0.88	0.92	0.95	0.96	0.98	0.99	1.0

注：不同的参考教材上介绍的准则关系式不相同，它们都仅在一定范围内适用，因此在选用准则关系式时，应特别注意它的适用范围。

定性温度：主流平均温度；定型尺寸：管外径。

6.1.6　自然对流换热准则关联式

（1）无限空间自然对流换热准则关联式

$$Nu=C(Gr\cdot Pr)^n=C\cdot Ra^n \tag{6-12}$$

瑞利准则数：$Ra=Gr\cdot Pr$。

无限空间自然对流换热准则关联式常数　　　　　表 6-4

壁面形状、位置及边界条件	C、n			定型尺寸	适用范围
	流态	C	n		
t_w=const 竖平壁，竖直圆筒，平均 Nu	层流	0.59	1/4	高度 h	$Gr\cdot Pr$ $10^4\sim10^9$
	紊流	0.1	1/3		$10^9\sim10^{13}$

壁面形状、位置及边界条件	C、n			定型尺寸	适用范围
	流态	C	n		
$q=$const 竖平壁或竖直圆筒，局部 Nu_x	层流 紊流	0.6 0.17	1/5 1/4	局部点的高度 x	$Gr_x^* Pr(Gr_x^*=Nu_x \cdot Gr_x)$ $10^5 \sim 10^{11}$ $2\times10^{13} \sim 10^{16}$
$t_w=$const 水平圆筒，平均 Nu	层流	1.02 0.85 0.48	0.148 0.188 0.250	外径 d	$Gr \cdot Pr$ $10^{-2} \sim 10^2$ $10^2 \sim 10^4$ $10^4 \sim 10^7$
	紊流	0.125	1/3		$10^7 \sim 10^{12}$
$t_w=$const 热面朝上或冷面朝下水平壁，平均 Nu	层流 紊流	0.54 0.15	1/4 1/3	矩形取两个边长的平均值；非规则形取面积与周长之比；圆盘取 0.9d	$Gr \cdot Pr$ $2\times10^4 \sim 8\times10^6$ $8\times10^6 \sim 10^{11}$
$t_w=$const 热面朝下或冷面朝上水平壁，平均 Nu	层流	0.58	1/5	同上	$Gr \cdot Pr$ $10^5 \sim 10^{11}$

注：表中第二项常热流条件下局部表面传热系数准则关联式为 $Nu_x=C(Gr_x^* \cdot Pr)^n$。

（2）有限空间自然对流换热准则关联式

$$Nu_\delta=C(Gr_\delta \cdot Pr)^m\left(\frac{\delta}{H}\right)^n \tag{6-13}$$

定型尺寸为 δ，定性温度取 $t_m=\dfrac{t_{w1}+t_{w2}}{2}$。

有限空间自然对流换热准则关联式　　　表 6-5

夹层位置	Nu_δ 准则关联式	适用范围
竖直夹层(气体)	按无限空间自然对流换热对待	$\delta/H > 0.3$
	1（导热）	$Gr_\delta \leqslant 2000$
	$0.18Gr_\delta^{1/4}\left(\dfrac{\delta}{H}\right)^{1/9}$（层流）	$2000 < Gr_\delta \leqslant 2\times10^5$
	$0.065Gr_\delta^{1/3}\left(\dfrac{\delta}{H}\right)^{1/9}$（紊流）	$2\times10^5 < Gr_\delta \leqslant 2\times10^7$
水平夹层(热面在上)(气体)	1(导热)	
水平夹层(热面在下)(气体)	1(导热)	$Gr_\delta \leqslant 1700$
	$0.059(Gr_\delta Pr)^{0.4}$	$1700 < (Gr_\delta Pr) \leqslant 7000$
	$0.212(Gr_\delta Pr)^{1/4}$	$7000 < (Gr_\delta Pr) < 3.2\times10^5$
	$0.061(Gr_\delta Pr)^{1/3}$	$(Gr_\delta Pr) > 3.2\times10^5$

热流通过夹层空间的热流密度：

$$q=h_e(t_{w1}-t_{w2}) \tag{6-14}$$

或
$$q = h_e \frac{\delta}{\lambda} \frac{\lambda}{\delta} (t_{w1} - t_{w2}) = Nu_\delta \frac{\lambda}{\delta} (t_{w1} - t_{w2}) \tag{6-15}$$

其中，h_e 为当量表面传热系数。

6.1.7 自然对流与受迫对流并存的混合对流换热判据

根据浮升力与惯性力的相对大小来确定：

$$\frac{ga\Delta t}{u_\infty^2/l} = \left[\frac{ga\Delta t l^3}{\nu^2}\right]\left[\frac{\nu^2}{u_\infty^2/l^2}\right] = \frac{Gr}{Re^2} \tag{6-16}$$

当 $Gr/Re^2 \leqslant 0.1$ 时，说明 Gr 数相对较小，即自然对流影响很小，可以不计，将换热问题作纯受迫对流换热处理。当 $Gr/Re^2 \geqslant 10$ 时，说明 Re^2 相对较小，即受迫对流影响较小，可以不计，换热问题可作纯自然对流换热处理。当 Gr/Re^2 处于 $0.1 \sim 10$ 之间时，受迫对流与自然对流影响不相上下，必须作混合对流换热处理。

6.2 典型例题

【例 6-1】 流体通过内径为 $d_1 = 50\text{mm}$ 圆管时的对流换热系数为 $h_1 = 1000\text{W}/(\text{m}^2 \cdot \text{K})$，雷诺数 $Re = 1 \times 10^5$。假设改用周长与圆管相等的正方形通道，流体的流速保持不变，试问表面传热系数将如何变化？

分析：本题考察重点为管内强制对流紊流换热时表面传热系数和管子定型尺寸之间的关系。

【解】 雷诺数等于 1×10^5 属于管内强制对流紊流换热，流体的流速保持不变，且物性不变，根据公式 $Nu_f = 0.023 Re_f^{0.8} Pr_f^n$ 有

$$\frac{Nu_2}{Nu_1} = \frac{Re_2^{0.8}}{Re_1^{0.8}} = \left(\frac{d_2}{d_1}\right)^{0.8}$$

又 $h = Nu\lambda/d$

所以 $\dfrac{h_2}{h_1} = \left(\dfrac{d_2}{d_1}\right)^{-0.2}$

改用周长与圆管相等的正方形管道后，则当量直径

$$d_2 = d_e = \frac{4f}{U} = \frac{4 \times \left(\frac{\pi d_1}{4}\right)^2}{\pi d_1} = \frac{\pi d_1}{4} < d_1$$

$$h_2 = h_1 \left(\frac{d_2}{d_1}\right)^{-0.2} = 1000 \times \left(\frac{\pi}{4}\right)^{-0.2} = 1049\text{W}/(\text{m}^2 \cdot \text{K})$$

因此表面传热系数变大。

【讨论】 求解本题时假设物性不变，若物性变化时，读者可根据式（6-1）得到，当 $m = 0.4$ 时，表面传热系数与各参数间的关系为 $h = f(u^{0.8}, \lambda^{0.6}, c_p^{0.4}, \rho^{0.8}, \mu^{-0.4}, d^{-0.2})$，由此可见，$\rho$、$u$ 对 h 影响最大。

【例 6-2】 一常物性流体同时流过温度与之不同的两根内径分别为 d_1 和 d_2 的管子，且 $d_1 = 3d_2$。假定流动与换热均处于紊流充分发展区域，试比较当流体以同样的质量流量流过两管时，两管内平均表面传热系数的相对大小。

分析：与上题类似，本题考察重点为管内强制对流紊流换热时表面传热系数和流速及

管子定型尺寸之间的关系。

【解】 由题意知，流动与换热均处于紊流充分发展区域，因此，选用公式 $Nu_f = 0.023Re_f^{0.8}Pr_f^n$，物性参数及 Pr 准则均为常数，有

$$\frac{Nu_{f1}}{Nu_{f2}} = \frac{h_1 d_1}{h_2 d_2} = \frac{Re_{f1}^{0.8}}{Re_{f2}^{0.8}} = \left(\frac{u_1 d_1}{u_2 d_2}\right)^{0.8}$$

所以，$\dfrac{h_1}{h_2} = \left(\dfrac{u_1}{u_2}\right)^{0.8}\left(\dfrac{d_1}{d_2}\right)^{-0.2}$

流体质量流量相同时，即 $M_1 = M_2$，有

$$\frac{u_1}{u_2} = \frac{M_1 \left/ \left(\frac{\pi d_1^2}{4}\rho\right)\right.}{M_2 \left/ \left(\frac{\pi d_2^2}{4}\rho\right)\right.} = \frac{d_2^2}{d_1^2}$$

所以，$\dfrac{h_1}{h_2} = \left(\dfrac{d_2^2}{d_1^2}\right)^{0.8}\left(\dfrac{d_1}{d_2}\right)^{-0.2} = \left(\dfrac{d_1}{d_2}\right)^{-1.8} = 3^{-1.8} = 0.138$

【讨论】 从本题可以看出，小管径高流速有利于对流换热，但此时流动阻力增大。除减小管径和提高流速外，采用导热系数大、黏性较小的流体、增强扰动、采用短管和弯管等措施均可提高对流换热效果。

【例 6-3】 对管内充分发展的紊流流动换热，试分析在其他条件不变的情况下，将流体加热相同温升，而流体流速增加一倍时，管内对流换热表面传热系数有什么变化？管长又有何变化？

分析：本题考察重点为管内强制对流紊流换热时表面传热系数和流速之间的关系。

【解】 由题意知，流体流动换热处于紊流充分发展区域，加热流体，因此，采用公式 $Nu_f = 0.023Re_f^{0.8}Pr_f^{0.4}$，当其他条件不变，且流速增加一倍时，

$\dfrac{h_2}{h_1} = \left(\dfrac{Re_{f2}}{Re_{f1}}\right)^{0.8} = \left(\dfrac{u_2}{u_1}\right)^{0.8} = 2^{0.8} = 1.74$，即表面传热系数提高 74%。

根据 $\Phi = h\pi dl(t_w - t_f) = Mc_p(t_f'' - t_f') = \rho \dfrac{\pi d^2}{4}uc_p(t_f'' - t_f')$，流体加热相同温升，且其他条件不变，则 ρ、c_p 变化不大，由 $u_2 = 2u_1$ 有，$\Phi_2 \approx 2\Phi_1$，因此

$l_2 = \dfrac{2 \cdot h_1 \pi d_1 l_1}{h_2 \pi d_2} = \dfrac{2h_1}{h_2}l_1 = \dfrac{2}{1.74}l_1 = 1.15l_1$，即管长需加长 15%。

【例 6-4】 水以 $u_m = 1.5\text{m/s}$ 的速度流过内径为 $d = 25\text{mm}$ 的加热管。管的内壁温度保持 $t_w = 100℃$，水的进口温度为 $t_f' = 15℃$。若要使水的出口温度达到 $t_f'' = 85℃$，求单位管长换热量（计算中不考虑管长修正）。

分析：本题考察重点为管内受迫对流紊流换热的计算，注意传热温差的选用。

【解】 $\Delta t = \dfrac{(t_w - t_f') - (t_w - t_f'')}{\ln[(t_w - t_f')/(t_w - t_f'')]} = \dfrac{85 - 15}{\ln[(100-15)/(100-85)]} = 40.4℃$

定性温度 $t_f = t_w - \Delta t = 100 - 40.4 = 59.6℃$

根据定性温度查文献 [1] 附表 3 得：

$\lambda_f = 0.659\text{W/(m·K)}, \quad \nu_f = 4.808 \times 10^{-7}\text{m}^2/\text{s},$

$\mu_f = 472.7 \times 10^{-6}\text{N·s/m}^2, \quad \mu_w = 282.5 \times 10^{-6}\text{N·s/m}^2$

$$Pr_f = 3.01$$

$$Re_f = \frac{u_m d}{\nu_f} = \frac{1.5 \times 0.025}{4.808 \times 10^{-7}} = 7.8 \times 10^4 > 10^4$$

管内流动处于旺盛紊流，且满足 $\Delta t > 20℃$，$Pr_f = 3.01$，因此选用公式

$$Nu_f = 0.027 Re_f^{0.8} Pr_f^{1/3} \left(\frac{\mu_f}{\mu_w}\right)^{0.14}$$

$$= 0.027 \times (7.8 \times 10^4)^{0.8} \times 3.01^{1/3} \left(\frac{472.7 \times 10^{-6}}{282.5 \times 10^{-6}}\right)^{0.14} = 343.4$$

$$h = \frac{Nu_f \lambda_f}{d} = \frac{343.4 \times 0.659}{0.025} = 9.05 \text{kW/(m}^2 \cdot \text{K)}$$

$$q = h \cdot \pi d \cdot \Delta t = 9.05 \times 1000 \times 3.1416 \times 0.025 \times 40.4 = 28.7 \text{kW/m}$$

【讨论】 因 $(t_w - t_f')/(t_w - t_f'') > 2$，若采用算术平均温差代替对数平均温差，误差较大，表面传热系数的误差约为 5.6%。

【例 6-5】 两根横管具有相同的表面温度，均放置在同一环境里被空气自然对流所冷却。第一根管子的直径是第二根管子的直径的 2 倍。如果两根管子的 $(GrPr)$ 值均处于 $10^4 \sim 10^7$ 之间。试求两管自然对流表面传热系数的比值(h_1/h_2) 及单位管长热损失的比值(q_{l1}/q_{l2})？

【解】 由于 $(GrPr)$ 值均处于 $10^4 \sim 10^7$ 之间，因此查表 6-4 选取自然对流换热的准则关联式为：$Nu = 0.48(GrPr)^{1/4}$，由于两根横管的表面温度和所处的环境温度均相同，即定性温度相同，因此参数 Δt、λ、α、ν、Pr 均相同，故两管自然对流表面传热系数的比值：

$$\frac{h_1}{h_2} = \frac{Nu_1 \lambda/d_1}{Nu_2 \lambda/d_2} = \frac{0.48(Gr_1 Pr)^{0.25} \lambda/d_1}{0.48(Gr_2 Pr)^{0.25} \lambda/d_2} = \frac{Gr_1^{0.25}/d_1}{Gr_2^{0.25}/d_2}$$

$$= \frac{\left(\frac{g\Delta t \alpha d_1^3}{\nu^2}\right)^{0.25} / d_1}{\left(\frac{g\Delta t \alpha d_2^3}{\nu^2}\right)^{0.25} / d_2} = \left(\frac{d_2}{d_1}\right)^{0.25} = \left(\frac{1}{2}\right)^{0.25} = 0.84$$

单位管长热损失的比值：

$$\frac{q_{l1}}{q_{l2}} = \frac{h_1 \cdot \pi d_1 \Delta t}{h_2 \cdot \pi d_2 \Delta t} = \left(\frac{d_2}{d_1}\right)^{0.25} \left(\frac{d_1}{d_2}\right) = \left(\frac{d_1}{d_2}\right)^{0.75} = 2^{0.75} = 1.68$$

【讨论】 从计算结果可以看出，横管自然对流换热，当其他条件不变时，随着管径减小，表面传热系数增大。此外，当管径不变时，采用导热系数大、容积膨胀系数大、热扩散率和运动黏度小的流体均可提高对流换热效果。若$(GrPr)$值处于 $10^7 \sim 10^{12}$ 之间，其他条件不变时，准则关联式为 $Nu = C(GrPr)^{1/3}$，展开后表面传热系数 h 与定型尺寸 d 无关，即自模化现象。

【例 6-6】 空气在管内以 $u_m = 1.27 \text{m/s}$ 速度流动，平均温度 $t_f = 38.5℃$，管壁温度 $t_w = 57.9℃$，管内径 $d = 22 \text{mm}$，长 $l = 2.5 \text{m}$，试求空气的表面传热系数。

分析：本题为管内层流换热问题。

【解】 按 $t_f = 38.5℃$ 查文献 [1] 附表 2 得：

$\lambda_f = 0.0275 \text{W/(m} \cdot \text{K)}$，$\nu_f = 16.82 \times 10^{-6} \text{m}^2\text{/s}$，$Pr_f = 0.6993$，$\mu_f = 19.03 \times 10^{-6} \text{N} \cdot \text{s/m}^2$，

$$\mu_w = 20 \times 10^{-6} N \cdot s/m^2$$

$$Re_f = \frac{u_m d}{\nu_f} = \frac{1.27 \times 0.022}{16.82 \times 10^{-6}} = 1.661 \times 10^3$$

属于层流，根据 $0.48 < Pr_f = 0.6993 < 16700$ 和 $0.0044 < \left(\frac{\mu_f}{\mu_w}\right) = 0.95 < 9.75$ 选用式(6-4)：

$$Nu_f = 1.86 Re_f^{1/3} Pr_f^{1/3} \left(\frac{d}{l}\right)^{1/3} \left(\frac{\mu_f}{\mu_w}\right)^{0.14}$$

$$= 1.86 \times \left(1.661 \times 10^3 \times 0.6993 \times \frac{0.022}{2.5}\right)^{1/3} \left(\frac{19.03 \times 10^{-6}}{20 \times 10^{-6}}\right)^{0.14} = 4.0$$

$$h = Nu_f \frac{\lambda_f}{d} = \frac{4.0 \times 0.0275}{0.022} = 5.0 W/(m^2 \cdot K)$$

【例 6-7】 一套管式换热器，饱和蒸汽在内管中凝结，使内管外壁温度保持在 $t_w = 100℃$，初温为 $t_f' = 25℃$，质量流量为 $M = 0.8 kg/s$ 的水从套管换热器的环形空间中流过，换热器外壳绝热良好。环形夹层内管外径为 $d_1 = 40mm$，外管内径为 $d_2 = 60mm$，试确定把水加热到 $t_f'' = 55℃$ 时所需的套管长度，及管子出口截面处的局部热流密度。计算中不考虑温差修正。

分析：本题为水在环形通道内强制对流换热问题，要确定的是管子长度，因而可先假定管长满足充分发展的要求，然后再校核。

【解】 $(t_w - t_f')/(t_w - t_f'') = (100 - 25)/(100 - 55) = 1.7 < 2$，故可采用算术平均温差作为定性温度 $t_f = \frac{1}{2}(t_f' + t_f'') = \frac{1}{2}(25 + 55) = 40℃$，根据定性温度查文献 [1] 附表 3 得：

$$\lambda_f = 0.635 W/(m \cdot K), \quad \nu_f = 6.59 \times 10^{-7} m^2/s,$$

$$c_p = 4.174 kJ/(kg \cdot K), \quad \mu_f = 653.3 \times 10^{-6} N \cdot s/m^2$$

$$Pr_f = 4.31$$

当量直径：

$$d_e = \frac{4f}{U} = \frac{\pi(d_2^2 - d_1^2)}{\pi(d_2 + d_1)} = d_2 - d_1 = 60 - 40 = 20mm$$

因为 $u_m = \dfrac{M}{\rho_f \dfrac{\pi}{4}(d_2^2 - d_1^2)}$，所以，

$$Re_f = \frac{u_m d_e}{\nu_f} = \frac{M(d_2 - d_1)}{\nu_f \rho_f \frac{\pi}{4}(d_2^2 - d_1^2)} = \frac{4M}{\mu_f \pi(d_2 + d_1)}$$

$$= \frac{4 \times 0.8}{653.3 \times 10^{-6} \times \pi \times (0.06 + 0.04)} = 1.559 \times 10^4$$

假定管长满足充分发展的要求，则

$$h = Nu_f \frac{\lambda_f}{d_e} = 0.023 Re_f^{0.8} Pr_f^{0.4} \frac{\lambda_f}{d_e}$$

$$= 0.023 \times (1.559 \times 10^4)^{0.8} \times (4.31)^{0.4} \times \frac{0.635}{0.02}$$

$$= 2962 W/(m^2 \cdot K)$$

换热量：$\Phi = Mc_p(t_f'' - t_f') = 0.8 \times 4174 \times (55-25) = 100.18\text{kW}$

而 $\Phi = hA(t_w - t_m) = h\pi dl(t_w - t_m)$

所以，$l = \dfrac{\Phi}{h\pi d(t_w - t_m)} = \dfrac{100.18}{2962\pi \times 0.04 \times (100-40)} = 4.49\text{m}$

因 $l/d_e = 224 \gg 10$，故换热已充分发展。

【例 6-8】 一螺旋管式换热器的管子内径为 $d=12\text{mm}$，螺旋数为 $\varepsilon_R = 4$，螺旋直径 $D=150\text{mm}$。进口水温 $t_f'=20℃$，管内平均流速 $u=0.6\text{m/s}$，平均内壁温度为 $t_w=80℃$。试计算冷却水出口温度。

分析： 由于流体出口温度未知，因此无法确定流体物性，可采用试算法求解。先假设流体出口温度，按对流换热问题的求解步骤进行计算，用求出的流体出口温度作为新的假设值，进行迭代计算，直到满足偏差要求为止。除了流体出口温度外，其他如：管长未知、流体速度未知、管内壁温未知、管径未知等，均可采用试算法求解。

【解】 设 $t_f''=50℃$，则

$$\Delta t_m = \frac{\Delta t' - \Delta t''}{\ln(\Delta t'/\Delta t'')} = \frac{(80-20)-(80-50)}{\ln[(80-20)/(80-50)]} = 43.3℃，$$

定性温度：$t_f = t_w - \Delta t_m = 80 - 43.3 = 36.70℃$

根据定性温度查文献 [1] 附表 3 得，

$\lambda_f = 0.6294\text{W/(m·K)}$，$\nu_f = 7.069 \times 10^{-7}\text{m}^2/\text{s}$，$Pr_f = 4.674$，$\mu_f = 7.019 \times 10^{-4}\text{N·s/m}^2$

$c_p = 4.174\text{kJ/(kg·K)}$，$\rho = 993.35\text{kg/m}^3$，$\mu_w = 3.551 \times 10^{-4}\text{N·s/m}^2$

$$Re_f = \frac{u_m d}{\nu_f} = \frac{0.6 \times 12 \times 10^{-3}}{7.069 \times 10^{-7}} = 1.0185 \times 10^4 > 1 \times 10^4$$

所以管内流动处于旺盛紊流。

每根管长：$l = 4\pi D = 4 \times 3.14 \times 0.15 = 1.89\text{m}$

$$\varepsilon_R = 1 + 10.3(d/R)^3 = 1 + 10.3 \times (0.012/0.075)^3 = 1.042$$

$$Nu = 0.027 Re_f^{0.8} Pr_f^{1/3} \left(\frac{\mu_f}{\mu_w}\right)^{0.14} \varepsilon_R$$

$$= 0.027 \times (1.0185 \times 10^4)^{0.8} \times 4.674^{1/3} \times \left(\frac{7.019 \times 10^{-4}}{3.551 \times 10^{-4}}\right)^{0.14} \times 1.042$$

$$= 83.25$$

$$h = Nu\lambda_f/d = 83.25 \times 0.6294/0.012 = 4366\text{W/(m}^2\text{·K)}$$

传热量：

$$\Phi_1 = hA\Delta t = h\pi dl\Delta t = 4366 \times 3.14 \times 0.012 \times 1.89 \times (80-36.7) = 13.5\text{kW}$$

热平衡热量：

$$\Phi_2 = \frac{\pi d^2}{4}\rho u c_p(t_f'' - t_f') = \frac{3.14 \times 0.012^2}{4} \times 993.35 \times 0.6 \times 4174 \times (50-20) = 8.4\text{kW}$$

Φ_1 与 Φ_2 相差大于 2.5%，故需重新假设 t''。

设 $t_f''=61.5℃$，则

$$\Delta t_m = (\Delta t' - \Delta t'')/\ln(\Delta t'/\Delta t'') = 35.3℃，\text{所以 } t_f = t_w - \Delta t_m = 44.7℃$$

根据定性温度查文献 [1] 附表 3 得，

$$\lambda_f = 0.6411\text{W/(m·K)}，\quad \nu_f = 6.1 \times 10^{-7}\text{m}^2/\text{s}，\quad Pr_f = 3.946，$$

$$\mu_f=6.04\times10^{-4}\text{N}\cdot\text{s/m}^2 \quad c_p=4.174\text{kJ/(kg}\cdot\text{K)},$$

$$\rho=989.26\text{kg/m}^3,\quad \mu_w=3.551\times10^{-4}\text{N}\cdot\text{s/m}^2$$

$$Re_f=\frac{u_m d}{\nu_f}=\frac{0.6\times12\times10^{-3}}{6.1\times10^{-7}}=1.18\times10^4>1\times10^4$$

所以管内流动处于旺盛紊流

$$Nu_f=0.027\times(1.18\times10^4)^{0.8}\times3.946^{1/3}\times\left(\frac{6.04\times10^{-4}}{3.551\times10^{-4}}\right)^{0.14}\times1.042=86.64$$

$$h=Nu_f\lambda_f/d=86.64\times0.6411/0.012=4629\text{W/(m}^2\cdot\text{K)}$$

$$\Phi_1=Ah\Delta t=\pi dlh\Delta t=3.14\times0.012\times1.89\times4629\times(80-44.7)=11.6\text{kW}$$

$$\Phi_2=\frac{\pi d^2}{4}\rho u c_p(t_f''-t_f')=\frac{3.14\times0.012^2}{4}\times990.26\times0.6\times4174\times(61.5-20)=11.6\text{kW}$$

Φ_1 与 Φ_2 相差小于 2.5%，假设合理，故冷却水出口温度为 61.5℃。

【例 6-9】 某测试管内表面传热系数的实验台，被测试管为不锈钢管，其内径为 $d=0.016\text{m}$，长为 $l=2.5\text{m}$。现通以电压为 $U=5\text{V}$、电流为 $I=911.1\text{A}$ 的直流电加热管内水流。管子外保温良好，可不考虑向环境的散热损失。测得管内进口水温 $t_f'=47℃$，水质量流量为 $M=0.1\text{kg/s}$，试确定管内的表面传热系数及平均壁温。

分析：本题为管内强制对流换热问题，由于流体出口温度未知，因此无法确定流体物性，因此可采用试算法求解。

【解】 设 $t_f''=53℃$，$t_f=\frac{1}{2}(t_f'+t_f'')=50℃$

根据定性温度查文献 [1] 附表 3 得：$c_p=4.174\times10^3\text{J/(kg}\cdot\text{K)}$，$\rho_f=988.1\text{kg/m}^3$

$$\Phi=IU=911.1\times5=4555.5\text{W}$$

$$\Phi=Mc_p(t_f''-t_f')$$

$$t_f''=t_f'+\frac{\Phi}{Mc_p}=47+\frac{4555.5}{0.1\times4.174\times10^3}=58℃$$

按照 $t_f=\frac{1}{2}(t_f'+t_f'')=52.5℃$ 查取物性参数：

$\lambda_f=0.651\text{W/(m}\cdot\text{K)}$，$\nu_f=0.5365\times10^{-6}\text{m}^2/\text{s}$，$Pr_f=3.403$，$\rho_f=986.9\text{kg/m}^3$

有：$u_m=\dfrac{M}{\dfrac{\pi}{4}d^2\rho_f}=\dfrac{0.1}{\dfrac{\pi}{4}\times0.016^2\times986.9}=0.5\text{m/s}$

$$Re_f=\frac{u_m d}{\nu_f}=\frac{0.5\times0.016}{0.5365\times10^{-6}}=1.491\times10^4>1\times10^4$$

因是加热流体，且符合 $l/d\gg10$，有

$$Nu_f=0.023Re_f^{0.8}Pr_f^{0.4}$$

$$h=Nu_f\frac{\lambda_f}{d}=0.023\times(1.491\times10^4)^{0.8}\times(3.403)^{0.4}\times\frac{0.651}{0.016}=3331\text{W/(m}^2\cdot\text{K)}$$

$$t_w=\frac{\Phi}{hA}+t_f=\frac{\Phi}{\pi dlh}+t_f=\frac{4555.5}{3.14\times0.016\times2.5\times3331}+52.5=63.4℃$$

【**例 6-10**】 某房间采用一单框双玻璃窗，两层玻璃之间为厚 $\delta=30$mm 的空气夹层(图 6-1)，玻璃窗高 1.8m，宽 1.2m，若玻璃窗两侧表面温度分别为 $t_{w1}=29$℃和 $t_{w2}=21$℃，试计算对流换热量。试计算空气夹层厚度从 5mm 到 30mm 范围内，当量表面传热系数及对流换热量的变化？

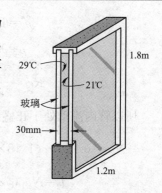

图 6-1 单框双玻璃窗示意图

分析：本题为竖直封闭夹层自然对流换热问题。

【**解**】 (1) 定性温度 $t_m=\dfrac{t_{w1}+t_{w2}}{2}=\dfrac{29+21}{2}=25$℃

根据定性温度查文献 [1] 附表 3 得：

$$\lambda_f=2.63\times10^{-2}\,\text{W/(m·K)},\quad \nu_f=15.53\times10^{-6}\,\text{m}^2/\text{s},$$

$$Pr_f=0.702,\quad \alpha=\frac{1}{T_m}=3.356\times10^{-3}\,\text{K}^{-1}$$

$$Gr_\delta=\frac{g\alpha\Delta t\delta^3}{\nu_f^2}=\frac{9.81\times3.356\times10^{-3}\times(29-21)\times(3\times10^{-2})^3}{(15.53\times10^{-6})^2}=2.948\times10^4<2\times10^5$$

为层流流动，选取式(6-13)：

$$Nu=0.18Gr_\delta^{1/4}(\delta/H)^{1/9}=0.18\times(2.948\times10^4)^{1/4}\times(0.03/1.8)^{1/9}=1.5$$

$$h_e=\frac{Nu\lambda_f}{\delta}=\frac{1.5\times2.63\times10^{-2}}{0.03}=1.3\,\text{W/(m}^2\cdot\text{K)}$$

$$\Phi=h_eA(t_{w1}-t_{w2})=1.3\times1.8\times1.2\times(29-21)=22.7\,\text{W}$$

(2)其他厚度的计算结果列于下表

δ(mm)	5	10	15	20	25	30
Gr_δ	136	1092	3685	8736	1.71×10^4	2.94×10^4
流态	导热			层流		
Nu_δ	1		0.82	1.06	1.28	1.50
h_e [W/(m^2·K)]	5.26	2.63	1.44	1.39	1.35	1.31
Φ(W)	90.9	45.4	25.0	24.0	23.3	22.7

【**讨论**】 图 6-2 给出了单框双玻璃窗的 h_e 随 δ 的变化关系，从图 6-2 可以看出，随着空气夹层厚度 δ 的增大，当量表面传热系数 h_e 减小，对流换热量减小。进入层流状态后，虽然换热增强，但夹层厚度 δ 增大，使当量表面传热系数 h_e 减小和热阻变大，两者影响相当，使 h_e 变化趋于平缓。实际工程中应选择合适的厚度 δ 以达到节能的效果，同时选择厚度时还应考虑两侧玻璃间的辐射换热以及降噪等问题。

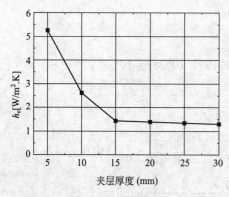

图 6-2 单框双玻璃窗 h_e 随 δ 的变化

【**例 6-11**】 平屋顶与顶层天花板间存在一夹层，其夹层表面的间距 $\delta=50$cm，夹层内是压力为 1.013×10^5Pa 的空气。天花板外侧温度为 $t_{w1}=25$℃，屋顶内侧温度夏天时为 $t_{wx}=40$℃，冬天时为 $t_{wd}=15$℃，分别计算在夏天和冬天时，通过单位面积夹层的传热量。

分析： 本题为有限空间自然对流换热问题，注意热面在上应按照纯导热计算。

【解】 （1）夏天时：

定性温度：$t_m = \dfrac{1}{2}(t_{wx} + t_{wl}) = \dfrac{40+25}{2} = 32.5℃$，

根据定性温度查文献［1］附表3得：

$$\lambda = 0.0269 W/(m \cdot K), \quad \nu = 1.624 \times 10^{-5} m^2/s, \quad Pr = 0.7005$$

按照纯导热计算：$q = \lambda \dfrac{(t_{wx} - t_{wl})}{\delta} = 0.0269 \times \dfrac{15}{0.5} = 0.8 W/m^2$

（2）冬天时：

定性温度：$\qquad t_m = \dfrac{1}{2}(t_{wd} + t_{wl}) = \dfrac{15+25}{2} = 20℃$，

根据定性温度查文献［1］附表2得：

$$\lambda = 0.0259 W/(m \cdot K), \quad \nu = 1.506 \times 10^{-5} m^2/s, \quad Pr = 0.703$$

$$Gr_\delta Pr = \frac{g\alpha\Delta t \delta^3}{\nu^2} Pr = \frac{9.81 \times 10 \times 0.5^3}{293 \times (1.506 \times 10^{-5})^2} \times 0.703 = 1.3 \times 10^8$$

则：

$$Nu_f = 0.061(Gr_\delta Pr)^{1/3} = 0.061 \times (1.3 \times 10^8)^{1/3} = 30.9$$

$$h = Nu_f \frac{\lambda}{d} = 30.9 \times 0.0259/0.5 = 1.6 W/(m^2 \cdot K)$$

$$q = h(t_{wl} - t_{wd}) = 1.6 \times 10 = 16 W/m^2$$

【讨论】 从计算结果可以看出，在相同温差范围内，夏天通过单位面积夹层的传热量小于冬天通过单位面积夹层的传热量。这是由于在夏季，屋顶内侧温度较高，天花板外侧温度较低，属热面在上的有限空间自然对流换热问题，冷热面间无流动发生，因此传热量较小；反之，在冬季，屋顶内侧温度较低，天花板外侧温度较高，属热面在下的有限空间自然对流换热问题，冷热面间发生自然对流，因此传热量较大。

6.3 提 高 题

【例 6-12】 在太阳能集热器的平板后面，用焊接的方法固定了一片冷却水管道，如图 6-3 所示，冷却管与集热器平板之间的接触热阻忽略，集热器平板维持在 $t_w = 75℃$，管子用铜做成，内径为 $d = 16mm$。设进口水温为 $t_f' = 20℃$，水流量为 $M = 0.20kg/s$，冷却管共长 $l = 2.85m$。求：总的换热量。

【解】 设出口水温为 60℃

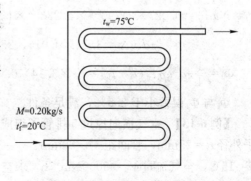

$$\Delta t_m = \frac{\Delta t' - \Delta t''}{\ln(\Delta t'/\Delta t'')} = \frac{(75-20) - (75-60)}{\ln[(75-20)/(75-60)]}$$

$$= 30.8℃,$$

所以 $t_f = t_w - \Delta t_m = 75 - 30.8 = 44.2℃$

图 6-3 太阳能集热器冷却水管道示意图

根据定性温度查文献 [1] 附表 3 得，

$\lambda_f = 0.64 \text{W/(m} \cdot \text{K)}$，$\nu_f = 0.616 \times 10^{-6} \text{m}^2/\text{s}$，$\rho_f = 990.5 \text{kg/m}^3$，$Pr_f = 3.986$，

$\mu_f = 609.5 \times 10^{-6} \text{N} \cdot \text{s/m}^2$，$c_p = 4.174 \times 10^3 \text{J/(kg} \cdot \text{K)}$，$\mu_w = 380.6 \times 10^{-6} \text{N} \cdot \text{s/m}^2$

$$A = \frac{1}{4}\pi d^2 = \frac{1}{4} \times 3.14 \times 0.016^2 = 2 \times 10^{-4} \text{m}^2$$

$$u = \frac{M}{\rho_f A} = \frac{0.2}{990.5 \times 2 \times 10^{-4}} = 1 \text{m/s}$$

$$Re = \frac{ud}{\nu_f} = \frac{1 \times 0.016}{0.616 \times 10^{-6}} = 26102$$

选用式(6-3)，

$$Nu_f = 0.027 Re_f^{0.8} Pr_f^{1/3} \left(\frac{\mu_f}{\mu_w}\right)^{0.14}$$

$$h = Nu_f \frac{\lambda_f}{d} = 0.027 \times 26102^{0.8} \times 3.986^{1/3} \times \left(\frac{609.5 \times 10^{-6}}{380.6 \times 10^{-6}}\right)^{0.14} \times \frac{0.64}{0.016} = 6250 \text{W/(m}^2 \cdot \text{K)}$$

$$\Phi_1 = \pi dl h \Delta t = 3.14 \times 0.016 \times 2.85 \times 6250 \times (75 - 44.2) = 27.6 \text{kW}$$

$$\Phi_2 = \frac{1}{4}\pi d^2 u \rho_f c_p (t_f'' - t_f') = \frac{1}{4} \times 3.14 \times 0.016^2 \times 1 \times 990.5 \times 4174 \times (60 - 20) = 33.4 \text{kW}$$

Φ_1 与 Φ_2 相差大于 2.5%，故重新假设出口水温为 56℃。

$$\Delta t_m = (\Delta t' - \Delta t'')/\ln(\Delta t'/\Delta t'') = 33.9℃，$$

所以 $t_f = t_w - \Delta t_m = 41.1℃$

查得物性：

$\lambda_f = 0.6365 \text{W/(m} \cdot \text{K)}$，$\nu_f = 0.6474 \times 10^{-6} \text{m}^2/\text{s}$，$\rho_f = 991.7 \text{kg/m}^3$，$Pr_f = 4.223$，

$\mu_f = 641.6 \times 10^{-6} \text{N} \cdot \text{s/m}^2$，$\mu_w = 380.6 \times 10^{-6} \text{N} \cdot \text{s/m}^2$

$$c_p = 4.174 \times 10^3 \text{J/(kg} \cdot \text{K)}$$

$$u = \frac{M}{\rho_f A} = \frac{0.2}{991.7 \times 7.854 \times 10^{-5}} = 1 \text{m/s}$$

$$Re = \frac{ud}{\nu_f} = \frac{1 \times 0.016}{0.6474 \times 10^{-6}} = 24790$$

选用式(6-3)，

$$Nu_f = 0.027 Re_f^{0.8} Pr_f^{1/3} \left(\frac{\mu_f}{\mu_w}\right)^{0.14}$$

$$h = Nu_f \frac{\lambda_f}{d} = 0.027 \times 24790^{0.8} \times 4.223^{1/3} \times \left(\frac{641.6 \times 10^{-6}}{380.6 \times 10^{-6}}\right)^{0.14} \times \frac{0.6365}{0.016} = 6120 \text{W/(m}^2 \cdot \text{K)}$$

$$\Phi_1 = \pi dl h \Delta t = 3.14 \times 0.016 \times 2.85 \times 6120 \times (75 - 41.1) = 29.7 \text{kW}$$

$$\Phi_2 = \frac{1}{4}\pi d^2 u \rho_f c_p (t_f'' - t_f') = \frac{1}{4} \times 3.14 \times 0.016^2 \times 1 \times 991.7 \times 4174 \times (56 - 20) = 30 \text{kW}$$

Φ_1 与 Φ_2 误差小于 2.5%，满足条件。

【例 6-13】 空气横向掠过 5 排管子组成的顺排加热器，每排 20 根管，长为 1.5m，管子外径 $d = 25 \text{mm}$，管间距 $s_1 = 50 \text{mm}$、$s_2 = 37.5 \text{mm}$，管壁温度 $t_w = 110℃$，空气进口温度 $t_f' = 15℃$，空气流量 $V_0 = 5000 \text{Nm}^3/\text{h}$。求空气流过管束的表面传热系数是多少？

分析： 本题为外掠顺排管束对流换热问题，由于流体出口温度未知，因此无法确定流

体物性，因此可采用试算法求解。

【解】 计算加热器几何数据

顺排时总流通截面积

$$f = nl(S_1 - d) = 20 \times 1.5 \times (0.05 - 0.025) = 0.75 \text{m}^2$$

管束换热面积

$$A = \pi dlnm = 3.1416 \times 0.025 \times 1.5 \times 20 \times 5 = 11.8 \text{m}^2$$

空气质量流量

$$M = V_0 \rho / 3600 = 5000 \times 1.293 / 3600 = 1.796 \text{kg/s}$$

最窄截面处流速

$$u_{\max} = V / f = 5370 / 0.75 / 3600 = 1.99 \text{m/s}$$

假定空气出口温度 $t''_{f1} = 25℃$，因 $\Delta t' / \Delta t'' < 2$，因此

$$t_{f1} = (t'_f + t''_{f1}) / 2 = (15 + 25) / 2 = 20℃$$

空气体积流量

$$V = V_0 \frac{T_f}{T_0} = 5000 \times (273 + 20) / 273 = 5370 \text{m}^3/\text{h}$$

根据定性温度查文献 [1] 附表 2 得，

$$\lambda_{f1} = 0.0259 \text{W/(m·K)}, \quad \nu_{f1} = 15.06 \times 10^{-6} \text{m}^2/\text{s}, \quad c_{p1} = 1.005 \times 10^3 \text{J/(kg·K)}$$

$$Re_{f1} = \frac{u_{\max} d}{\nu_{f1}} = \frac{1.99 \times 0.025}{15.06 \times 10^{-6}} = 3300$$

查得 $\varepsilon_z = 0.93$

又 $s_1 / s_2 = 1 < 2$，选用准则关系式

$$Nu_{f1} = 0.24 Re_{f1}^{0.63} \varepsilon_z$$

$$h_1 = 0.24 \frac{\lambda_f}{d} Re_{f1}^{0.63} \varepsilon_z = 0.24 \times \frac{0.0259}{0.025} \times 3300^{0.63} \times 0.96 = 38 \text{W/(m}^2 \cdot \text{K)}$$

$$\Phi_{11} = h_1 A (t_{w1} - t_{f1}) = 38 \times 11.8 \times (110 - 20) = 39.9 \text{kW}$$

$$\Phi_{21} = M c_{p1} (t''_{f1} - t'_f) = 1.796 \times 1.005 \times 10^3 \times (25 - 15) = 21.5 \text{kW}$$

Φ_{11} 与 Φ_{21} 误差较大，再次假设 $t''_{f2} = 45℃$，求得

$$h_2 = 38.6 \text{W/(m}^2 \cdot \text{K)}, \quad \Phi_{12} = 36.4 \text{kW}, \quad \Phi_{22} = 54.1 \text{kW}$$

在小温度范围内，认为空气物性为常量，因此可假定 Φ_1 与 Φ_2 随温度的变化为直线关系，即：$\Phi_1 = a_1 + b_1 t''_{f1}$，$\Phi_2 = a_2 + b_2 t''_{f1}$，根据 Φ_{11} 与 Φ_{12} 及 t''_{f1}、t''_{f2} 求得 a_1、b_1，根据 Φ_{21} 与 Φ_{22} 及 t''_{f1}、t''_{f2} 求得 a_2、b_2，令 $\Phi_1 = \Phi_2$ 可得，$t''_f = 36.1℃$。最终求得 $h = 38.4 \text{W/(m}^2 \cdot \text{K)}$，$\Phi_1 = 38.2 \text{kW}$，$\Phi_2 = 38.1 \text{kW}$，两者一致，$h = 38.4 \text{W/(m}^2 \cdot \text{K)}$ 即为所求。

【讨论】 与文献 [1] [例 6-6] 计算结果对比，顺排表面传热系数为 38.4W/(m²·K)，叉排表面传热系数为 40.7W/(m²·K)，可以看出，在本题条件下，叉排管束由于流体扰动相对剧烈，其对流换热强于顺排管束，这有利于换热器的紧凑布置，但其流动阻力相对较大。因此，实际应用中，除了换热量外，还应考虑克服流动阻力耗功。

【例 6-14】 一截面为正方形的管道输送冷空气穿过一室温为 $t_f = 28℃$ 的房间，管道外表面平均温度为 $t_w = 12℃$，截面尺寸为 0.3m×0.3m。试计算每米长管道上的冷空气通过外表面的自然对流散热损失。

分析：本题是一道无限空间水平、竖直壁面自然对流换热问题。该题的对流表面传热系数需分为上、下和侧面分别求解，特别注意上下表面定型尺寸的计算。

【解】 定性温度 $t_f = \dfrac{t_f + t_w}{2} = \dfrac{28+12}{2} = 20℃$

根据定性温度查文献 [1] 附表 2 得：

$$\lambda_f = 2.59 \times 10^{-2} \, W/(m \cdot K), \rho = 1.205 \, kg/m^3,$$
$$c_p = 1.005 \, kJ/(kg \cdot K), \quad \nu_f = 15.06 \times 10^{-6} \, m^2/s,$$
$$Pr_f = 0.703$$

$$Ra = \frac{\alpha g \Delta t l^3}{\nu^2} Pr = \frac{3.413 \times 10^{-3} \times 9.81 \times (28-12) \times 0.703 l^3}{15.06^2 \times 10^{-12}} = 1.66 \times 10^9 l^3$$

分为上、下和侧面分别求解。

对于上表面，且单位管长，$l_1 = \dfrac{1}{2}(1+0.3) = 0.65 m$，则

$Ra = 1.66 \times 10^9 l_1^3 = 1.66 \times 10^9 \times 0.65^3 = 4.559 \times 10^8$，冷空气通过上表面自然对流换热公式：

$$Nu_1 = 0.58 Ra^{1/5} = 0.58 \times (4.559 \times 10^8)^{1/5} = 31.27$$
$$h_1 = \frac{Nu_1 \lambda_f}{l_1} = \frac{31.27 \times 2.59 \times 10^{-2}}{0.65} = 1.246 \, W/(m^2 \cdot K)$$

对于下表面，且单位管长，$l_2 = \dfrac{1}{2}(1+0.3) = 0.65 m$，则

$Ra = 1.66 \times 10^9 l_2^3 = 1.66 \times 10^9 \times 0.65^3 = 4.559 \times 10^8$，冷空气通过下表面自然对流换热公式：

$$Nu_2 = 0.15 Ra^{1/3} = 0.15 \times (4.559 \times 10^8)^{1/3} = 115.44$$
$$h_2 = \frac{Nu_2 \lambda_f}{l_2} = \frac{115.44 \times 2.59 \times 10^{-2}}{0.65} = 4.6 \, W/(m^2 \cdot K)$$

对于侧表面，定型尺寸，$l_3 = 0.3 m$，则

$Ra = 1.66 \times 10^9 l_3^3 = 1.66 \times 10^9 \times 0.3^3 = 4.482 \times 10^7$，冷空气通过下表面自然对流换热公式：

$$Nu_3 = 0.59 Ra^{1/4} = 0.59 \times (4.482 \times 10^7)^{1/4} = 48.27$$
$$h_3 = \frac{Nu \lambda_f}{l_3} = \frac{48.27 \times 2.59 \times 10^{-2}}{0.3} = 4.16 \, W/(m^2 \cdot K)$$

每米长管道上总散热损失：

$$\Phi = (h_1 + h_2 + 2h_3) A(t_w - t_f) = (1.246 + 4.6 + 2 \times 4.16) \times 0.3 \times (28-12) = 68 \, W/m$$

6.4 习题解答要点和参考答案

6-1 解答要点：（1）不一样。夏季顶棚内壁相当于热面朝下平壁换热，冬季顶棚内壁相当于冷面朝下平壁换热。

（2）不同。夏季与冬季室外空气温度不同，造成物性温度不同，此外，夏冬季室外风速也不同，对表面传热系数的影响不同。

（3）有影响，定型尺寸不同。

（4）相同流速或者相同的流量情况下，大管的对流传热系数小，小管的对流传热系数较大些。

6-2 解答要点：流动机制不同在于内部流动是受限流动，而外部流动不受外界的限制。数学描写不同在于：定型尺寸不同；边界条件的描述不同。

6-3 解答要点：边界层理论不适用于内部流动充分发展段，且不能采用数量级分析的方法简化对流换热微分方程组。

6-12 解答要点：假设 t_f''，查取 c_p，

根据 $Mc_p(t_f''-t_f')=q\pi dl$ 有 $t_f''=t_f'+q\pi dl/(Mc_p)$，

假设 t_w，按照 $t_f=\frac{1}{2}(t_f'+t_f'')$ 和 t_w 查取物性参数；

计算 $Re_f=\dfrac{u_m d}{\nu_f}=\dfrac{4M}{\rho_f\pi d\nu_f}$ 并判断流态；

选择公式计算 Nu_f 和 h，计算 $t_w=t_f+q/h$，若与假设不符，重新假设 t_w，直到满足要求。因为常热流边界条件，所以 $t_w''=t_f''+\Delta t$，$t_w'=t_f'+\Delta t$。

6-13 解答要点：(1)黏性流体在管内进行对流换热的任何情形；(2)常物性流体常壁温、常热流边界条件；(3)常物性流体、层流、常壁温边界条件。

6-14 解答要点：对外掠平板，随着层流边界层增厚，局部表面传热系数有较快的降低。当层流向紊流转变后，h_x 因紊流传递作用而迅速增大，并且明显高于层流，随后，由于紊流边界层厚度增加。h_x 再呈缓慢下降之势。对紊流情况下的管内受迫流动，在进口段，随着边界层厚度地增加。局部表面传热系数 h_x 沿主流方向逐渐降低。在进口处，边界层最厚，h_x 具有最高值，当边界层转变为紊流后，因湍流的扰动与混合作用又会使 h_x 有所提高，但只有少量回升，其 h_x 仍小于层流。h_x 再逐渐降低并趋向于一个定值，该定值为热充分发展段的 h_x。

6-15 解答要点：令 h_1 为管内气体与不锈钢管内壁之间的对流表面传热系数，h_2 为室内空气与不锈钢管外壁之间的对流表面传热系数，室内温度为 t_f，微元段处不锈钢管壁温度为 t_w，管内微元段处流体的平均温度为 t_{fx}，温升为 dt，管内流体的流速为 u，管径为 d，则热平衡式为

$$I^2Rdx=\rho u\frac{\pi d^2}{4}c_p\cdot dt+h_2\pi d(t_w-t_f)dx，\quad \rho u\frac{\pi d^2}{4}c_p\cdot dt=h_1\pi d(t_w-t_{fx})dx$$

6-16 解答要点：这是一道管内强制对流紊流换热问题。该题流体出口温度未知，需要试算，先假定管子出口温度 t_f''，查取物性，按对流换热问题的求解步骤进行计算，用求出的流体出口温度作为新的假设值，进行迭代计算，直到满足偏差要求为止。选用公式：

$$Nu_f=0.023Re_f^{0.8}Pr_f^{0.4}。$$

参考答案：$h=70.8\text{W/(m}^2\cdot\text{K)}$，$t_f''=85℃$。

6-17 解答要点：$Re_f=\dfrac{u_m d}{\nu_f}=2.871\times10^4>1\times10^4$，管内流动处于旺盛紊流。

（1）按迪图斯-贝尔特公式计算：$Nu_f=0.023Re_f^{0.8}Pr_f^{0.4}$

$$h=8132\text{W/(m}^2\cdot\text{K)}$$

（2）按西得-塔特公式计算：$Nu_f = 0.027Re_f^{0.8}Pr_f^{1/3}\left(\dfrac{\mu_f}{\mu_w}\right)^{0.14}$

$$h = 9547W/(m^2 \cdot K)$$

6-18 解答要点：定性温度：$t_f = t_w - \Delta t = t_w - (\Delta t' - \Delta t'')/\ln(\Delta t'/\Delta t'') = 213.6℃$

先假设管内流动为紊流，$\Delta t > 20$，因此根据公式：

$$h = \frac{q}{(t_w - t_f)} \text{和} Nu_f = 0.027Re_f^{0.8}Pr_f^{1/3}\left(\frac{\mu_f}{\mu_w}\right)^{0.14} \text{有}$$

$$d = \left[0.027\nu\left(\frac{u_m}{\nu_f}\right)^{0.8}Pr_f^{1/3}\left(\frac{\mu_f}{\mu_w}\right)^{0.14}\frac{\lambda_f}{q}(t_w - t_f)\right]^5 = 0.023m$$

根据 $Re_f = \dfrac{u_m d}{\nu_f} = 1.5 \times 10^5 > 10^4$ 验证紊流假设成立。

$$l = \frac{d\rho_f u_m c_p(t_f'' - t_f')}{4q} = 4.69m$$

6-19 解答要点：这是一个螺旋弯管管内受迫对流换热问题，该题流体出口温度未知，需先假定流体出口温度，查取物性，然后利用公式 $Nu = 0.027Re_f^{0.8}Pr_f^{1/3}\left(\dfrac{\mu_f}{\mu_w}\right)^{0.14}\varepsilon_R$ 进行求解，采用热量平衡公式进行验证，如不符合偏差要求，需进行迭代计算，直到满足偏差要求为止。

参考答案：68℃。

6-20 解答要点：这是一个管内受迫对流换热问题，利用公式 $Nu = 0.027Re_f^{0.8}Pr_f^{1/3}$ $\left(\dfrac{\mu_f}{\mu_w}\right)^{0.14}$ 进行求解。

参考答案：98℃。

6-22 参考答案：68℃，296kW。

6-24 解答要点：根据公式 $f = \dfrac{\Delta P}{\dfrac{l}{d} \cdot \dfrac{1}{2}\rho_f u_m^2}$ 和 $St_f \cdot Pr_f^{2/3} = \dfrac{f}{8}\left(St = \dfrac{h}{\rho_f c_p u_m}\right)$ 得：

$$h = \rho_f c_p u_m \cdot \frac{f}{8} \cdot Pr_f^{-2/3} = 7061W/(m^2 \cdot K)$$

若为光滑量，选用公式 $Nu_f = 0.023Re_f^{0.8}Pr_f^{0.4}$

$$h' = \frac{\lambda_f}{d} \times 0.023Re_f^{0.8}Pr_f^{0.4} = 7030W/(m^2 \cdot K)$$

相比较有：$h \approx h'$

6-25 见［例6-6］。

6-26 解答要点：$Re_f = \dfrac{u_m d}{\nu_f} = 4.1 \times 10^3$，$2300 < Re_f < 10^4$，属于过渡流，选用公式

$Nu_f = 0.0214(Re_f^{0.8} - 100)Pr_f^{0.4}\left[1 + \left(\dfrac{d}{l}\right)^{2/3}\right]\left(\dfrac{T_f}{T_w}\right)^{0.45}$ 计算。

参考答案：$h = 16.4W/(m^2 \cdot K)$

6-27 解答要点：$d_e = \dfrac{4f}{U} = 4 \times \dfrac{\dfrac{\pi}{4}(d_2^2 - d_1^2)}{\pi(d_2 + d_1)} = d_2 - d_1 = 4mm$

$Re_f = \dfrac{u_m d_e}{\nu_f} = 2.4 \times 10^4 > 10^4$，属于旺盛紊流，

按照公式 $Nu_f = 0.027 Re_f^{0.8} Pr_f^{1/3} \left(\dfrac{\mu_f}{\mu_w} \right)^{0.14}$ 计算。

参考答案：$h = 20240 \mathrm{W/(m^2 \cdot K)}$。

6-28 解答要点：这是一管内强制对流换热问题。该题壁面温度未知，可以采用试算法，先假定管子壁面温度 t_w，按公式 $t_f = t_w - \Delta t = t_w - (\Delta t' - \Delta t'')/\ln(\Delta t'/\Delta t'')$ 计算定性温度，查取物性，按对流换热问题的求解步骤进行计算，根据热平衡公式计算壁面温度与假定值进行比较，如偏差不符合要求，进行迭代计算，直到满足偏差要求为止。选用公式：

$$Nu_f = 0.027 Re_f^{0.8} Pr_f^{1/3} \left(\frac{\mu_f}{\mu_w} \right)^{0.14}$$

壁温的验证公式：$t_w = t_f + \dfrac{M c_p (t_f'' - t_f')}{h \cdot \pi dl}$

参考答案：$t_w = 66℃$，$h = 31.5 \mathrm{W/(m^2 \cdot K)}$，$\Phi = 484 \mathrm{W}$。

6-29 解答要点：椭圆管 $d_e = \dfrac{4F}{U} = 4 \times \dfrac{\pi ab}{\pi [1.5(a+b) - \sqrt{ab}]} = 17 \mathrm{mm}$，

$Re_f = \dfrac{u_m d_e}{\nu_f} = 3.853 \times 10^5 > 10^4$，属于旺盛紊流，

选取公式 $h = Nu_f \dfrac{\lambda_f}{d} = 0.023 Re_f^{0.8} Pr_f^{1/3} \left(\dfrac{\mu_f}{\mu_w} \right) \dfrac{\lambda_f}{d}$，圆管计算与椭圆管相似。

参考答案：椭圆管 $l_1 = 0.98 \mathrm{m}$，圆管 $l_2 = 1.17 \mathrm{m}$，两者相差 16%。

6-31 解答要点：这是一外掠单管强制对流换热问题。选用公式：

$$Nu_f = 0.26 Re_f^{0.6} Pr_f^{0.37} \left(\frac{Pr_f}{Pr_w} \right)^{0.25}$$

参考答案：$t_w = t_f + \dfrac{\Phi}{h \cdot \pi dl} = 158℃$。

6-32 解答要点：这是一外掠单管强制对流换热问题。选用公式

$$Nu_f = 0.26 Re_f^{0.6} Pr_f^{0.37} \left(\frac{Pr_f}{Pr_w} \right)^{0.25}$$

参考答案：$\Phi = h \cdot \pi dl \cdot (t_w - t_f) = 50.5 \mathrm{kW}$。

6-33 解答要点：选用公式 $Nu_f = 0.26 Re_f^{0.6} Pr_f^{0.37} \left(\dfrac{Pr_f}{Pr_w} \right)^{0.25}$

参考答案：$h = 130.9 \mathrm{W/(m^2 \cdot K)}$。

6-34 解答要点：$Re_f = \dfrac{u_m d}{\nu_f} = 1.96 \times 10^4$，顺排，选取公式

$$Nu_f = 0.27 Re_f^{0.63} Pr_f^{0.36} \left(\frac{Pr_f}{Pr_w} \right)^{0.25} \varepsilon_z$$

参考答案：$h = 156 \mathrm{W/(m^2 \cdot K)}$。

6-35 解答要点：$Re_f = \dfrac{u_m d}{\nu_f} = 9.23 \times 10^4$，顺排，选取公式

$$Nu_\text{f}=0.35Re_\text{f}^{0.6}Pr_\text{f}^{0.36}\left(\frac{Pr_\text{f}}{Pr_\text{w}}\right)^{0.25}\left(\frac{S_1}{S_2}\right)^{0.2}\varepsilon_\text{z}$$

参考答案：$h=20.1\text{kW}/(\text{m}^2\cdot\text{K})$。

6-36 解答要点：$Re_\text{f}=\dfrac{u_\text{m}d}{\nu_\text{f}}=6589$，12 排叉排顺排均为：$\varepsilon_\text{z}=0.98$，

选取公式 $Nu_\text{f}=0.31Re_\text{f}^{0.6}\left(\dfrac{S_1}{S_2}\right)^{0.2}\varepsilon_\text{z}$ 叉排

选取公式 $Nu_\text{f}=0.24Re_\text{f}^{0.63}\varepsilon_\text{z}$ 顺排

参考答案：$h_\text{叉}=70.4\text{W}/(\text{m}^2\cdot\text{K})$，$h_\text{顺}=69.5\text{W}/(\text{m}^2\cdot\text{K})$。

6-37 解答要点：采用试算法，先假定空气出口温度，选取公式 $Nu_\text{f}=0.31Re_\text{f}^{0.6}$ $\left(\dfrac{S_1}{S_2}\right)^{0.2}\varepsilon_\text{z}$，叉排：$\varepsilon_\text{z}=0.88$，

参考答案：$h=72\text{W}/(\text{m}^2\cdot\text{K})$，$t_\text{f}''=27℃$。

6-38 解答要点：消耗的功率 $P=M\Delta p/\rho=u\cdot nS_1l\Delta p$，$u=u_\text{max}\dfrac{s_1-d}{s_1}$。

参考答案：$P=19.9\text{W}$，$q/P=323\text{m}^{-2}$。

6-39 参考答案：取 $s_1=50\text{mm}$，单位面积换热量与功率消耗比分别为

297m^{-2}，303m^{-2}，309m^{-2}，319m^{-2}，330m^{-2}。

6-40 解答要点：选用公式 $Nu_\text{m}=0.125(GrPr)_\text{m}^{1/3}$

答案：$h=915\text{W}/(\text{m}^2\cdot\text{K})$作为常壁温处理的原因：在水中的自然对流换热。

6-41 解答要点：判断是否满足公式 $\dfrac{d}{H}\geqslant\dfrac{35}{Gr_\text{h}^{1/4}}$，满足条件，可按竖平壁计算，不满足条件则需乘以校正系数，校正系数按文献 [1] 中的图 6-14 查取。

参考答案：

$h_\text{x}[\text{W}/(\text{m}^2\cdot\text{K})]$	1.5	1	0.5
50(mm)	5.35	5.26	5.71
30(mm)	5.68	5.58	6.02

6-42 解答要点：该题是一水平圆管常壁温自然对流换热问题。

根据瑞利准则 $(GrPr)=\dfrac{g\alpha\Delta td^3}{\nu^2}Pr=9.44\times10^7$ 判断处于紊流区，

查表选用公式：$Nu=0.125(GrPr)^{1/3}$。

参考答案：$q_l=h\pi d(t_\text{w}-t_\text{f})=3155.4\text{W/m}$。

6-43 解答要点：该题是一冷面朝下水平壁自然对流换热问题。

根据瑞利准则 $(GrPr)=\dfrac{g\alpha\Delta td^3}{\nu^2}Pr$ 判断处于层流区，

查表选用公式：$Nu=0.48(GrPr)^{0.25}$。

参考答案：$h=6.94\text{W}/(\text{m}^2\cdot\text{K})$，$q_l=h\pi d(t_\text{w}-t_\text{f})=135.9\text{W/m}$。

6-44 解答要点：该题是一冷面朝下水平壁自然对流换热问题。

根据瑞利准则 $(GrPr)=\dfrac{g\alpha\Delta tl^3}{\nu^2}Pr=1.74\times10^9$ 判断处于紊流区，

查表选用公式：$Nu=0.15(GrPr)^{1/3}$。

参考答案：$h=Nu\dfrac{\lambda}{l}=4.19\text{W}/(\text{m}^2\cdot\text{K})$，$\Phi=hA(t_\text{f}-t_\text{w})=1005\text{W}$。

6-45　解答要点：该题是一倾斜壁自然对流换热问题。

选用公式：$Nu=\left\{0.825+\dfrac{0.387Ra^{1/6}}{[1+(0.492/Pr)^{9/16}]^{8/27}}\right\}^2$。

参考答案：$t_\text{w}=55.5℃$。

6-46　解答要点：本题是一道无限空间水平圆筒自然对流换热问题。

$(GrPr)=\dfrac{g\alpha\Delta td^3}{\nu^2}Pr=6.46\times10^{11}>10^7$，因此为紊流

根据自模化，在自然对流紊流区 $n=\dfrac{1}{3}$ 内，$\dfrac{hd}{\lambda}=C\left(\dfrac{g\alpha\Delta td^3}{\nu^2}Pr\right)^{1/3}$，

所以 $h=C\lambda\left(\dfrac{g\alpha\Delta t}{\nu^2}Pr\right)^{1/3}$，$h$ 与 d 无关，即只要实物和模型都处于 $n=\dfrac{1}{3}$ 区，就可以用任意缩小的模型来预测实物的 h。

取 $(GrPr)_1=\dfrac{g\alpha_1\Delta t_1d_1{}^3}{\nu_1{}^2}Pr_1=10^8>10^7$，　$d_1=\left[\dfrac{\nu_1{}^2}{g\alpha_1\Delta t_1Pr_1}(GrPr)_1\right]^{1/3}=0.29\text{m}$

同理取 $(GrPr)_1=\dfrac{g\alpha_1\Delta t_1d_1{}^3}{\nu_1{}^2}Pr_1=10^8>10^7$，有：$d_2=\left[\dfrac{\nu_2{}^2}{g\alpha_2\Delta t_2Pr_2}(GrPr)\right]^{1/3}=0.032\text{m}$

6-47　解答要点：该题是无限空间自然对流换热问题。由于散热器壁面温度未知，因此无法确定流体物性，因此可采用试算法求解。选择公式：$Nu=\left\{0.825+\dfrac{0.387Ra^{1/6}}{[1+(0.492/Pr)^{9/16}]^{8/27}}\right\}^2$ 计算。

参考答案：346.8W。

6-48　解答要点：该题是无限空间自然对流换热问题。由于壁面温度未知，因此无法确定流体物性，因此可采用试算法求解。先假设 t_w1，查物性，根据 $(Gr^*\cdot Pr)=\dfrac{g\alpha ql^4}{\lambda\nu^2}Pr$ 判断选择公式计算，计算 $t_\text{w2}=t_\text{f}+\Phi/h_\text{x}$，判断 t_w2 是否与 t_w1 相等，如不相等则利用 t_w2 重新计算，直至满足要求。

参考答案：

x(m)	0.1	0.2	0.3	0.4	0.5	0.6	0.7	0.8	0.9	1
h_x[W/(m²·K)]	8.21	7.14	6.59	6.22	5.89	5.71	5.53	5.37	5.23	5.17
$t_\text{w2,x}$(℃)	209	237	255	269	281	292	301	309	316	323

6-51　解答要点：该题是一倾斜壁自然对流换热问题。

选用公式：$Nu=\left\{0.825+\dfrac{0.387Ra^{1/6}}{[1+(0.492/Pr)^{9/16}]^{8/27}}\right\}^2$。

参考答案：$h=6.25\text{W}/(\text{m}^2\cdot\text{K})$，$\Phi=903\text{W}$。

6-52　解答要点：该题是竖直夹层对流换热问题。根据 $Gr_\delta=\dfrac{g\alpha\Delta t\delta^3}{\nu^2}$ 判断选择准则关

联式：$Nu_\delta = 0.065 Gr_\delta^{1/3} \left(\dfrac{\delta}{H}\right)^{1/9}$，并利用公式 $h_e = Nu_\delta \dfrac{\lambda}{\delta}$ 和 $q = h_e(t_{w1} - t_{w2})$ 计算。

参考答案：$h_e = 1.33\,\text{W}/(\text{m}^2 \cdot \text{K})$，$q = 13.3\,\text{W}/\text{m}^2$。

6-53 解答要点：$q = Nu_\delta \dfrac{\lambda}{\delta}(t_{w1} - t_{w2})$，$Gr_\delta = \dfrac{g\alpha\Delta t\delta^3}{\nu^2}$ 知，$Nu_\delta = 1$，当 $Gr_\delta = 2000$ 时，δ 最大，q 最小。

参考答案：$\delta = 10.5\,\text{mm}$，$q = 23.9\,\text{W}/\text{m}^2$。

6-54 解答要点：该题是竖直封闭夹层对流换热问题。根据 $Gr_\delta = \dfrac{g\alpha\Delta t\delta^3}{\nu^2}$ 判断选择准则关联式，并利用公式 $h_e = Nu_\delta \dfrac{\lambda}{\delta}$。

参考答案：

δ(mm)	3	7	10	15	20	30	40	50	60
Gr_δ	467	593	1730	5830	13800	46700	1.1×10^5	2.16×10^5	3.42×10^5
流态	导热		层流				紊流		
Nu_δ		1	0.987	1.26	1.79	2.3	2.8	3.42	
$h_e[\text{W}/(\text{m}^2\cdot\text{K})]$	8.37	3.59	2.51	1.65	1.59	1.5	1.44	1.4	1.43

6-55 解答要点：该题是水平封闭夹层对流换热问题。

δ (mm)	3	6	9	12	15	21	24	50	60
$Gr_\delta Pr$	117	933	3150	7468	1.46×10^4	4×10^4	6×10^4	8.5×10^4	1.2×10^5
Nu_δ		1	1.48	1.97	2.33	3	3.3	3.6	3.9
$q(\text{W}/\text{m}^2)$	244	122	120	120	114	105	101	98	96

6-56 解答要点：该题主要是利用浮升力和惯性力之比 $\dfrac{Gr}{Re^2}$ 来判断纯自然对流和纯受迫对流。

当 $\dfrac{Gr}{Re^2} < 0.1$，即 $\dfrac{g\alpha\Delta t}{u_\infty^2/l} < 0.1$ 时，可认为是纯受迫对流。其中，物性温度 $t_m = \dfrac{1}{2}(t_w + t_f)$，$\alpha = \dfrac{1}{T_m}$。即：$u_{max} = u_\infty \geqslant \sqrt{\dfrac{g\alpha\Delta t l}{0.1}} = 4.1\,\text{m}/\text{s}$

当 $\dfrac{Gr}{Re^2} \geqslant 10$ 时，可认为是纯自然对流，即：$u_{min} = u_\infty \leqslant \sqrt{\dfrac{g\alpha\Delta t l}{10}} = 0.41\,\text{m}/\text{s}$

6-57 解答要点：当 $\dfrac{Gr}{Re^2} \geqslant 10$ 时，可认为是纯自然对流。

参考答案：$t_w \geqslant 55℃$。

6-58 解答要点：采用最小二乘法拟合。

参考答案：$Nu = 0.0214 Re_x^{0.8} Pr^{0.4}$。

7 凝结与沸腾换热

7.1 学 习 要 点

7.1.1 膜状凝结与珠状凝结

膜状凝结与珠状凝结是凝结的两种基本形式。当凝结液能润湿壁面时，凝结液将形成连续的膜并在重力作用下向下流动，形成膜状凝结；若凝结液不能润湿壁面，则凝结液将形成一个个的小液珠，形成珠状凝结。工业上最为常见的是膜状凝结形式，如水蒸气、制冷剂蒸气及有机物蒸气的凝结。珠状凝结时，换热壁面除被液珠占据的那部分外，其余表面都裸露于蒸气中，可以认为换热是在蒸气与液珠表面和蒸气与裸露的壁之间进行。因此，对同一种蒸气而言，与膜状凝结相比，珠状凝结具有更高的表面传热系数。

7.1.2 膜状凝结换热主要计算公式

(1) 层流膜状凝结的理论解

竖壁平均表面换热系数为：

$$h_V = 0.943 \left[\frac{gr\rho_l^2 \lambda_l^3}{\mu_l l (t_s - t_w)} \right]^{1/4} \tag{7-1}$$

当竖壁较高时，应将式(7-1)计算结果增大 20%，即将系数 0.943 修正为 1.13。

水平圆管平均表面换热系数为：

$$h_H = 0.725 \left[\frac{gr\rho_l^2 \lambda_l^3}{\mu_l d (t_s - t_w)} \right]^{1/4} \tag{7-2}$$

近年来有文献认为式(7-2)中的系数 0.725 修正为 0.728 更为准确。

定性温度：$t_m = \dfrac{t_s + t_w}{2}$，潜热 r 按蒸气饱和温度 t_s 确定。

对于相同圆管外凝结换热，水平放置与竖直放置时，$\dfrac{h_H}{h_V} = 0.77 \left(\dfrac{l}{d} \right)^{1/4}$。当 $l/d = 2.85$ 时，$h_H = h_V$；当 $l/d = 50$ 时，$h_H = 2h_V$，因此冷凝器常用水平管布置。

(2) 凝结液膜雷诺数

$$Re_c = \frac{4h(t_s - t_w)}{\mu r} \cdot l \quad \text{（竖壁）} \tag{7-3}$$

$$Re_c = \frac{4h(t_s - t_w)}{\mu r} \cdot \pi d \quad \text{（水平圆管）} \tag{7-4}$$

液膜由层流转变为湍流的 Re_c 可定为 1800。对于水平管，凝液从管壁两侧向下流，Re_c 应为 3600。

(3) 凝结准则 Co

$$Co = h \left(\frac{\lambda^3 \rho^2 g}{\mu^2} \right)^{-1/3} = \frac{hl}{\lambda} \left(\frac{gl^3}{\nu^2} \right)^{-1/3} = Nu \cdot Ga^{-1/3} \tag{7-5}$$

凝结准则 Co(亦称修正 Nu 准则)，其大小反映凝结换热的强弱。

Ga：伽利略(Galileo)准则。

于是式(7-1)、式(7-2)可改写为：

竖壁理论解： $\qquad\qquad\qquad Co=1.47Re_c^{-1/3}$ \hfill (7-6)

水平管理论解： $\qquad\qquad\qquad Co=1.51Re_c^{-1/3}$ \hfill (7-7)

当 $30<Re_c<1800$ 时，垂直壁液膜表面发生了波动，促进了膜内热量的对流传递，可以将系数提高 20%，即

$$Co=1.76Re_c^{-1/3} \tag{7-8}$$

或

$$Co=\frac{Re_c}{1.08Re_c^{1.22}-5.2} \tag{7-9}$$

（4）膜状紊流凝结

当 $Re_c>1800$ 时，液膜流态为紊流。

垂直壁紊流液膜段的平均表面传热系数：

$$Co=\frac{Re_c}{8750+58Pr^{-0.5}(Re_c^{0.75}-253)} \tag{7-10}$$

整个壁面的平均凝结表面传热系数应加权平均计算，即：

$$h=h_l\frac{x_c}{l}+h_t\left(1-\frac{x_c}{l}\right) \tag{7-11}$$

（5）水平管束管外平均表面传热系数

近似方法：以 nd 作为定型尺寸代入上述公式进行计算，计算结果一般比单管偏低。

7.1.3 影响膜状凝结的因素及增强换热的措施

影响因素：①蒸气流速；②蒸气含不凝结气体；③表面粗糙度；④蒸气含油；⑤蒸气过热，其中以含不凝结气体的影响最大。

增强凝结换热的措施：①改变表面几何特征；②有效地排除不凝结气体；③加速凝液的排除；④采用基于①、③的新型高效冷凝换热表面。

7.1.4 沸腾换热

（1）饱和沸腾过程和沸腾曲线

当壁温高于液体的饱和温度时，发生沸腾过程，沸腾分为大空间沸腾和有限空间沸腾。

饱和沸腾：一定压强下，当液体主体为饱和温度 t_s，壁面温度 t_w 高于 t_s 时的沸腾。

过冷沸腾：主体温度低于饱和温度 t_s，而壁面温度 t_w 高于 t_s 的沸腾。

沸腾温差：饱和沸腾时，壁温与饱和温度之差 $\Delta t=t_w-t_s$。

沸腾曲线：热流密度 q 与沸腾温差 Δt 的关系曲线。

图 7-1 为水在 101.3kPa 压力下大空间沸腾曲线。按照沸腾温差的大小，可以将大空间沸腾分为四个主要阶段，即自然对流沸腾、泡态沸腾（也称核态沸腾）、过渡态沸腾及膜态沸腾。泡态沸腾（图 7-1 中 BC 段）是工程应用中最重要、最常见的沸腾形式。在该段热量主要通过加热面直接向流体传递，所形成的大量气泡在浮力的作用下离开壁面升至自由液面，因此 h 和 q 都比较大。沸腾温差超过 C 点后，由于加热面生成的气泡过多，导致加热面上形成了气膜，阻碍了传热过程，热流密度反而有所下降，形成不稳定的过渡态沸腾（CD 段）。随着沸腾温差的进一步增大，形成稳定的膜态沸腾（D 点以后）。C 点所对应的

热流密度称为临界热流密度(q_{max})。在控制热流密度的换热设备中,当热流密度超过q_{max},设备的实际运行工况将瞬间跳到 E 点附近,加热面温度会迅速达到 1000℃ 以上,严重威胁设备的安全,因此 C 点也称为烧毁点。

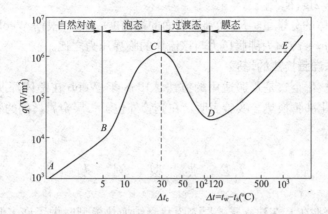

图 7-1　大空间沸腾曲线(水,$1.013 \times 10^5 \mathrm{Pa}$)

(2) 泡态沸腾机理

问题:① 气泡生成的条件及核化点;

② 气泡数量与沸腾温差的关系;

③ 泡态沸腾过程热量传递的途径;

④ 压力对泡态沸腾的影响。

气泡动力学:要使气泡能够长大,泡内压力须克服表面张力对外作功。壁面上的凹坑、缝隙、裂穴等容易形成汽化核心。

① 在表面上的缝隙地带,处于缝隙中的液体所受到的加热的影响比位于平直面上的同样数量的液体要多得多;

② 缝隙中容易残留气体,自然成为气泡的核心。

根据克劳修斯-克拉贝隆方程(Clausius-Clapeyron)得气泡核生成时最小半径:

$$R_{min} = \frac{2\sigma T_s}{r\rho_v(t_v - t_s)} = \frac{2\sigma T_s}{r\rho_v \Delta t} \tag{7-12}$$

式中$(t_v - t_s)$的最大值是 $\Delta t = t_w - t_s$。

分析式(7-12)可知:

① 壁面处过热度最大,生成气泡所需的半径最小。

② 增加 Δt,R_{min}减小,初生气泡符合长大条件的更多。

③ 压强增大使 ρ_v 增大,其增幅超过 T_s 的增加和 r 的减小,最终使 R_{min} 减小,沸腾得以加强。

7.1.5　大空间泡态沸腾表面传热系数的计算

(1) 米海耶夫公式

$$h = 0.533 q^{0.7} p^{0.15} \tag{7-13}$$

$$h = 0.122 \Delta t^{2.33} p^{0.5} \tag{7-14}$$

适用介质为水,压力范围$(1 \sim 40) \times 10^5 \mathrm{Pa}$。

（2）Cooper 公式，适用于制冷介质

$$h = Cq^{0.67}M^{-0.5}p_r^m(-\lg p_r)^{-0.55} \tag{7-15}$$

式中，$C = 90 \quad W^{0.33}/(m^{0.66} \cdot K)$；

$m = 0.12 - 0.2\lg\{R_p\}_{\mu m}$。

M 为沸腾流体的分子量；R_p 为沸腾表面的粗糙度（μm），根据 Webb 建议，商用铜管一般取 $0.3\mu m$。$p_r = p/p_c$ 为沸腾压力与该流体的临界压力之比。

7.1.6　泡态沸腾换热的增强

应用凹陷形核化空穴是普遍适用的方法。1968 年 Webb 在整体环肋管的肋间缠绕丝或非金属线以强化沸腾换热。实验表明，在光管外包了一层金属丝网的管子可使沸腾换热得到成倍的强化。

7.2　典　型　例　题

【例 7-1】　努谢尔特在建立竖壁层流膜状凝结换热模型时做了许多假设，在实际的膜状凝结过程中，由于不满足这些假设因素会对凝结过程带来哪些影响？

【答】　（1）如果有不凝结性气体存在，该气体因不凝结而聚集在冷凝面附近，使蒸气必须通过扩散才能到达冷凝面，从而使凝结换热性能大大降低。

（2）蒸气的流动，流动如果沿冷凝液流动方向，会使冷凝液膜变薄，从而增强换热，反之则削弱换热。逆方向高速流动的气流会吹落冷凝液膜，又使得换热增强。

（3）蒸气的过热和冷凝液膜的过冷也会影响凝结换热。实验证实，这项影响相对较小。

（4）在惯性力的作用下冷凝液膜的流动会使层流变为紊流，也会对凝结换热产生较大影响。

【例 7-2】　为什么珠状凝结的表面传热系数比膜状凝结的高？

【答】　由于珠状凝结时表面不易形成凝结液膜，相比膜状凝结没有液体膜层热阻，蒸气直接与冷壁面接触，因而表面传热系数高。

【例 7-3】　一台氟利昂冷凝器，氟利昂蒸气在光管外冷凝，冷却水在管内流动。为了强化这一传热过程，将管外改为低肋强化表面。后又采用管外与管内均有强化措施的双侧强化管，试分析其原因。

【答】　由于氟利昂蒸气导热系数和气化潜热很小，根据 Nusselt 理论解，其凝结表面传热系数相对于管内对流换热系数要小很多，也就是氟利昂侧传热热阻大。采用低肋管后，可以将氟利昂侧凝结表面传热系数提高十多倍，这时管内传热热阻反而大于氟利昂侧热阻，因而管内也需要进行强化，从而使两侧热阻相当，才能收到更好的强化换热效果。

【例 7-4】　强化凝结换热的原则是什么？从换热表面的结构来说，强化凝结换热的基本思路是什么？

【答】　强化凝结换热的原则是：（1）尽可能减薄凝结液膜；（2）尽快排除凝结液；（3）及时排除不凝结性气体。为了强化凝结换热，应采用特殊的结构，充分利用表面张力的作用，减薄大部分表面的凝结液膜，并设置一定的通道，使凝液尽快排除。

【例 7-5】　图 7-2 是强化相变（凝结、沸腾）传热管示意图，试分析哪一种是凝结传热管，哪一种是沸腾传热管，为什么？

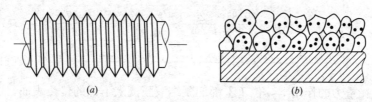

$$(a) \qquad\qquad (b)$$

图 7-2 凝结（沸腾）传热管

【答】 图 7-2(a)为凝结传热管。利用在表面张力的作用下，尖峰能够减薄液膜的原理，凝结液会向尖峰中间的凹槽聚集，从而使尖峰处的液膜很薄，同时凹槽的结构有利于迅速排除凝结液。

图 7-2(b)为沸腾传热管。传热管表面形成的众多孔隙结构，最容易产生汽化核心，有利于气泡的形成和发展，进而强化沸腾换热。

【例 7-6】 大容器沸腾换热过程有哪几个主要的区域，并指出临界热流密度在什么情况下会对加热壁面造成损坏？

【答】 大容器沸腾换热过程有四个主要的区域，分别是：自然对流沸腾区、核态沸腾区、过渡沸腾区和膜态沸腾区。

由于到达临界热流密度后加热壁面温度的升高反而使热流密度下降，直至进入稳定膜态沸腾后换热热流密度才随热流密度的升高而再次增加，但此时加热壁面温度已相当高。这样，在控制热流密度的加热过程中，当加热热流密度高于临界热流密度后就会引起壁面温度的急剧升高，从而会造成加热壁面的损坏（如电加热、核反应堆燃料棒的加热过程）。因此，在实际工作中应避免沸腾换热的设备运行在临界热流密度附近。如果是控制加热壁面温度的加热过程就不会出现上述现象，也就不必控制临界热流密度。

【例 7-7】 把相同体积的两杯 100℃的水倒在两个同样的平底锅上，锅底的温度分别维持在 130℃和 220℃，问哪个锅里的水先烧干。

【答】 锅底温度维持在 130℃的锅里的水先蒸干。形成这一现象的原因是锅底温度维持在 220℃时，水汽化后形成了大量的蒸汽，蒸汽未能及时被排除，所以附着于锅底附近，形成了气膜，该膜层热阻较大，阻碍了水与锅底间的直接接触和传热过程，从而降低了沸腾换热的强度（参见图 7-1）。锅底温度维持在 130℃时，该沸腾过程为泡态沸腾，其热流密度很大。

【例 7-8】 100℃的饱和水蒸气在 0.3m 高竖直壁上发生膜状凝结，壁面保持 60℃，试求平均换热系数和每米宽壁上的凝结水量。假定竖直冷壁面改为外径 $d=40\text{mm}$，长 1m 的水平圆管，试计算管外表面平均换热系数和凝结水量。

【解】 (1) 100℃的饱和水蒸气，其汽化潜热为 2257kJ/kg。

由液膜平均温度 $t_\mathrm{m}=\dfrac{t_\mathrm{s}+t_\mathrm{w}}{2}=\dfrac{100+60}{2}=80℃$，查得水的物性数据：$\lambda_l=0.674\text{W}/(\text{m}\cdot\text{K})$，$\mu_l=3.551\times10^{-4}\ \text{N}\cdot\text{s}/\text{m}^2$，$\rho_l=971.8\text{kg}/\text{m}^3$，则：

$$h=1.13\left[\frac{gr\rho_l^2\lambda_l^3}{\mu_l l(t_\mathrm{s}-t_\mathrm{w})}\right]^{1/4}=1.13\left[\frac{9.81\times2257\times10^3\times971.8^2\times0.674^3}{3.551\times10^{-4}\times0.3\times(100-60)}\right]^{1/4}=7035\text{W}/(\text{m}^2\cdot\text{K})$$

凝结水量：$M=\dfrac{h(t_\mathrm{s}-t_\mathrm{w})l}{r}=\dfrac{7035\times(100-60)\times0.3}{2257\times10^3}=0.0374\text{kg/s}$

(2) 蒸汽在管外凝结时，其定型尺寸应为 d。

$$h = 0.725 \left[\frac{gr\rho_l^2 \lambda_l^3}{\mu_l d (t_s - t_w)} \right]^{1/4} = 0.725 \left[\frac{9.81 \times 2257 \times 10^3 \times 971.8^2 \times 0.674^3}{3.551 \times 10^{-4} \times 0.04 \times (100 - 60)} \right]^{1/4} = 7470 \text{W/(m}^2 \cdot \text{K)}$$

凝结水量：$M = \dfrac{h(t_s - t_w)\pi d}{r} = \dfrac{7470 \times (100 - 60) \times 3.14 \times 0.04}{2257 \times 10^3} = 0.0166 \text{kg/s}$

【讨论】 在重力的作用下，位于上部的凝结液膜流入下部的传热表面，弱化了下部的凝结换热，这一现象在竖壁面上表现得尤为明显。在本题中，0.3m 高的竖壁面，即使考虑了液膜的波动，将 Nusselt 理论解的系数提高 20%，其平均换热系数仍小于直径 0.04m 的水平圆管。

【例 7-9】 一种测定沸腾换热表面传热系数的实验装置见图 7-3，液面上压强为一个大气压。实验表面系一铜质圆柱的断面(导热系数 $\lambda = 400 \text{W/(m} \cdot \text{K)}$)，在 $x_1 = 10\text{mm}$ 及 $x_2 = 25\text{mm}$ 处安置了两个热电偶以测定该处的温度。柱体四周绝热良好，无向外散热。在一稳态工况下测得了以下数据：$t_1 = 133.7℃$，$t_2 = 158.7℃$，试确定：米海耶夫公式 $h = c_1 \Delta t^{2.33} p^{0.5}$ 的系数 c_1。

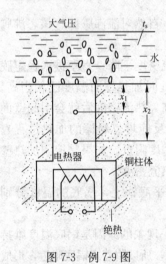

图 7-3 例 7-9 图

【解】 柱体周围无散热，导热沿铅垂方向进行，一维导热。设壁体与水接触处温度为 t_w，则：

$$q = \lambda \frac{t_1 - t_w}{x_1} = \lambda \frac{t_2 - t_w}{x_2}$$

$$t_w = \frac{x_2 t_1 - x_1 t_2}{x_2 - x_1} = \frac{0.025 \times 133.7 - 0.01 \times 158.7}{0.025 - 0.01} = 117.0℃$$

$$\Delta t = t_w - t_s = 117.0 - 100 = 17.0℃$$

$$q = \lambda \frac{t_1 - t_w}{x_1} = 400 \times \frac{133.7 - 117.0}{0.01} = 6.68 \times 10^5 \text{W/m}^2$$

$$h = \frac{q}{t_w - t_s} = \frac{6.68 \times 10^5}{117.0 - 100} = 39294 \text{W/(m}^2 \cdot \text{K)}$$

由米海耶夫公式：

$$c_1 = \frac{h}{\Delta t^{2.33} p^{0.5}} = \frac{39294}{17.0^{2.33} \times 101300^{0.5}} = 0.168$$

7.3 提 高 题

【例 7-10】 在液体沸腾的壁面上有一个如图 7-4 所示的气化核心，且形成了一个气泡，试写出气泡力平衡和热平衡的表达式，从中可以得出什么结论？如果壁面的光洁度提高，对沸腾过程是否有利？

【解】 力平衡为：

$$(p_v - p_l)\text{d}V = \sigma\text{d}A$$

由图 7-4 所示，该气泡的体积近似为：

$$V = \frac{1}{3}\pi\left(\frac{\sqrt{2}}{2}R\right)^2 R$$

气泡表面积为：$A = \pi \cdot \dfrac{\sqrt{2}}{2}R \cdot R$

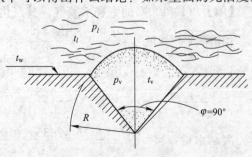

图 7-4 气化核心示意图

98

代入力平衡关系式,微分,得到

$$\pi\left(\frac{\sqrt{2}}{2}R\right)^2(p_v-p_l)=2\pi\frac{\sqrt{2}}{2}R\sigma$$

得:

$$p_v-p_l=\frac{2\sqrt{2}}{R}\sigma$$

热平衡为:

$$t_v=t_l$$

从力平衡可知,要使气泡膨胀长大,须满足 $p_v>p_l$。因此 p_v 对应的饱和蒸气温度 t_v 大于 p_l 对应的饱和蒸气温度 t_l,即液体是过热的。因此,只要 R 不是无穷大,要使气泡产生,液体必须过热。光滑表面因 R 减小,而使 p_v-p_l 增大,从而导致过热度 $\Delta t=t_w-t_l$ 增加,对沸腾是不利的。

【例7-11】 100℃的饱和水蒸气在由 10×10 根管子排列成顺排方阵的卧式冷凝器上膜状凝结(图 7-5a),每根管子的外直径为 18mm,长 2m,表面温度 $t_w=60$℃。试求:

(1) 第一排管子的凝结换热系数;

(2) 总的凝结水流量。

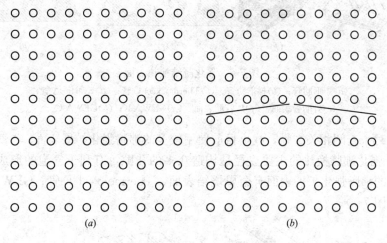

(a) $\qquad\qquad\qquad\qquad\qquad$ (b)

图 7-5 顺排方阵的卧式冷凝器

【解】 (1) 计算第一排管子的凝结换热系数时,其定型尺寸应为 d。

$$h=0.725\left[\frac{gr\rho_l^2\lambda_l^3}{\mu_ld(t_s-t_w)}\right]^{1/4}=0.725\left[\frac{9.81\times2257\times10^3\times971.8^2\times0.674^3}{3.551\times10^{-4}\times0.018\times(100-60)}\right]^{1/4}$$

$$=9120\text{W}/(\text{m}^2\cdot\text{K})$$

(2) 计算多排管的平均凝结换热系数时,其定型尺寸应为 nd,即:

$$h=0.725\left[\frac{gr\rho_l^2\lambda_l^3}{\mu_lnd(t_s-t_w)}\right]^{1/4}=0.725\left[\frac{9.81\times2257\times10^3\times971.8^2\times0.674^3}{3.551\times10^{-4}\times10\times0.018\times(100-60)}\right]^{1/4}$$

$$=5129\text{W}/(\text{m}^2\cdot\text{K})$$

凝结水流量:

$$M=\frac{h(t_s-t_w)\pi dlN}{r}=\frac{5129\times(100-60)\times3.14\times0.018\times2\times100}{2257\times10^3}=1.028\text{kg/s}$$

【讨论】 管排数较多时，上排管的凝结液滴落到下排管，弱化了下排管的凝结换热，从而使平均凝结换热系数低于第一排管。在实际工程中，当管排数较多时，应考虑使用导流板等措施减少上排管凝液对下排管的影响（图 7-5b）。

【例 7-12】 查阅相关文献，找出目前使用较多的凝结强化扩展表面。

【答】 强化凝结换热的主要途径是降低液膜厚度和加速凝液的排除。目前使用较多的凝结强化扩展表面有矩形肋管、梯形肋管、Thermoexcel-C 管等（图 7-6）。

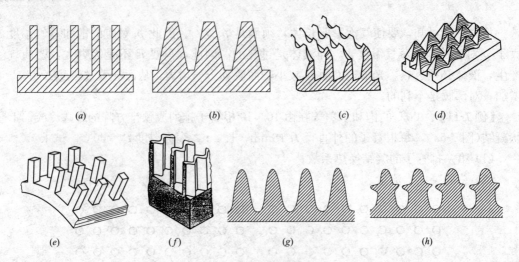

图 7-6　强化凝结换热表面
(a)矩形肋管；(b)梯形肋管；(c)Thermoexcel-C 管；(d)Everfin-△ 管；
(e)针肋管表面；(f)R 管肋表面；(g)GEWA-K；(h)GEWA-C+

【例 7-13】 查阅相关文献，找出目前使用较多的沸腾强化扩展表面。

【答】 强化沸腾换热的主要途径是构造众多的孔隙，有利于气泡的形成和发展。目前使用较多的沸腾强化扩展表面有金属烧结表面、Thermoexcel-E 管、GEWA-T、TUR-BO-B 管等（图 7-7）。

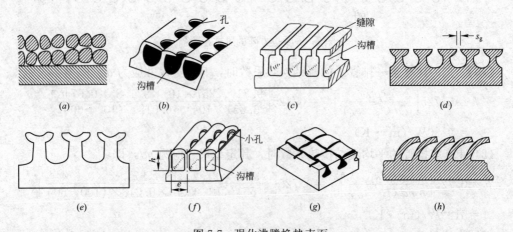

图 7-7　强化沸腾换热表面
(a)金属烧结表面；(b)Thermoexcel-E 管；(c)GEWA-T；(d)GEWA-TW；
(e)GEWA-SE；(f)ECR-40；(g)TURBO-B 管；(h)弯翅管

7.4 习题解答要点和参考答案

7-1 分析：竖壁凝结换热计算问题。

解答要点：根据饱和温度确定水蒸气汽化潜热，计算液膜平均温度，查水的物性数据。

参考答案：由式(7-1)计算得凝结表面传热系数 $5214W/(m^2 \cdot K)$，凝结液量 $0.0116kg/s$。

7-2 分析：圆管凝结换热计算问题。

解答要点：以直径为定型尺寸。

参考答案：凝结表面传热系数 $7470W/(m^2 \cdot K)$，凝结液量 $0.0166kg/s$。与习题 7-1 的差别在于定型尺寸不同。

7-3 分析：冷凝器第一排管的凝结换热计算，可不考虑上层管凝液滴落的影响。

解答要点：求解凝结换热的重要方面是确定壁温，从而查物性等参数。本题可先假设壁温 $100℃$，进而计算表面传热系数。

参考答案：壁温 $99.8℃$，表面传热系数 $12028.7W/(m^2 \cdot K)$。

7-4 分析：竖壁凝结局部换热系数计算及流态的判断。

解答要点：临界 $Re_c = 1800$，凝结准则 $Co = 1.47Re_c^{-1/3}$（理论值）

参考答案：$0.1m$ 处，$h_x = 8128W/(m^2 \cdot K)$，$h = 10838W/(m^2 \cdot K)$，$\delta = 0.084mm$。

$0.5m$ 处，$h_x = 5436W/(m^2 \cdot K)$，$h = 7248W/(m^2 \cdot K)$，$\delta = 0.126mm$。

$1.0m$ 处，$h_x = 4571W/(m^2 \cdot K)$，$h = 6094W/(m^2 \cdot K)$，$\delta = 0.150mm$。

达到紊流的距离：$x_c = 3.37m$

7-5 分析：需首先判断液膜流态。

解答要点：管长 $3.3m$，液膜处于层流。

参考答案：平均表面传热系数 $4524W/(m^2 \cdot K)$，比习题 7-4 的计算值都要小，表明管越长，液膜越厚，平均表面传热系数越小。

7-6 解答要点：计算液膜平均温度查物性参数。根据凝结准则 $Co = 1.47Re_c^{-1/3}$ 计算表面传热系数。

参考答案：临界雷诺数等于 30 的竖壁高度为 $9.21mm$。

7-7 分析：多排管凝结与第一排管凝结换热系数的比较。

解答要点：多排管凝结平均换热系数与第一排管凝结换热系数计算方法基本相同，仅定型尺寸有差异，多排管取 nd，第一排管取 d。

参考答案：比值为 0.472。表明多排管的凝结换热比单排管弱，是由于上排管的凝液滴落到下排管，造成凝液厚度增加，从而增大了热阻。

7-8 解答要点：首先需确定干饱和蒸汽的温度，进而计算凝结表面传热系数。

参考答案：凝结表面传热系数 $8120W/(m^2 \cdot K)$，凝结水量 $0.00515kg/s$。

7-9 分析：考虑凝液过冷时的处理方法。

解答要点：对汽化潜热值进行修正，即 $r' = r + \frac{3}{8}c_p(t_s - t_w)$。

参考答案：凝结表面传热系数 $8124W/(m^2 \cdot K)$，凝结水量 $0.00514kg/s$，与习题 7-8

差别非常小。

7-10 分析：水平管与竖管凝结的比较。

解答要点：水平管凝结计算的定型尺寸应取 d。

参考答案：凝结表面传热系数 $12176.4W/(m^2 \cdot K)$，求得管长 $1.0m$，与竖管相比管长减少了 $1/3$。

7-11 分析：氟利昂的凝结换热计算。

解答要点：氟利昂物性参数的确定，以文献 [1] 式(7-5a)计算表面传热系数。

参考答案：凝结表面传热系数 $1095.9W/(m^2 \cdot K)$，凝结液量 $0.0081kg/s$。

7-12 分析：水平管氟利昂凝结换热计算。

解答要点：水平管凝结计算的定型尺寸应取直径 d。

参考答案：凝结表面传热系数 $1645.6W/(m^2 \cdot K)$，管长相应缩短为 $1m$。

7-13 分析：不同蒸汽凝结的比较。

解答要点：确定水的物性参数，以文献 [1] 式(7-5a)计算表面传热系数。

参考答案：水蒸气凝结表面传热系数 $8340.4W/(m^2 \cdot K)$，与习题 7-11 的 R12 凝结比较，凝结表面传热系数是 R12 的 7.6 倍。

7-14 分析：不同蒸汽在不同工况下水平管凝结的比较。

解答要点：根据定性温度确定相应物性参数，列表如下：

温度℃	汽化潜热(kJ/kg)			密度(kg/m³)			导热系数 [W/(m·K)]			动力黏度系数(×10⁴Pa·s)		
	60	50	40	40	35	30	40	35	30	40	35	30
H_2O	2358.4	2382.7	2407	992.2	994	995.7	0.635	0.627	0.618	6.533	7.274	8.015
NH_3	997.8	1050.1	1099.1	595.2	587.4	579.4	0.4436	0.4574	0.4714	0.747	0.703	0.661
R12	116.9	122.6	129.8	1254	1274	1293	0.0621	0.0638	0.0655	2.383	2.446	2.508
R22	141.9	155.3	164.8	1132	1154	1176	0.0791	0.0809	0.0826	2.219	2.262	2.305
R152a	229.3	244.58	259.15	859.4	872.9	886.3	0.0926	0.0954	0.0982	1.405	1.481	1.556
R134a	139.1	152.04	163.23	1146.2	1168	1187.2	0.075	0.0773	0.0796	1.781	1.893	2.008

参考答案：如下表所示，$W/(m^2 \cdot K)$。

温度(℃)	60	50	40
H_2O	8859.0	8572.3	8304.8
NH_3	7271.7	7601.3	7931.8
R12	1057.5	1093.5	1132.7
R22	1287.2	1345.4	1393.6
R152a	1595.4	1649.1	1701.7
R134a	1308.3	1360.5	1406.3

计算表明水蒸气和氨在相同条件下凝结表面传热系数远高于氟利昂类蒸气。除水蒸气外凝结表面传热系数均随冷凝温度的升高而下降。

7-15 分析：不同氟利昂蒸气冷凝器换热能力比较。

解答要点：根据定性温度确定相应物性参数，并以 $8d$ 为定型尺寸。

参考答案：冷凝换热量 R12 为 5490W，R22 为 6392W，R22 比 R12 高 14.1%。主要原因是 R22 液体导热系数比 R12 高 21.2%。

7-16　答：用电加热器是靠控制热流通量以改变沸腾工况的，而热流通量一旦达到或略微超过峰值，由于临界点是一个不稳定的工况，沸腾状态会从核态沸腾突然跳跃到稳定的膜态沸腾，壁温将急速升高，器壁就会因为瞬时过热而被烧毁。

采用蒸气加热是靠控制壁温改变沸腾工况，不会出现器壁过热。

7-19　分析：大容器沸腾换热的计算。

解答要点：根据水的饱和温度确定相应物性参数，选择文献［1］式(7-12)计算。

参考答案：沸腾表面传热系数 15076.4W/(m² · K)。

7-20　分析：水平管外沸腾换热计算。

解答要点：根据压力查出水的饱和温度，选择文献［1］式(7-11b)计算。

参考答案：沸腾表面传热系数 67190W/(m² · K)。

7-21　分析：改变壁面过热度对沸腾换热的影响。

解答要点：根据压力查出水的饱和温度，选择文献［1］式(7-11b)计算。

参考答案：沸腾表面传热系数为 1580.2W/(m² · K)，表明壁面过热度对沸腾换热的影响很大。按自然对流换热的计算结果小于沸腾换热。

7-22　分析：恒热流加热工况的计算。

解答要点：根据加热器表面特性选择相应的系数，假定壁温进行试算。

参考答案：壁温 133.8℃。

7-23　分析：恒热流加热工况的计算，已知壁面温度。

解答要点：式(7-12)的反问题，根据实际数据反算 $C_{w,l}$ 值，以此推算加热器表面特性。

参考答案：$C_{w,l}=0.0176$。

8 热辐射的基本定律

8.1 学 习 要 点

8.1.1 热辐射特点

（1）辐射换热并不依赖物体的接触或物体与流体的接触进行热量传递，这与导热和对流换热是不同的。

（2）辐射换热过程将伴随有两次能量形式的转化，物体的部分内能转化成电磁波能从其表面发射出去，当该电磁波能射至另一物体表面而被吸收时，电磁波能又转化为该物体的内能。

（3）凡温度高于 0K 的物体就会不断地发射热射线。当物体间有温差时，高温物体辐射给低温物体的能量将大于低温物体辐射给高温物体的能量，总的结果是高温物体把能量传给低温物体。需指出的是，热射线的波长范围为 $0.1 \sim 100\mu m$，包括可见光、部分紫外线和红外线。

8.1.2 黑体

黑体是一种理想化的物体表面，它既是理想的吸收体，也是理想的发射体，黑体为研究实际热辐射问题建立了一个比较标准。其特性如下：

（1）黑体的吸收比和发射率均为最大，且等于 1；

（2）黑体辐射具有漫射性质，定向辐射强度与方向无关；

（3）在给定温度下，黑体的辐射力最大。

8.1.3 漫射表面

若某个表面发射的定向辐射强度和反射的定向辐射强度均与方向无关，则该表面统称为漫射表面。

8.1.4 灰体

引入灰体是为了简化实际辐射换热计算，灰体和黑体一样也是一种理想化的物体。它的光谱吸收比不随波长发生变化，即 $\alpha = \alpha_\lambda = $ 常数。在相同的温度条件下，灰体的光谱辐射力和黑体的光谱辐射力随波长的变化曲线完全相似。

工程实践中，参与辐射换热的大多数实际物体（$T < 2000K$）在红外波段范围内可近似视为灰体。太阳表面温度高达 5762K，太阳不能视作灰体。

8.1.5 重要的表面辐射特性参数

（1）吸收比 α：投射的总能量中被吸收的能量所占份额。

（2）反射比 ρ：投射的总能量中被反射的能量所占份额。

（3）穿透比 τ：投射的总能量中被穿透的能量所占份额。

（4）定向辐射强度：在某给定辐射方向上，单位时间、单位可见辐射面积、在单位立体角内所发射全部波长的能量称为定向辐射强度，用符号 I_θ 表示，单位为 $W/(m^2 \cdot sr)$。

（5）辐射力：单位时间内、物体单位辐射面积向半球空间所发射全部波长的总能量称为辐射力，用符号 E 表示，单位为 W/m²。

（6）发射率 ε：实际物体的辐射力与同温度下黑体的辐射力之比。数值在 0～1 之间，黑体的发射率为 1。

8.1.6 重要定律

（1）普朗克（M. Planck）定律：黑体的光谱辐射力与波长、热力学温度之间的函数关系为：

$$E_{b\lambda}=\frac{C_1\lambda^{-5}}{\exp\left(\dfrac{C_2}{\lambda T}\right)-1}\quad [\mathrm{W/(m^2\cdot\mu m)}]\tag{8-1}$$

式中　λ——波长，μm；

　　　T——热力学温度，K；

　　C_1——普朗克第一常数，$C_1=3.743\times10^8\,\mathrm{W\cdot\mu m^4/m^2}$；

　　C_2——普朗克第二常数，$C_2=1.439\times10^4\,\mu m\cdot K$。

（2）斯蒂芬-玻尔兹曼（Stefan-Boltzmann）定律：黑体的辐射力和热力学温度四次方成正比：

$$E_b=\int_0^\infty E_{b\lambda}\mathrm{d}\lambda=\int_0^\infty\frac{C_1\lambda^{-5}}{\exp\left(\dfrac{C_2}{\lambda T}\right)-1}\mathrm{d}\lambda=\sigma_b T^4\quad(\mathrm{W/m^2})\tag{8-2}$$

式中，$\sigma_b=5.67\times10^{-8}\,\mathrm{W/(m^2\cdot K^4)}$，称为黑体辐射常数。

（3）维恩（Wien）定律：

$$\lambda_{max}T=2897.6(\mu m\cdot K)\tag{8-3}$$

式中　λ_{max}——黑体辐射的峰值波长，μm。

（4）兰贝特（Lambert）余弦定律：黑体的定向辐射力随方向角 θ 按余弦规律变化，法线方向的定向辐射力最大，即：

$$E_\theta=I_\theta\cos\theta=I_n\cos\theta=E_n\cos\theta\,[\mathrm{W/(m^2\cdot sr)}]\tag{8-4}$$

除了黑体以外，只有漫射表面才遵守贝兰特定律。

（5）基尔霍夫（Kirchhoff）定律：在热平衡条件下，物体表面光谱定向发射率等于该表面对同温度黑体辐射的光谱定向吸收比，即：

$$\varepsilon_{\lambda,\theta}(T)=\alpha_{\lambda,\theta}(T)\tag{8-5}$$

对漫射表面，　　　　$\varepsilon_\lambda(T)=\alpha_\lambda(T)\tag{8-6}$

对灰表面，　　　　　$\varepsilon_\theta(T)=\alpha_\theta(T)\tag{8-7}$

对漫灰表面，　　　　$\varepsilon(T)=\alpha(T)\tag{8-8}$

8.1.7 黑体辐射函数

$$F_{b(0-\lambda T)}=\frac{E_{b(0-\lambda)}}{E_b}=\frac{\int_0^\lambda E_{b\lambda}\mathrm{d}\lambda}{\sigma_b T^4}=\int_0^{\lambda T}\frac{E_{b\lambda}}{\sigma_b T^5}\mathrm{d}(\lambda T)\tag{8-9}$$

黑体辐射函数参见表 8-1，给定温度下 $(\lambda_1-\lambda_2)$ 波段内的黑体辐射力 $E_{b(\lambda_1-\lambda_2)}$ 按下式计算：

$$E_{b(\lambda_1-\lambda_2)}=E_b(F_{b(0-\lambda_2 T)}-F_{b(0-\lambda_1 T)})(\mathrm{W/m^2})\tag{8-10}$$

黑 体 辐 射 函 数

表 8-1

$\lambda T(\mu\mathrm{m} \cdot \mathrm{K})$	$F_{b(0-\lambda T)}$	$\lambda T(\mu\mathrm{m} \cdot \mathrm{K})$	$F_{b(0-\lambda T)}$	$\lambda T(\mu\mathrm{m} \cdot \mathrm{K})$	$F_{b(0-\lambda T)}$
200	0	3200	0.3181	11000	0.9320
400	0	3400	0.3618	11500	0.9390
600	0	3600	0.4036	12000	0.9452
800	0	3800	0.4434	13000	0.9552
1000	0.0003	4000	0.4809	14000	0.9630
1200	0.0021	4200	0.5161	15000	0.9690
1400	0.0078	4400	0.5488	16000	0.9739
1600	0.0197	4600	0.5793	18000	0.9809
1800	0.0394	4800	0.6076	20000	0.9857
2000	0.0667	5000	0.6338	40000	0.9981
2200	0.1009	5200	0.6580	50000	0.9991
2400	0.1403	5400	0.6804	75000	0.9998
2600	0.1831	5600	0.7011	100000	1.0000
2800	0.2279	5800	0.7202		
3000	0.2733	6000	0.7379		

8.2 典 型 例 题

【例 8-1】 黑体的温度分别为 $t_1 = 27℃$、$t_2 = 1027℃$ 和 $t_3 = 5489℃$，试计算其峰值波长、最大光谱辐射力以及波长为 $\lambda = 4\mu\mathrm{m}$ 时的光谱辐射力。

分析：利用维恩定律求峰值波长，再用普朗克定律求出光谱辐射力。

【解】 $T_1 = t_1 + 273 = 27 + 273 = 300\mathrm{K}$

由维恩定律式(8-3)，该温度下黑体的峰值波长为：

$$\lambda_{\max 1} = \frac{2897.6}{T_1} = \frac{2897.6}{300} = 9.66\mu\mathrm{m}$$

由普朗克定律式(8-1)，其最大光谱辐射力为：

$$E_{b\lambda\max 1} = \frac{C_1 \lambda_{\max 1}^{-5}}{\exp\left(\dfrac{C_2}{\lambda_{\max 1} T_1}\right) - 1} = \frac{3.743 \times 10^8 \times 9.66^{-5}}{\exp\left(\dfrac{1.439 \times 10^4}{2897.6}\right) - 1}$$

$$= 31.2\mathrm{W/(m^2 \cdot \mu m)}$$

当波长为 $4\mu\mathrm{m}$ 时， $\lambda T_1 = 4 \times 300 = 1200\mu\mathrm{m} \cdot \mathrm{K}$

辐射力为： $E_{b\lambda} = \dfrac{C_1 \lambda^{-5}}{\exp\left(\dfrac{C_2}{\lambda T_1}\right) - 1} = \dfrac{3.743 \times 10^8 \times 4^{-5}}{\exp\left(\dfrac{1.439 \times 10^4}{1200}\right) - 1} = 2.3\mathrm{W/(m^2 \cdot \mu m)}$

同理，当 $T_2 = t_2 + 273 = 1027 + 273 = 1300\mathrm{K}$ 时可以计算出：

$$\lambda_{\max 2} = 2.23\mu\mathrm{m},$$

$$E_{b\lambda\max 2} = 4.78 \times 10^4 \mathrm{W/(m^2 \cdot \mu m)},$$

$$E_{b\lambda}(1300K) = 2.45 \times 10^4 \, W/(m^2 \cdot \mu m)$$

当 $T_3 = t_3 + 273 = 5489 + 273 = 5762K$ 时，可以计算出：

$$\lambda_{max2} = 0.5 \mu m$$

$$E_{b\lambda max2} = 8.42 \times 10^7 \, W/(m^2 \cdot \mu m)$$

$$E_{b\lambda}(5762K) = 5.53 \times 10^4 \, W/(m^2 \cdot \mu m)$$

【讨论】　通过以上计算可以发现常温物体与高温物体及太阳表面（温度近似按5762K处理）之间黑体表面的最大光谱辐射力相差较大。

【例 8-2】　一平的黑表面面积 $A_1 = 10cm^2$，其法向的定向辐射力 $E_n = 50000 W/(m^2 \cdot sr)$，在离开 A_1 中心 0.4m 处有一面积相等的表面 A_2，相对位置如图 8-1 所示，试计算 A_1 表面的中心对 A_2 表面所张的立体角和 A_1 朝 A_2 表面所发射的辐射能。

分析：由于表面 A_1 是黑体，依据黑体的性质其定向辐射强度与方向无关。

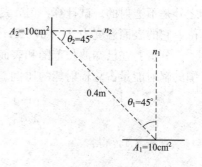

图 8-1　例 8-2 图

【解】　鉴于两表面均为微小面积

依立体角定义：

$$\delta\omega = \frac{A_2 \cos\theta_2}{r^2} = \frac{0.001 \times \cos45°}{0.4^2} = 0.0044 sr$$

由辐射强度与辐射力的定义可知：$E_n = I_n$

表面1为黑表面，故 $I_1 = I_n$

$$\Phi_{1-2} = I_1 A_1 \cos\theta_1 \delta\omega$$
$$= 50000 \times 0.001 \times \cos45° \times 0.0044$$
$$= 0.156W = 156mW$$

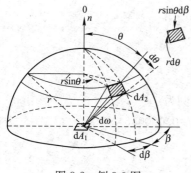

图 8-2　例 8-3 图

【例 8-3】　如图 8-2 所示，试计算离开漫射表面与漫射表面法线方向夹角从 0 到 $\theta°$ 范围内的辐射力占半球总辐射力的份额。

分析：漫射表面定向辐射强度与方向无关，基于兰贝特余弦定律通过积分可以得到 0 到 $\theta°$ 范围的辐射力大小。

【解】　由兰贝特定律

$$E_\theta = I\cos\theta \quad d\omega = \frac{dA}{r^2} = \sin\theta d\varphi d\theta$$

漫射表面在 $0 \sim \theta°$ 范围内的辐射力为：

$$\Delta E = \int_0^{2\pi} d\varphi \int_0^\theta I\sin\theta\cos\theta d\theta$$

$$= 2\pi I \int_0^\theta \sin\theta\cos\theta d\theta = \pi I \sin^2\theta$$

而半球总辐射力为：

$$E = \int_0^{2\pi} \mathrm{d}\varphi \int_0^{\pi/2} I\sin\theta\cos\theta\mathrm{d}\theta = 2\pi I \int_0^{\pi/2} \sin\theta\cos\theta\mathrm{d}\theta = \pi I$$

$$\frac{\Delta E}{E} = \frac{\pi I \sin^2\theta}{\pi I} = \sin^2\theta$$

【讨论】 由推导出的公式可以计算在 $0\sim30°$ 范围漫射表面的辐射力占半球总辐射力的比例为 $1/4$，在 $0\sim45°$ 范围内漫射表面的辐射力为总辐射力的一半，在 $0\sim60°$ 范围内漫射表面的辐射力则为总辐射力的 $3/4$。

【例 8-4】 已知某玻璃在波长 $0.35\sim2.7\mu m$ 范围内的穿透比为 $\tau_{\lambda1-\lambda2}=0.9$，在此范围之外是不透射的。试计算：(1) 太阳辐射对该玻璃的穿透比。把太阳辐射作为黑体辐射看待，它的表面温度为 $T_1=5762K$；(2) 某温度为 $t_2=37℃$ 黑体辐射对该玻璃的穿透比。

分析：在已知波长范围和表面温度的条件下可以利用黑体辐射函数表计算某个波段范围的辐射能量占总辐射能的比例。

【解】 (1) $\qquad\qquad \lambda_1 T_1 = 0.35 \times 5762 = 2016.7\mu m \cdot K$

$$\lambda_2 T_1 = 2.7 \times 5762 = 15557.4\mu m \cdot K$$

查表 8-1，得： $\qquad\qquad F_{b(0-\lambda_1 T_1)} = 0.0696$

$$F_{b(0-\lambda_2 T_1)} = 0.972$$

波长 $0.35\sim2.7\mu m$ 范围内的辐射能占太阳总辐射能的比例为：

$$F_{b(\lambda_2 T_1 - \lambda_1 T_1)} = F_{b(0-\lambda_2 T_1)} - F_{b(0-\lambda_1 T_1)} = 0.972 - 0.0696 = 0.902$$

太阳辐射对该玻璃的穿透比为：

$$\tau = \frac{\tau_{\lambda_1 - \lambda_2} E_{b(\lambda_1 - \lambda_2)}}{E_b} = \tau_{\lambda_1 - \lambda_2} F_{b(\lambda_2 T_1 - \lambda_1 T_1)}$$

$$= 0.9 \times 0.902 = 0.812$$

(2) $\qquad\qquad T_2 = t_2 + 273 = 310K$

$$\lambda_1 T_2 = 0.35 \times 310 = 108.5\mu m \cdot K$$

$$\lambda_2 T_2 = 2.7 \times 310 = 837\mu m \cdot K$$

查表 8-1，可得： $F_{b(0-\lambda_1 T_2)} = 0.000000$

$$F_{b(0-\lambda_2 T_2)} = 0.000056$$

波长 $0.35\sim2.7\mu m$ 范围内的辐射能占总辐射能的比例为：

$$F_{b(\lambda_2 T_2 - \lambda_1 T_2)} = F_{b(0-\lambda_2 T_2)} - F_{b(0-\lambda_1 T_2)} = 0.000056$$

某黑体对该玻璃的穿透比：

$$\tau = \frac{\tau_{\lambda_1 - \lambda_2} E_{b(\lambda_1 - \lambda_2)}}{E_b} = \tau_{\lambda_1 - \lambda_2} F_{b(\lambda_2 T_2 - \lambda_1 T_2)}$$

$$= 0.9 \times 0.000056 = 0.00005$$

【讨论】 由上面的计算结果可以看出，(1) 与 (2) 两种情况下的穿透比分别为 0.812 和 0.00005，另外穿透比与通过的辐射能成正比，可以看出玻璃穿透特性与波长有密切关系，这种特性使得太阳能可以充分的通过，而常温物体辐射能却不能通过，从而可以利用玻璃或与此性能相近的塑料薄膜形成暖房或温室。

【**例 8-5**】 一火床炉的炉墙内表面温度为 $T_1=500K$,其光谱发射率的变化曲线见图 8-3,其大小近似表示为:$0\leqslant\lambda\leqslant1.5\mu m$ 时,$\varepsilon_1=0.1$;$1.5\mu m<\lambda\leqslant10\mu m$ 时,$\varepsilon_2=0.5$;$\lambda>10\mu m$ 时,$\varepsilon_3=0.8$。炉墙内壁接受来自燃烧着的煤层的辐射,煤层温度为 $T_2=2000K$。设煤层的辐射可以看作黑体辐射,炉墙为漫射表面。计算炉墙发射率及对煤层的辐射吸收比。

分析:对于炉墙内壁而言,其发射率随波长而变化,可以利用发射率的定义求出;借助基尔霍夫定律建立吸收比与发射率之间的关系。

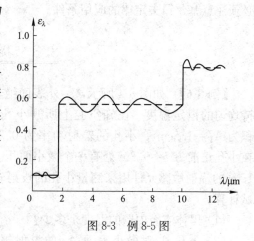

图 8-3 例 8-5 图

【**解**】 (1)炉墙内壁的发射率:

$$\varepsilon=\frac{E}{E_b}=\frac{\int_0^\infty \varepsilon_\lambda E_{b\lambda}(\lambda,T_1)\mathrm{d}\lambda}{E_b(T_1)\cdot}$$

$$=\frac{\varepsilon_1\int_0^{\lambda_1}E_{b\lambda}(\lambda,500)\mathrm{d}\lambda+\varepsilon_2\int_{\lambda_1}^{\lambda_2}E_{b\lambda}(\lambda,500)\mathrm{d}\lambda+\varepsilon_3\int_{\lambda_2}^\infty E_{b\lambda}(\lambda,500)\mathrm{d}\lambda}{E_b(500)}$$

$$=\varepsilon_1 F_{b(0-\lambda_1 T_1)}+\varepsilon_2 F_{b(\lambda_1 T_1-\lambda_2 T_1)}+\varepsilon_3(1-F_{b(0-\lambda_2 T_1)})$$

$$=\varepsilon_1 F_{b(0-\lambda_1 T_1)}+\varepsilon_2(F_{b(0-\lambda_2 T_1)}-F_{b(0-\lambda_1 T_1)})+\varepsilon_3(1-F_{b(0-\lambda_2 T_1)})$$

$$\lambda_1 T_1=500\times1.5=750\mu m\cdot K,\quad \lambda_2 T_1=500\times10=5000\mu m\cdot K$$

查表 8-1 可得,$F_{b(0-\lambda_1 T_1)}=0$,$F_{b(0-\lambda_2 T_1)}=0.634$

$$\varepsilon=0.1\times0+0.5\times(0.634-0)+0.8\times(1-0.634)=0.61$$

(2)炉墙对煤层辐射吸收比:

炉墙为漫射表面,由基尔霍夫定律:

$$\varepsilon_\lambda(T_2)=\alpha_\lambda(T_2)$$

煤层的辐射是温度为 2000K 的黑体辐射,炉墙对煤层的吸收率等于炉墙在相同温度下的发射率

$$\alpha=\varepsilon(2000K)=\frac{\int_0^\infty \varepsilon_\lambda E_{b\lambda}(\lambda,2000)\mathrm{d}\lambda}{E_b(2000)}$$

$$=\frac{\varepsilon_1\int_0^{\lambda_1}E_{b\lambda}(\lambda,2000)\mathrm{d}\lambda+\varepsilon_2\int_{\lambda_1}^{\lambda_2}E_{b\lambda}(\lambda,2000)\mathrm{d}\lambda+\varepsilon_3\int_{\lambda_2}^\infty E_{b\lambda}(\lambda,2000)\mathrm{d}\lambda}{E_b(2000)}$$

$$=\varepsilon_1 F_{b(0-\lambda_1 T_2)}+\varepsilon_2(F_{b(0-\lambda_2 T_2)}-F_{b(0-\lambda_1 T_2)})+\varepsilon_3(1-F_{b(0-\lambda_2 T_2)})$$

$$\lambda_1 T_2=2000\times1.5=3000\mu m\cdot K,\quad \lambda_2 T_2=2000\times10=20000\mu m\cdot K$$

查表 8-1 可得,$F_{b(0-\lambda_1 T_2)}=0.274$,$F_{b(0-\lambda_2 T_2)}=0.986$,

$$\alpha=0.1\times0.274+0.5\times(0.986-0.274)+0.8\times(1-0.986)=0.395$$

【**讨论**】 显然从计算结果可以看出,炉壁内墙的发射率与吸收比并不相等,如果炉墙内壁温度与煤层的温度相差越小,则炉壁内墙的发射率与吸收比越接近。为此,在应用中

必须注意基尔霍夫定律的应用条件。

8.3 提 高 题

【例 8-6】 如图 8-4 所示，一外表面绝热的人工黑体空腔，其内壁近似为黑体，并保持均匀的恒定温度。已知空腔上所开小孔的面积为 $A_2 = 1.5\text{cm}^2$，小孔的辐射功率为 0.25W，在小孔正前方 $l = 0.2\text{m}$ 处有一个微小面积 $A_3 = 1\text{cm}^2$ 的辐射敏感元件用来测量小孔的投射辐射。试计算：

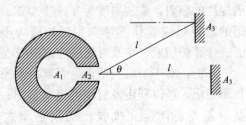

图 8-4　例 8-6 图

（1）黑体空腔内壁的温度是多少？

（2）小孔 A_2 对微小表面 A_3 的投射辐射是多少？

（3）若由于安装时发生失误，使微小表面 A_3 偏离小孔正前方 $\theta = 10°$，但微小表面方向不变，试计算由此引起的测量误差是多少？

【解】

（1）由人工黑腔的结构，小孔的面积远小于空腔内表面面积，空腔内表面近似为黑体，因此，小孔的辐射可视为空腔温度下的黑体辐射。

$$\Phi = E_b A_2 = \sigma_b T_2^4 A_2$$

$$T_1 = T_2 = \left(\frac{\Phi}{\sigma_2 A_2}\right)^{1/4} = \left(\frac{0.25}{5.67 \times 10^{-8} \times 1.5 \times 10^{-4}}\right)^{1/4} = 414\text{K}$$

（2）敏感元件上的投射辐射应该等于小孔发射的辐射中到达 A_3 位置的那部分，而小孔发射到敏感元件上的辐射能量可以通过小孔（作为黑体）的辐射强度来计算。根据立体角的定义式和辐射强度的定义式，并考虑到表面法线方向上定向辐射力与辐射强度数量相等的关系，可以计算出敏感元件上的投射辐射。

小孔在法线方向上的定向辐射力为：

$$E_n = \frac{E_b}{\pi} = \frac{5.67 \times 10^{-8} \times 414^4}{\pi} = 530.5\text{W}/(\text{m}^2 \cdot \text{sr})$$

微小表面 A_3 对小孔所张的立体角：

$$\delta\omega = \frac{A_3}{l^2} = \frac{0.0001}{0.2^2} = 0.0025\text{sr}$$

小孔投射到微小表面的辐射能为：

$$\delta\Phi = A_2 E_n \delta\omega = 1.5 \times 10^{-4} \times 530.5 \times 0.0025 = 1.99 \times 10^{-4}\text{W}$$

小孔对微小表面的投射辐射为：

$$G = \frac{\delta\Phi}{A_3} = \frac{1.99 \times 10^{-4}}{1 \times 10^{-4}} = 1.99\text{W}/\text{m}^2$$

（3）如果敏感元件的位置相对于小孔偏移 $10°$，但方向不变，那么有：

小孔在 $10°$ 方向上的定向辐射力为：

$$E_\theta = E_n \cos\theta = 530.5 \times \cos 10° = 522.4\text{W}/(\text{m}^2 \cdot \text{sr})$$

微小表面 A_3' 对小孔所张的立体角为：

$$\delta\omega' = \frac{A_3'\cos\theta}{l^2} = \frac{0.0001\times\cos10°}{0.2^2} = 0.00246\text{sr}$$

小孔投射到微小表面的辐射能为：

$$\delta\Phi' = A_2 E_\theta \delta\omega' = 1.5\times10^{-4}\times522.4\times0.00246 = 1.93\times10^{-4}\text{W}$$

$$G' = \frac{\delta\Phi'}{A_3'} = \frac{1.93\times10^{-4}}{1\times10^{-4}} = 1.93\text{W/m}^2$$

测量误差为：

$$\frac{|G-G'|}{G}\times100\% = \frac{|1.99-1.93|}{1.99}\times100\%$$
$$= 3.01\%$$

【例 8-7】 某漫射表面温度为 $T=500\text{K}$，其光谱发射率、光谱吸收比及光谱投入辐射如图 8-5 所示，计算此表面的发射率和吸收比。

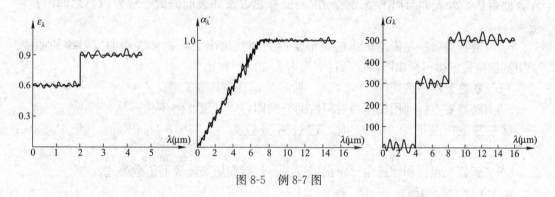

图 8-5 例 8-7 图

【解】 此表面的发射率

$$\varepsilon = \frac{\int_0^\infty \varepsilon_\lambda E_{b\lambda}(\lambda,500)\mathrm{d}\lambda}{E_b(500)}$$

$$= \frac{\varepsilon_{\lambda_1}\int_0^{\lambda_1} E_{b\lambda}(\lambda,500)\mathrm{d}\lambda + \varepsilon_{\lambda_2}\int_{\lambda_1}^{\lambda_2} E_{b\lambda}(\lambda,500)\mathrm{d}\lambda}{E_b(500)}$$

$$= \varepsilon_{\lambda_1} F_{b(0-\lambda_1 T)} + \varepsilon_{\lambda_2}(F_{b(0-\lambda_2 T)} - F_{b(0-\lambda_1 T)})$$

$$\lambda_1 T = 500\times2 = 1000\mu\text{m}\cdot\text{K}, \quad \lambda_2 T = 500\times5 = 2500\mu\text{m}\cdot\text{K}$$

查表 8-1 可得，$F_{b(0-\lambda_1 T)} = 0.0003$，$F_{b(0-\lambda_2 T)} = 0.1617$，

$$\varepsilon = 0.6\times0.0003 + 0.9\times(0.1617-0.0003) = 0.145$$

此表面的吸收比

$$\alpha = \frac{\int_0^\infty \alpha_\lambda G_\lambda(\lambda,500)\mathrm{d}\lambda}{\int_0^\infty G_\lambda(\lambda,500)\mathrm{d}\lambda} = \frac{300\int_4^8 \frac{1}{8}\lambda\mathrm{d}\lambda + 500\int_8^{16} 1\cdot\mathrm{d}\lambda}{\int_4^8 300\mathrm{d}\lambda + \int_8^{16} 500\mathrm{d}\lambda} = 0.942$$

8.4　习题解答要点和参考答案

8-1　解答要点：热辐射和其他电磁辐射的相同点是均向空间发射电磁波，区别在于激发的方式不同，热辐射过程伴随有两次能量形式的转换。

8-2　解答要点：太阳灶和辐射采热板的用途不同，太阳灶是为了充分吸收来自太阳的热量，而辐射采热板是为了向室内散发更多的热量。

8-3　解答要点：窗玻璃具有选择穿透性，可以让可见光等短波辐射穿透，而不让红外线等长波辐射穿透。太阳辐射的主要成分是可见光和红外线，人体发射的辐射波长在红外线范围。

8-4　解答要点：霜是当物体表面温度低于 0℃时空气中的水蒸气凝结至表面进而结冰的现象。晴天时物体外表面向太空辐射散热量大。物体表面的温度取决于通过导热外表面得热、外表面与周围空出之间的对流换热以及外表面向太空辐射散热之间的热量平衡。

8-5　解答要点：先依据给出的光谱辐射力曲线画出实际物体表面的发射率的曲线。应用基尔霍夫定律再画出同温度条件下漫射表面的吸收比。

8-7　解答要点：将式(8-1)对 λ 求一阶导数，且令其等于零。

8-8　解答要点：利用黑体辐射函数的公式即可，参见［例 8-4］。

参考答案：温度为 1500K 时，透过百分数为 43.35％；2000K 时，为 63.38％；6000K 时，为 82.87％。

8-9　解答要点：用维恩定律求出温度 T，然后利用黑体辐射函数公式。

参考答案：70.9％。

8-10　解答要点：利用黑体辐射函数的公式即可。

参考答案：灯丝发射的可见光能量占总能量的份额为 3.22％，太阳光则为 44.63％。

8-11　解答要点：立体角的计算：$\omega_i = \dfrac{A_i \cos\theta_i}{r^2}$；发射的辐射能：$E_i = I_\theta A_1 \omega_i \cos\theta_{1i}$；单位面积上的投入辐射能：$G_i = I_\theta A'_i \omega_i \cos\theta_{1i} \cos\theta_{2i}$。参见［例 8-2］。

参考答案：

（1）A_2、A_3、A_4 的立体角分别为 3.464×10^{-4} sr、4.0×10^{-4} sr 和 4.0×10^{-4} sr。

（2）所发射的辐射能为 6.062×10^{-5}W，1.400×10^{-4}W，9.899×10^{-5}W。

（3）单位面积上的投入辐射能为 0.6062W，1.4W，0.9899W。

8-12　解答要点：利用黑体辐射函数的公式得 $F_{b(\lambda_2 T - \lambda_1 T)}$，再计算 $\tau = \dfrac{\tau_{(\lambda_1 - \lambda_2)} E_b (\lambda_1 - \lambda_2)}{E_b} = \tau_{(\lambda_1 - \lambda_2)} F_{b(\lambda_2 T - \lambda_1 T)}$；同理可计算该玻璃的室内物体辐射穿透比。参见［例 8-4］。

参考答案：该玻璃的辐射穿透比为 80.17％；该玻璃的室内物体辐射穿透比为 0。

8-13　解答要点：漫射表面的辐射性质与波长有关。利用黑体辐射函数的公式计算发射率，参见本书［例 8-5］，再利用 $E = \varepsilon \sigma_b T^4$ 即可。

参考答案：发射率 0.2756，发射的辐射力为 79.11kW/m²。

8-14　解答要点：参见［例 8-7］。

参考答案：表面的吸收比为 $\alpha = 0.463$。

8-15　解答要点：对于漫射表面有 $\varepsilon_\lambda(T) = \alpha_\lambda(T)$，依据发射率的定义结合黑体辐射函数计算表面发射率；

对于 $T_2 = 800\mathrm{K}$ 黑体辐射有 $G_\lambda = E_{b\lambda}(\lambda, T_2)$，吸收比 $\alpha = \dfrac{\displaystyle\int_0^\infty \alpha_\lambda G_\lambda \mathrm{d}\lambda}{\displaystyle\int_0^\infty G_\lambda \mathrm{d}\lambda} = \dfrac{\displaystyle\int_0^\infty \alpha_\lambda E_{b\lambda}(\lambda, T_2)\mathrm{d}\lambda}{E_{b\lambda}(\lambda, T_2)}$；

同理可求对 $T_3 = 5800\mathrm{K}$ 黑体辐射的吸收比。

参考答案：发射率 $\varepsilon = 0.1002$，对 $T_2 = 800\mathrm{K}$ 黑体辐射吸收比 $\alpha = 0.116$；对 $T_3 = 5800\mathrm{K}$ 黑体辐射的吸收比 $\alpha' = 0.852$。

8-16　解答要点：利用发射率的定义，结合黑体辐射函数表面发射率，进而计算出辐射力；发光效率计算中应计算可见光($0.38 \sim 0.76\ \mu\mathrm{m}$)范围内的辐射能量占总辐射能的百分比。

参考答案：发光效率为 7.39%。

8-17　解答要点：热流计得到的投入辐射能＝热流计探头测得的热流。

利用 $G = I_\theta A_1 \cos\theta \dfrac{A_2 \cos\theta}{r^2} = \dfrac{\varepsilon \sigma_b T^4}{\pi} \times \dfrac{A_1 A_2 \cos^2\theta}{r^2}$ 即可。

参考答案：A_1 表面的发射率为 0.184。

8-18　解答要点：处于热平衡时有：辐射换热散失的热量＝对流换热得到的热量，$\varepsilon_1 \sigma_b T_1^4 = h(T_f - T_1)$。

参考答案：$t_1 = -12.6℃$；$t_2 = 0.7℃$。

9 辐射换热计算

9.1 学习要点

9.1.1 角系数

角系数指的是离开某表面的辐射能中直接落到另一表面上的百分数。一般用 $X_{i,j}$ 表示表面 i 对表面 j 的角系数。对于服从兰贝特余弦定律的表面，角系数是一个纯粹的几何参数，仅取决于表面的大小、几何形状和相对位置。

9.1.2 有效辐射

单位时间离开单位面积表面的总辐射能，它包括表面的本身辐射和反射辐射两部分。辐射测量用探测仪所测到的任意表面的辐射能，实际上都是有效辐射。

9.1.3 气体辐射的特点

（1）通常固体表面的辐射和吸收光谱是连续的，而气体只能辐射和吸收某几个波长范围内的能量，即气体的辐射和吸收具有明显的选择性。

（2）固体的辐射和吸收是在很薄的表面层中进行，而气体的辐射和吸收则是在整个气体容积中进行的。

9.1.4 主要公式

（1）有效辐射：

$$J_i = \varepsilon_i E_{bi} + (1-\alpha_i)G_i \tag{9-1}$$

（2）表面热阻：

$$R_i = \frac{1-\varepsilon_i}{\varepsilon_i A_i} \tag{9-2}$$

（3）空间热阻：

$$R_{ij} = \frac{1}{X_{i,j}A_i} \tag{9-3}$$

（4）由 n 个灰表面组成的空腔，可以建立 n 个方程，即：

$$\left.\begin{aligned}
J_1\left(X_{1,1}-\frac{1}{1-\varepsilon_1}\right)+J_2X_{1,2}+J_3X_{1,3}+\cdots+J_nX_{1,n}&=\left(\frac{\varepsilon_1}{\varepsilon_1-1}\right)\sigma_b T_1^4 \\
J_1X_{2,1}+J_2\left(X_{2,2}-\frac{1}{1-\varepsilon_2}\right)+J_3X_{2,3}+\cdots+J_nX_{2,n}&=\left(\frac{\varepsilon_2}{\varepsilon_2-1}\right)\sigma_b T_2^4 \\
\cdots\cdots\cdots\cdots\cdots\cdots\cdots\cdots\cdots\cdots\cdots\cdots\cdots\cdots\cdots\cdots&\\
J_1X_{n,1}+J_2X_{n,2}+J_3X_{2,3}+\cdots+J_n\left(X_{n,n}-\frac{1}{1-\varepsilon_n}\right)&=\left(\frac{\varepsilon_n}{\varepsilon_n-1}\right)\sigma_b T_n^4
\end{aligned}\right\} \tag{9-4}$$

联立求解后，可以计算某表面 A_j 的净辐射热量：

$$\Phi_j = \frac{E_{bj}-J_j}{\dfrac{1-\varepsilon_j}{\varepsilon_j A_j}} \quad j=1,\ 2,\ \cdots,\ n \tag{9-5}$$

9.1.5 角系数的性质

（1）任一面积为 A_i 的表面与另一表面 A_j 之间的角系数满足互换性，即：

$$A_iX_{i,j}=A_jX_{j,i} \tag{9-6}$$

（2）由 n 个表面组成的封闭腔中，任意表面 i 与其他表面及自身表面之间的角系数满足完整性，即：

$$\sum_{j=1}^{n} X_{i,j} = 1 \tag{9-7}$$

（3）当某表面 j 被分成 m 个子表面，各子表面用 jk 表示（$k=1,m$），任一表面 i 与 j 之间的角系数满足分解性，即：

$$X_{i,j} = \sum_{k=1}^{m} X_{i,jm} \tag{9-8}$$

9.1.6 三个非凹表面 A_1、A_2、A_3 组成的封闭空间的角系数

利用角系数的性质（1）和（2）可以导出：

$$X_{1,2} = \frac{A_1 + A_2 - A_3}{2A_1} \tag{9-9}$$

$$X_{1,3} = \frac{A_1 + A_3 - A_2}{2A_1} \tag{9-10}$$

$$X_{2,3} = \frac{A_2 + A_3 - A_1}{2A_2} \tag{9-11}$$

9.1.7 气体吸收定律-布格尔（Bouguer）定律

$$I_{\lambda,s} = I_{\lambda,0} \exp(-K_\lambda s) \tag{9-12}$$

穿过气体层时，光谱定向辐射强度是按指数规律减弱的。

9.2 典 型 例 题

【例 9-1】 如图 9-1 所示，三组图形中垂直于纸面方向均为无限长，试利用代数方法确定角系数 $X_{1,2}$ 和 $X_{2,1}$。

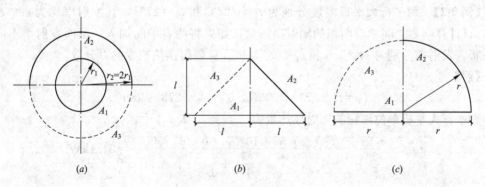

图 9-1 例 9-1 图

分析：所给出的图形中均需要增加辅助线构成封闭空间，然后，利用角系数的性质求解。

【解】 （1）作辅助线如图（a）中虚线所示，其中辅助面即为 3 表面。

$$\left. \begin{array}{l} X_{1,1} + X_{1,2} + X_{1,3} = 1 \\ \because X_{1,2} = X_{1,3} \\ X_{1,1} = 0 \end{array} \right\}$$

$\therefore X_{1,2} = 0.5$

$\because$ 互换性：$A_1 X_{1,2} = A_2 X_{2,1}$

$\therefore X_{2,1} = \dfrac{A_1}{A_2} X_{1,2} = \dfrac{2\pi r_1}{0.5 \times 2\pi r_2} \times 0.5 = 0.5$

（2）作辅助线如图（b）中虚线 A_3 所示，构成封闭空间。

$$X_{1,2} = \frac{A_1 + A_2 - A_3}{2A_1} = \frac{2l + \sqrt{2}l - \sqrt{2}l}{2 \times 2l} = 0.5$$

$$X_{2,1} = \frac{A_1 + A_2 - A_3}{2A_2} = \frac{2l + \sqrt{2}l - \sqrt{2}l}{2 \times \sqrt{2}l} = 0.707$$

（3）作辅助线如图（c）中虚线 A_3 所示。

$\left.\begin{array}{l} X_{1,1} + X_{1,2} + X_{1,3} = 1 \\ \because X_{1,2} = X_{1,3} \\ X_{1,1} = 0 \end{array}\right\}$

$\therefore X_{1,2} = 0.5$

$\because$ 互换性：$A_1 X_{1,2} = A_2 X_{2,1}$

$\therefore X_{2,1} = \dfrac{A_1}{A_2} X_{1,2} = \dfrac{2r}{\dfrac{2\pi r}{4}} \times 0.5 = \dfrac{2}{\pi}$

【讨论】 如果将图 9-1（a）中的 A_1 和 A_2 视为球形表面，图 9-1（c）中的 A_2 视为半球形表面，那么所求的角系数应为多少？另外，为什么垂直纸面方向为无限长，如果垂直纸面方向为有限长，角系数又作何变化呢？参考答案：（1）$X_{1,2} = 0.25$；（2）$X_{2,1} = 0.5$。假定垂直纸面方向为无限长，是为了忽略两端开口的辐射；如果垂直纸面方向为有限长，则角系数将比无限长时有所减小。

【例 9-2】 两平行大平板温度分别为 $t_1 = 727℃$ 和 $t_2 = 27℃$，其发射率均为 $\varepsilon_1 = \varepsilon_2 = 0.6$，试计算两者之间单位面积的辐射换热量；如果将两者中间加入一两面发射率不同的大平板，发射率分别为 $\varepsilon_3 = 0.6$ 和 $\varepsilon_4 = 0.1$，试计算辐射换热减少的百分数。

【解】

$$T_1 = t_1 + 273 = 1000K, \quad T_2 = t_2 + 273 = 300K$$

两平行大平板单位面积的辐射换热量为

$$q_{1,2} = \frac{\sigma_b(T_1^4 - T_2^4)}{\dfrac{1}{\varepsilon_1} + \dfrac{1}{\varepsilon_2} - 1} = \frac{5.67 \times 10^{-8} \times (1000^4 - 300^4)}{\dfrac{1}{0.6} + \dfrac{1}{0.6} - 1} = 24.1kW$$

加入遮热板后，单位面积的辐射换热量为

$$q'_{1,2} = \frac{\sigma_b(T_1^4 - T_2^4)}{\dfrac{1-\varepsilon_1}{\varepsilon_1} + \dfrac{1}{X_{1,3}} + \dfrac{1-\varepsilon_3}{\varepsilon_3} + \dfrac{1-\varepsilon_4}{\varepsilon_4} + \dfrac{1}{X_{3,2}} + \dfrac{1-\varepsilon_2}{\varepsilon_2}}$$

$$= \frac{5.67 \times 10^{-8} \times (1000^4 - 300^4)}{\dfrac{1-0.6}{0.6} + 1 + \dfrac{1-0.6}{0.6} + \dfrac{1-0.1}{0.1} + 1 + \dfrac{1-0.6}{0.6}} = 4.33kW$$

辐射换热减少的百分数为

$$\frac{q_{1,2}-q'_{1,2}}{q_{1,2}}=\frac{24.10-4.33}{24.10}=82.03\%$$

【**例 9-3**】 一简易暖房如图 9-2 所示,其截面为
直角三角形。已知表面 1 为玻璃,表面发射率 $\varepsilon_1=$
0.95;表面 2 为砖墙,表面发射率 $\varepsilon_2=0.85$;表面 3
为土壤,表面发射率 $\varepsilon_3=0.9$。已知表面 1、2、3 的
温度分别为 12℃、20℃、30℃,试求:

(1) 单位长度各表面的净辐射换热量;

(2) 如果表面 2 改为绝热面,表面 1 和 3 的温度
保持不变,试计算表面 2 的温度以及表面 1 和 3 的单
位长度净辐射换热量。

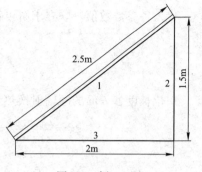

图 9-2 例 9-3 图

【**解**】 (1) 由角系数互换性和完整性可求出三个
表面之间的角系数:

$$X_{1,2}=\frac{A_1+A_2-A_3}{2A_1}=\frac{2.5+1.5-2}{2\times2.5}=0.4$$

$$X_{1,3}=\frac{A_1+A_3-A_2}{2A_1}=\frac{2.5+2-1.5}{2\times2.5}=0.6$$

$$X_{2,3}=\frac{A_2+A_3-A_1}{2A_2}=\frac{1.5+2-2.5}{2\times1.5}=0.33$$

三个表面之间的辐射换热网络图如图 9-3 所示。

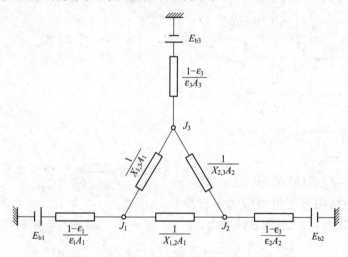

图 9-3 辐射换热网络图

建立各节点方程:

$$\frac{E_{b1}-J_1}{\frac{1-\varepsilon_1}{\varepsilon_1A_1}}+\frac{J_2-J_1}{\frac{1}{X_{1,2}A_1}}+\frac{J_3-J_1}{\frac{1}{X_{1,3}A_1}}=0$$

$$\frac{E_{b2}-J_2}{\frac{1-\varepsilon_2}{\varepsilon_2A_2}}+\frac{J_1-J_2}{\frac{1}{X_{1,2}A_1}}+\frac{J_3-J_2}{\frac{1}{X_{2,3}A_2}}=0$$

$$\frac{E_{b3}-J_3}{\dfrac{1-\varepsilon_3}{\varepsilon_3 A_3}}+\frac{J_1-J_3}{\dfrac{1}{X_{1,3}A_1}}+\frac{J_2-J_3}{\dfrac{1}{X_{2,3}A_2}}=0$$

代入各参数数值，联立求解可得：

$$J_1=377.77\text{W/m}^2$$
$$J_2=416.41\text{W/m}^2$$
$$J_3=468.87\text{W/m}^2$$

单位长度各表面的净辐射换热量：

$$\varPhi_1=\frac{E_{b1}-J_1}{\dfrac{1-\varepsilon_1}{\varepsilon_1 A_1}}=\frac{374.0783-377.77}{\dfrac{1-0.95}{0.95\times2.5}}=-175.36\text{W}$$

$$\varPhi_2=\frac{E_{b2}-J_2}{\dfrac{1-\varepsilon_2}{\varepsilon_2 A_2}}=\frac{417.8819-416.41}{\dfrac{1-0.85}{0.85\times1.5}}=12.51\text{W}$$

$$\varPhi_3=\frac{E_{b3}-J_3}{\dfrac{1-\varepsilon_3}{\varepsilon_3 A_3}}=\frac{477.9182-468.87}{\dfrac{1-0.9}{0.9\times2}}=162.87\text{W}$$

（2）表面 2 为绝热面时，辐射网络如
图 9-4 所示。

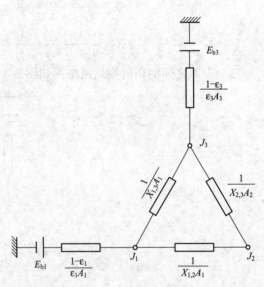

$$R_1=\frac{1-\varepsilon_1}{\varepsilon_1 A_1}=\frac{1-0.95}{0.95\times2.5}=0.021\text{m}^{-2}$$

$$R_3=\frac{1-\varepsilon_3}{\varepsilon_3 A_3}=\frac{1-0.9}{0.9\times2}=0.056\text{m}^{-2}$$

$$R_{1,3}=\frac{1}{X_{1,3}A_1}=\frac{1}{0.6\times2.5}=0.667\text{m}^{-2}$$

$$R_{1,2}=\frac{1}{X_{1,2}A_1}=\frac{1}{0.4\times2.5}=1\text{m}^{-2}$$

$$R_{2,3}=\frac{1}{X_{2,3}A_2}=\frac{1}{0.33\times1.5}=2\text{m}^{-2}$$

$$E_{b1}=374.0783\text{W/m}^2$$
$$E_{b3}=477.9182\text{W/m}^2$$

上述热阻网络相当于电路中的串、并
联电路，故在 E_{b1} 与 E_{b3} 之间的总热阻为：

图 9-4　辐射网络图

$$\sum R=R_1+\frac{1}{\dfrac{1}{R_{1,3}}+\dfrac{1}{R_{1,2}+R_{2,3}}}+R_3=0.622\text{m}^{-2}$$

表面 1 的净辐射热量为：

$$\varPhi_{1,3}=\frac{E_{b1}-E_{b3}}{\sum R}=\frac{374.0783-477.9182}{0.622}=-166.95\text{W/m}^2$$

表面 3 的净辐射热量为：

$$\varPhi_{3,1}=-\varPhi_{1,3}=166.95\text{W/m}^2$$

由 $\dfrac{J_1-J_2}{R_{1,2}}=\dfrac{J_2-J_3}{R_{2,3}}$ 可得表面 2 的有效辐射为：

$$J_2=\frac{R_{2,3}J_1+R_{1,2}J_3}{R_{1,2}+R_{2,3}}=\frac{R_{2,3}(E_{b1}-\Phi_{1,3}R_1)+R_{1,2}(E_{b3}+\Phi_{1,3}R_3)}{R_{1,2}+R_{2,3}}$$

$$=\frac{2\times(374.0783+166.95\times0.021)+1\times(477.9182-166.95\times0.056)}{1+2}$$

$$=407.91W/m^2$$

根据绝热面的特点 $J_2=G_2=E_{b2}=\sigma_b T_2^4$，得

$$T_2=\left(\frac{E_{b2}}{\sigma_b}\right)^{1/4}=\left(\frac{407.91}{5.67\times10^{-8}}\right)^{1/4}=291K$$

【例9-4】 在直径2m、长1m的圆形烟道内，有温度为1027℃的烟气通过。若烟气总压力为 10^5 Pa，其中二氧化碳占 10%，水蒸气占 8%，其余为不辐射气体，烟道壁温527℃，试计算烟气与通道壁之间的辐射换热量。

【解】 射线平均行程

$$s=3.6V/A=\frac{3.6\times\frac{\pi D^2}{4}\times h}{\pi Dh}$$

$$=0.9D=0.9\times2=1.8m$$

$$p_{CO_2}s=0.1\times10^5\times1.8=1.8\times10^4Pa\cdot m$$

$$p_{H_2O}s=0.08\times10^5\times1.8=1.44\times10^4Pa\cdot m$$

根据烟气温度 $T_g=(1027+273)K=1300K$，及 $p_{CO_2}s$、$p_{H_2O}s$ 值分别由文献 [1] 中的图 9-27、图 9-28 查得：

$$\varepsilon_{CO_2}^*=0.13,\quad \varepsilon_{H_2O}^*=0.14$$

计算参量

$$p=10^5Pa$$

$$\frac{p+p_{CO_2}}{2}=\frac{(1+0.08)\times10^5}{2}=5.04\times10^4Pa$$

$$\frac{p_{H_2O}}{p_{H_2O}+p_{CO_2}}=\frac{0.08}{0.08+0.1}=0.444$$

$$p_{CO_2}s+p_{H_2O}s=3.24\times10^4Pa\cdot m$$

分别查文献 [1] 中图 9-29、图 9-30、图 9-31 得

$$C_{CO_2}=1.0,\quad C_{H_2O}=1.02,\quad \Delta\varepsilon=0.04$$

烟气的发射率为

$$\varepsilon_g=\varepsilon_{CO_2}+\varepsilon_{H_2O}-\Delta\varepsilon$$

$$=1.0\times0.13+1.02\times0.14-0.04$$

$$=0.23$$

$$p_{CO_2}s\frac{T_w}{T_g}=1.8\times10^4\times\frac{800}{1300}=1.1\times10^4Pa\cdot m$$

$$p_{H_2O}s\frac{T_w}{T_g}=1.44\times10^4\times\frac{800}{1300}=8.9\times10^3Pa\cdot m$$

查文献 [1] 中图 9-27、图 9-28 得

$$\varepsilon_{CO_2}^*=0.11,\quad \varepsilon_{H_2O}^*=0.095$$

故

$$\alpha_{CO_2}^* = 0.11 \times \left(\frac{1300}{800}\right)^{0.65} = 0.15$$

$$\alpha_{H_2O}^* = 0.095 \times \left(\frac{1300}{800}\right)^{0.45} = 0.12$$

因为

$$T_w = 800K$$

$$\frac{p_{H_2O}}{p_{H_2O} + p_{CO_2}} = 0.444$$

$$p_{CO_2}s + p_{H_2O}s = 3.24 \times 10^4 \, Pa \cdot m$$

查文献 [1] 中图 9-31 得

$$\Delta\alpha = 0.016$$

烟气的吸收比

$$\begin{aligned}
\alpha_g &= \alpha_{CO_2} + \alpha_{H_2O} - \Delta\alpha \\
&= C_{CO_2}\alpha_{CO_2}^* + C_{H_2O}\alpha_{H_2O}^* - \Delta\alpha \\
&= 1.0 \times 0.15 + 1.02 \times 0.12 - 0.016 \\
&= 0.26
\end{aligned}$$

烟气与通道壁之间的辐射换热量

$$\begin{aligned}
\Phi &= A(\varepsilon_g E_{b,g} - \alpha_g E_{b,w}) = A\sigma_b(\varepsilon_g T_g^4 - \alpha_g T_w^4) \\
&= 2\pi \times 5.67 \times 10^{-8} \times (0.23 \times 1300^4 - 0.26 \times 800^4) \\
&= 196 kW
\end{aligned}$$

【例 9-5】 一太阳能集热器的玻璃盖板面对太阳，测出太阳对该板的总辐射照度为 $G = 800 W/m^2$，环境温度为 $t_f = 25℃$，不考虑对流换热。已知玻璃表面的发射率为 $\varepsilon = 0.90$，而玻璃对太阳辐射的吸收率为 $\alpha_1 = 0.12$，试计算该板的辐射平衡温度；如考虑对流换热，且已知表面对流换热系数 $h = 10 W/(m^2 \cdot K)$，试计算此时板表面的平衡温度。

【解】 （1）依据热平衡原理，玻璃吸收来自太阳的能量等于平板对周围环境辐射的热量：

$$\alpha_1 G = \varepsilon\sigma_b(T^4 - T_1^4)$$

$$\begin{aligned}
T &= \sqrt[4]{\frac{\alpha_1 G}{\varepsilon\sigma_b} + T_1^4} \\
&= \sqrt[4]{\frac{0.12 \times 800}{0.9 \times 5.67 \times 10^{-8}} + 298^4} \\
&= 314K
\end{aligned}$$

（2）当考虑对流换热时，玻璃吸收来自太阳的能量＝玻璃与周围环境的辐射热量＋玻璃与空气之间对流换热量之和：

$$\alpha_1 G = \varepsilon\sigma_b(T'^4 - T_1^4) + h(T' - T_1)$$

$$0.12 \times 800 = 0.9 \times 5.67 \times 10^{-8}(T'^4 - 298^4) + 10 \times (T' - 298)$$

通过迭代求解可得：

$$T' = 304K$$

【讨论】 考虑对流换热和不考虑对流换热时的太阳能集热盖板的平衡温度类似于天气有风时和无风时的太阳能集热盖板达到热平衡时的温度，由上述解题过程可知，有风时太阳能集热板达到平衡时的温度偏低。

9.3 提 高 题

【例9-6】　一个球形人工黑腔如图9-5所示，人工黑腔外部表面采用良好的保温材料使得对环境的散热很小，以致可以忽略。已知空腔内表面半径为R，表面黑度为ε_1。壁面某位置处开一微小小孔，小孔的半径为r，且$r \ll R$，试确定小孔的发射率ε_2的大小，并探讨R和ε_1对ε_2的影响状况。

分析：鉴于经由小孔辐射出去的能量并不返回腔体内部，因此通过小孔辐射出去的能量可以等价于将该小孔看做温度为0K的黑体表面条件下与人工黑腔内表面的辐射换热量。

【解】　由人工黑腔小孔发射出去的辐射能应等于人工黑腔内壁面A_1与等价的温度为0K的黑体表面A_2之间的辐射换热量。

即：

$$\Phi_{1,2} = \frac{E_{b1} - 0}{\dfrac{1-\varepsilon_1}{A_1\varepsilon_1} + \dfrac{1}{A_2 X_{2,1}} + \dfrac{1-\varepsilon_2'}{A_2\varepsilon_2'}} = \frac{E_{b1} A_2}{\dfrac{A_2}{A_1}\left(1 - \dfrac{1}{\varepsilon_1}\right) + 1}$$

式中　A_1——人工黑体腔内表面积，因为$r \ll R$，$A_1 \approx 4\pi R^2$；

A_2——小孔面积，$A_2 = \pi r^2$；

$X_{2,1}$——小孔对空腔内壁的角系数，且$X_{2,1} = 1$。

人工黑腔小孔发射出去的辐射能还应等于黑体表面A_2吸收的辐射能，即：

$$\Phi_{1,2} = A_2 \varepsilon_2 E_{b1}$$

则可得：

$$A_2 \varepsilon_2 E_{b1} = \frac{E_{b1}}{\dfrac{1-\varepsilon_1}{A_1\varepsilon_1} + \dfrac{1}{A_2}}$$

可得人工黑体腔的小孔发射率表达式为：

$$\varepsilon_2 = \frac{1}{\dfrac{A_2}{A_1}\left(\dfrac{1}{\varepsilon_1} - 1\right) + 1} = \frac{1}{\dfrac{r^2}{4R^2}\left(\dfrac{1}{\varepsilon_1} - 1\right) + 1}$$

小孔发射率ε_2随人工黑体腔内表面发射率ε_1的变化规律见图9-6所示：

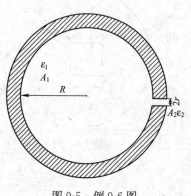

图9-5　例9-6图

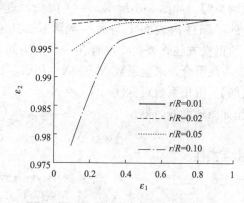

图9-6　ε_2与ε_1和r/R之间的关系曲线

121

由图 9-6 可以看出，当空腔的开口相对于空腔内表面积越小、内壁面发射率越大，人工黑体腔越接近于绝对黑体。即使空腔内壁面发射率为 0.2，只要空腔内表面半径高于小孔半径 10 倍及以上，小孔的发射率便可达 0.99 以上，可以近似为黑体处理。当空腔内表面半径达到小孔半径 50 倍以上时，小孔的发射率几乎不受空腔内壁发射率影响。

【注】 A_1 表面积精确计算时可按下式：

$$A_1=4\pi R^2-A_2=4\pi R^2-2\pi R^2\left[1-\cos\frac{\arcsin\frac{r}{R}}{2}\right]=2\pi R^2\left[1+\cos\frac{\arcsin\frac{r}{R}}{2}\right]$$

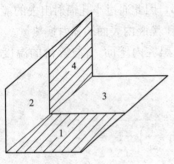

图 9-7　例 9-7 图

【例 9-7】 如图 9-7 所示，表面 1 和 3 与表面 2 和 4 分别组成了两个垂直的面，且 $A_1=A_2$、$A_3=A_4$，试求角系数 $X_{1,4}$。

分析：通过查表可以得到表面 1 与 2，表面 3 和 4 以及表面 1+3 和 2+4 之间的角系数数值，只要将 1 与 4 之间的角系数表达成上述三对面之间的角系数即可。

【解】 首先由角系数可加性

$$X_{1,2}+X_{1,4}=X_{1,(2+4)} \tag{1}$$

$$X_{3,2}+X_{3,4}=X_{3,(2+4)} \tag{2}$$

由角系数分解性

$$A_{(1+3)}X_{(1+3),(2+4)}=A_1X_{1,(2+4)}+A_3X_{3,(2+4)} \tag{3}$$

由角系数互换性

$$A_3X_{3,2}=A_2X_{2,3}$$

由对称性

$$X_{2,3}=X_{1,4}\text{ 及 }A_1=A_2$$

有

$$A_3X_{3,2}=A_1X_{1,4} \tag{4}$$

联立式（1）～式（4）求出

$$X_{1,4}=\frac{A_{(1+3)}X_{(1+3),(2+4)}-A_1X_{1,2}-A_3X_{3,4}}{2A_1}$$

【例 9-8】 如图 9-8 所示，一无限长、直径为 $d=60cm$ 的半圆柱内表面 1 与另一无限长、边长为 $a=20cm$ 的正立方柱外表面 2 放置在一个大房间 3 中，两者的轴心线重合，求角系数 $X_{1,2}$、$X_{1,3}$ 和 $X_{1,1}$。

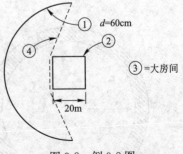

图 9-8　例 9-8 图

【解】 由角系数对称性 $X_{2,1}=X_{2,3}=0.5$

作如图辅助线，得：

$$X_{1,4}=X_{1,2}+X_{1,3} \tag{1}$$

由互换性

$$A_1X_{1,4}=A_4X_{4,1}$$

$$A_1=\frac{\pi d}{2}=\frac{0.6\pi}{2}=0.942\text{m}^2$$

$$A_2 = 4a = 4 \times 0.2 = 0.8 \text{m}^2$$

$$A_4 = 0.2 + 2 \times \sqrt{0.1^2 + 0.2^2} = 0.647 \text{m}^2$$

可得

$$X_{1,4} = \frac{A_4}{A_1} X_{4,1} = \frac{0.647}{0.942} = 0.686$$

由互换性

$$A_1 X_{1,2} = A_2 X_{2,1}$$

$$X_{1,2} = \frac{A_2}{A_1} X_{2,1} = \frac{0.8 \times 0.5}{0.942} = 0.425$$

由式（1）得

$$X_{1,3} = 0.686 - 0.425 = 0.261$$

由完整性

$$X_{1,1} + X_{1,2} + X_{1,3} = 1$$

$$X_{1,1} = 1 - X_{1,2} - X_{1,3} = 1 - 0.425 - 0.261 = 0.314$$

【例 9-9】　如图 9-9 所示，用裸露的热电偶插入汽车排气管测量汽车尾气的温度，热电偶指示值为 $t_1 =$ 130℃。已知排气管内壁温度 $t_{w_1} = 75$℃，尾气对热电偶表面的对流表面传热系数 $h = 122 \text{W}/(\text{m}^2 \cdot \text{K})$，热电偶头部表面的发射率为 $\varepsilon_1 = 0.72$。试确定尾气的真实温度。如果其他条件不变，在热电偶加以发射率为 $\varepsilon_2 = 0.80$ 的小遮热罩，那么热电偶的指示值应为多少？

分析：建立热电偶与汽车尾气之间对流换热、热电偶与排气管内壁面之间的辐射换热之间的热平衡。

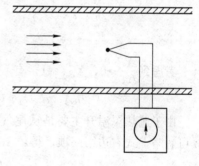

图 9-9　例 9-9 图

【解】

（1）设汽车尾气的温度为 t_f，则热电偶从尾气通过对流换热得到的热量为：

$$\Phi_h = h A_1 (t_f - t_1)$$

热电偶向排气管内壁辐射放出的热量为：

$$\Phi_r = \frac{E_{b1} - E_{bw}}{\dfrac{1-\varepsilon_1}{A_1 \varepsilon_1} + \dfrac{1}{A_1 X_{1,w}} + \dfrac{1-\varepsilon_w}{A_w \varepsilon_w}}$$

管壁的面积相对热电偶而言要大得多，可以认为 $\dfrac{A_1}{A_w} \approx 0$，因此：

$$X_{1,w} = 1$$

处于热平衡时，$\Phi_c = \Phi_r$，即：

$$h A_1 (t_f - t_1) = \varepsilon_1 A_1 (E_{b1} - E_{bw})$$

$$h(t_f - t_1) = \varepsilon_1 (E_{b1} - E_{bw})$$

其中

$$E_{b1} = \sigma_b T_1^4 = 5.67 \times 10^{-8} \times (130 + 273)^4 = 1495.6\ \text{W/m}^2$$

$$E_{bw} = \sigma_b T_w^4 = 5.67 \times 10^{-8} \times (75 + 273)^4 = 831.6\ \text{W/m}^2$$

尾气的真实温度为

$$t_f = t_1 + \frac{\varepsilon_1}{h}(E_{b1} - E_{bw}) = 130 + \frac{0.72}{122} \times (1495.6 - 831.6)$$

$$= 133.9\ ℃$$

（2）当给热电偶加遮热罩时，将有两个传热系统：一是热电偶与遮热罩之间的换热系统，另一个是遮热罩与排气管内壁之间的换热系统。

对于第一个系统，热电偶向尾气吸收热的同时，还要向遮热罩放热，热平衡式为：

$$hA_1(t_f - t_1) = \frac{E_{b1} - E_{b2}}{\dfrac{1-\varepsilon_1}{A_1\varepsilon_1} + \dfrac{1}{A_1 X_{1,2}} + \dfrac{1-\varepsilon_2}{A_2\varepsilon_2}}$$

考虑到 $\dfrac{A_1}{A_2} \to 0$，$X_{1,2} = 1$，则：

$$h(t_f - t_1) = \varepsilon_1(E_{b1} - E_{b2}) \tag{1}$$

对于第二个系统，遮热罩从尾气和热电偶吸热，向排气管壁放热，热平衡式为：

$$2hA_2(t_f - t_2) + \varepsilon_1 A_1(E_{b1} - E_{b2}) = \frac{E_{b2} - E_{bw}}{\dfrac{1-\varepsilon_2}{A_2\varepsilon_2} + \dfrac{1}{A_2 X_{2,w}} + \dfrac{1-\varepsilon_w}{A_w\varepsilon_w}}$$

考虑到 $\dfrac{A_2}{A_w} \to 0$，$X_{2,w} = 1$，有

$$2hA_2(t_f - t_2) + \varepsilon_1 A_1(E_{b1} - E_{b2}) = \varepsilon_2 A_2(E_{b2} - E_{bw})$$

由于遮热罩温升主要是从尾气吸热造成的，它和热电偶的温差不大，加之 $A_1 \ll A_2$，故可忽略上式右边第一项，得：

$$2h(t_f - t_2) = \varepsilon_2(E_{b2} - E_{bw}) \tag{2}$$

$$t_2 = t_f + \frac{\varepsilon_2}{2h}(E_{bw} - E_{b2}) = 133.9 + \frac{0.8}{2 \times 122} \times \left(831.6 - 5.67\left(\frac{T_3}{100}\right)^4\right)$$

$$= 136.6 - 0.0186\left(\frac{t_3 + 273}{100}\right)^4$$

经多次迭代，可求得：$t_3 = 131.7\ ℃$

$$E_{b2} = \sigma_b T_2^4 = 5.67 \times 10^{-8} \times (131.7 + 273)^4 = 1521.0\ \text{W/m}^2$$

代入式（1），可得热电偶的测量值：

$$t_1 = t_f - \frac{\varepsilon_1}{h}(E_{b1} - E_{b2}) = 133.9 - \frac{0.72}{122} \times \left(5.67\left(\frac{t_1 + 273}{100}\right)^4 - 1521.0\right)$$

$$= 142.9 - 0.0335\left(\frac{t_1 + 273}{100}\right)^4$$

经多次迭代计算得，$t_1 = 133.7\ ℃$

【讨论】 不加遮热罩时尾气的实际温度与测量温度之间的差值达 3.9℃，而当加遮热罩时差值则降低到 0.2℃，提高了测量精度。如果进一步降低遮热罩的发射率，那么实际温度与测量值之间的差值是增大还是减小？

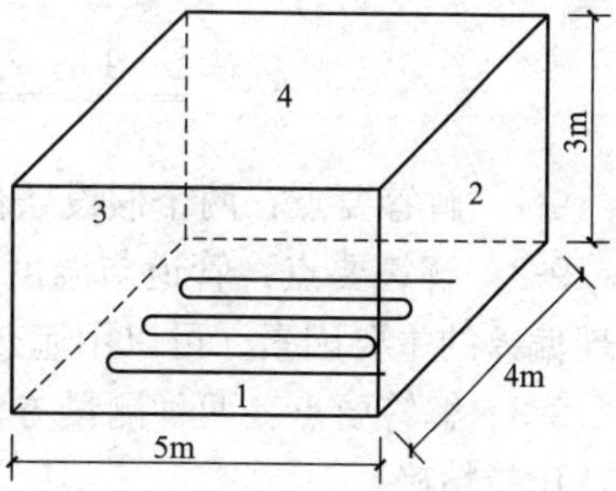

【例 9-10】 如图 9-10 所示，辐射采暖房间尺寸为 4m×5m×3m，在楼板中布置加热盘管，根据实测结果：地板 1 的表面温度为 $t_1=30℃$，表面发射率 $\varepsilon_1=0.9$，外墙 2 的内表面温度为 $t_2=10℃$，其余三面内墙 3 的内表面温度 $t_3=15℃$，墙面的发射率为 $\varepsilon_2=\varepsilon_3=0.8$，地面 4 的表面温度 $t_4=12℃$，发射率 $\varepsilon_4=0.8$。试求地板的总辐射换热量。

【解】

三面内墙的温度和发射率相同，为简化起见可将它们作为整体看待，把房间看做四个表面组成的空腔：

图 9-10 例 9-10 图

$$X_{1,1}=0、X_{1,2}=0.15、X_{1,3}=0.54、X_{1,4}=0.31;$$
$$X_{2,1}=0.25、X_{2,2}=0、X_{2,3}=0.50、X_{2,4}=0.25;$$
$$X_{3,1}=0.27、X_{3,2}=0.14、X_{3,3}=0.32、X_{3,4}=0.27;$$
$$X_{4,1}=0.31、X_{4,2}=0.15、X_{4,3}=0.54、X_{4,4}=0;$$

用网络法画出四个表面间的辐射换热网络如图 9-11 所示。

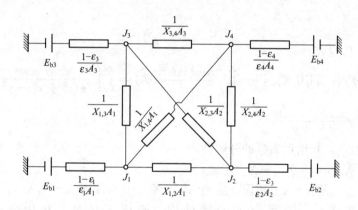

图 9-11 辐射网络图

由式(9-14)列出节点方程组为

$$10J_1-0.15J_2-0.54J_3-0.31J_4=9×5.67×3.03^4$$
$$-0.25J_1+5J_2-0.5J_3-0.25J_4=4×5.67×2.83^4$$
$$-0.27J_1-0.14J_2+4.68J_3-0.27J_4=4×5.67×2.88^4$$
$$-0.31J_1-0.15J_2-0.54J_3+5J_4=4×5.67×2.85^4$$

联立求解可得

$$J_1=469W/m^2;\quad J_2=373W/m^2;$$
$$J_3=395W/m^2;\quad J_4=382W/m^2。$$

地板面 1 的净辐射换热量由式(9-5)得：

$$\Phi_1=\frac{E_{b1}-J_1}{\dfrac{1-\varepsilon_1}{\varepsilon_1 A_1}}=\frac{5.67×3.03^4-469}{\dfrac{1-0.9}{0.9×20}}=1605W$$

125

9.4　习题解答要点和参考答案

9-1 解答要点：两个假设条件：物体表面为漫反射面；物体表面物性均匀。

9-2 解答要点：管道与温度计之间的热辐射是影响测试温度与管道内气流实际温度出现偏差的主要因素。可以用遮热板将温度计头部罩住减弱热辐射影响。

9-3 解答要点：两种测量方法的效果不同。筒状遮热罩内流体与温度及头部直接接触，比较精确。

9-4 解答要点：应修改非灰表面的表面发射率。

9-5 解答要点：表面为黑表面时，利用 $\Phi_{1,2}=\sigma_b(T_1^4-T_2^4)$ 即可。表面为灰表面时，利用 $\Phi_{1,2}'=\dfrac{E_{b_1}-E_{b_2}}{\dfrac{1}{\varepsilon_1}+\dfrac{1}{\varepsilon_2}-1}$ 即可。

参考答案：$\Phi_{1,2}=128\text{kW/m}^2$；$\Phi_{1,2'}=98\text{kW/m}^2$；$\Phi_{1,2}'=57\text{kW/m}^2$。

9-6 解答要点：保温瓶胆夹层很薄，可作为无限大平板。利用 $\Phi_{1,2}=\dfrac{A(E_{b_1}-E_{b_2})}{\dfrac{1}{\varepsilon_1}+\dfrac{1}{\varepsilon_2}-1}$ 即可。

参考答案：1.72W。

9-7 解答要点：利用 $X_{dA,A_2}=\displaystyle\int_{A_2}\frac{\cos\theta_1\cos\theta_2}{\pi r^2}dA_2=\int_0^a\int_0^b\frac{\cos\theta_1\cos\theta_2}{\pi(c^2+x^2+y^2)}dxdy$，其中，$\cos\theta_1=\cos\theta_2=\dfrac{c}{\sqrt{c^2+x^2+y^2}}$ 即可。

9-8 解答要点：利用角系数的分解性。

参考答案：$X_{3,(1+2)}=X_{1,3}+X_{2,3}$ 正确；

$A_{(1+2)}X_{(1+2),3}=X_{1,3}+X_{2,3}$ 错误，应为 $A_{(1+2)}X_{(1+2),3}=A_1X_{1,3}+A_2X_{2,3}$。

9-9 解答要点：作宽为 c 的辅助面，构成三棱柱。利用余弦定理（$c=\sqrt{a^2+b^2-2ab\cos\theta}$）及 $X_{a,b}=\dfrac{a+b-c}{2a}$ 即可。

参考答案：$X_{a,b}=\dfrac{a+b-\sqrt{a^2+b^2-2ab\cos\theta}}{2a}$

9-10 解答要点：参考 [例 9-8]。

参考答案：$X_{1,1}=0.297$；$X_{1,2}=0.048$；$X_{1,3}=0.655$。

9-11 解答要点：前两个直接利用习题 9-7 的结论；第三个图形中连接对角线构成多个三角形封闭空间，利用角系数的有关性质即可；第四个查线算图，利用 $A_1X_{1,2}=A_2X_{2,1}$，$X_{2,1}=X_{2,(1+3)}-X_{2,3}$ 即可；第五个查文献 [1] 线算图 9-20，参考 [例 9-7] 的结果即可；最后一个有两种情况：（1）拱形；（2）球形。均可利用角系数的完整性及互换性计算。

参考答案：$X_{dA_1,A_2}=0.323$；$X_{dA_1,A_2}=0.069$；$X_{1,2}=0.592$；$X_{1,2}=0.59$；$X_{1,2}=0.04$；

（1）$X_{2,2}=\dfrac{\pi-2}{\pi}=0.363$；（2）$X_{2,2}=0.5$。

9-12 解答要点：查文献［1］线算图 9-18 及图 9-20 并利用角系数的性质即可。

参考答案：采暖板与左侧墙的角系数为 0.440；采暖板与右侧墙的角系数为 0.025；采暖板与前墙的角系数为 0.183；采暖板与顶棚的角系数为 0.155；采暖板与地表面的角系数为 0.155。

9-13 解答要点：

$$J_1\left(X_{1,1}-\frac{1}{1-\varepsilon_1}\right)+J_2X_{1,2}+J_3X_{1,3}+\cdots+J_nX_{1,n}=\left(\frac{\varepsilon_1}{\varepsilon_1-1}\right)\sigma_b T_1^4 \left.\phantom{\begin{array}{c}a\\a\\a\\a\\a\\a\\a\\a\\a\end{array}}\right\}$$

$$J_1X_{2,1}+J_2\left(X_{2,2}-\frac{1}{1-\varepsilon_2}\right)+J_3X_{2,3}+\cdots+J_nX_{2,n}=\left(\frac{\varepsilon_2}{\varepsilon_2-1}\right)\sigma_b T_2^4$$

$$\cdots\cdots\cdots\cdots\cdots\cdots\cdots\cdots\cdots\cdots\cdots\cdots\cdots$$

$$J_1X_{7,1}+J_2X_{7,2}+J_3X_{7,3}+\cdots+J_7\left(X_{7,7}-\frac{1}{1-\varepsilon_7}\right)=\left(\frac{\varepsilon_7}{\varepsilon_7-1}\right)\sigma_b T_7^4$$

9-14 解答要点：(1)利用式(8-2)；(2)借助 $\begin{cases}G_1=J_2=\varepsilon_2 E_{b_2}+\rho_2 G_2\\G_2=J_1=\varepsilon_1 E_{b_1}+\rho_1 G_1\end{cases}$；(3)计算 $\rho_1 G_1$；

(4)利用 $J_1=\varepsilon_1 E_{b_1}+\rho_1 G_1$；(5)利用 $J_2=G_1$；(6)两无限大平行平板，$\Phi_{1,2}=\dfrac{E_{b_1}-E_{b_2}}{\dfrac{1}{\varepsilon_1}+\dfrac{1}{\varepsilon_2}-1}$。

参考答案：(1) 1.86kW/m^2；(2) 4.25kW/m^2；(3) 0.851kW/m^2；(4) 19.4kW/m^2；(5) 4.25kW/m^2；(6) 15.2kW/m^2。

9-15 解答要点：利用 $\Phi_l=\varepsilon_1 \pi d(E_{b_1}-E_{b_2})$。

参考答案：170.4W/m。

9-16 解答要点：将顶表面定为表面 1，四个墙表面看做一个整体为表面 2，地表面为表面 3。画出三个表面间的辐射换热网络，然后根据基尔霍夫电流定律列出各节点方程即可求出 J_1、J_2、J_3，最后利用 $\Phi_1=\dfrac{E_{b_1}-J_1}{\dfrac{1-\varepsilon_1}{\varepsilon_1 A_1}}$，$\Phi_3=-\Phi_1$，$J_2=E_{b_2}$。

参考答案：$\Phi_1=-495\text{W}$；$\Phi_3=495\text{W}$；$t_2=19.8℃$。

9-17 解答要点：通过查线算图及角系数的对称性、完整性求解角系数，然后画出辐射换热网络，利用 $J_1=E_{b_1}$，$J_2=E_{b_2}$，$J_3=E_{b_3}$，$\Phi_1=\dfrac{J_1-J_2}{\dfrac{1}{X_{1,2}A_1}}+\dfrac{J_1-J_3}{\dfrac{1}{X_{1,3}A_1}}$，$\Phi_2=\dfrac{J_2-J_1}{\dfrac{1}{X_{1,2}A_1}}+$

$\dfrac{J_2-J_3}{\dfrac{1}{X_{2,3}A_2}}$，$\Phi_3=-(\Phi_1+\Phi_2)$即可。

参考答案：11.1kW；249W；−1.39kW。

9-18 解答要点：利用 $A_1 X_{1,2}=A_2 X_{2,1}$，$X_{2,1}=1$ 求解角系数。画出辐射换热网络，利用 $\Phi_{1,2}=\dfrac{E_{b_1}-E_{b_2}}{\dfrac{1-\varepsilon_1}{\varepsilon_1 A_1}+\dfrac{1}{X_{1,2}A_1}}$。

参考答案：50.7W。

9-19 解答要点：先根据角系数的完整性、互换性、对称性求解角系数，画出辐射换热网络，然后根据基尔霍夫电流定律列出各节点方程。

参考答案：46.3W。

9-20 解答要点：电熨斗与周围环境的辐射换热损失＋电熨斗与周围环境的对流换热热损失＝电熨斗功率。

参考答案：983K；643K。

9-21 解答要点：由题可知：$J_2 = E_{b_2} = 0$，$J_3 = E_{b_3} \neq 0$，然后根据基尔霍夫电流定律列出节点 2 的方程可知：$J_1 \neq 0$ 及 $\Phi_{1,2} = A_1 X_{1,2}(J_1 - J_2) \neq 0$。由于外表面存在辐射，$\Phi_{1,2}$ 不等于封闭系统中任意两物体的真实辐射换热量。

9-22 解答要点：典型的两平行大平壁问题。计算温度时，两侧热阻相等，$T_3^4 = \dfrac{T_1^4 + T_2^4}{2}$。

参考答案：69.8W/m²；453K；924.5W/m²。

9-23 解答要点：画出辐射换热网络，然后求总热阻 $\sum R$，再利用 $\Phi_{2,1} = \dfrac{E_{b_2} - E_{b_1}}{\sum R}$。

参考答案：106W/m；4.58W/m。

9-24 解答要点：画出辐射换热网络，然后求总热阻 $\sum R$，再利用 $\Phi_{2,1} = \dfrac{E_{b_2} - E_{b_1}}{\sum R}$。

使用软木时，利用 $\Phi_{1,2} = \dfrac{\lambda}{\delta}(t_1 - t_2)$ 即可。

参考答案：13.9W/m²；0.23m。

9-25 解答要点：将两个侧面看作一个整体。画出辐射换热网络，然后根据基尔霍夫电流定律列出各节点方程。

参考答案：底面－223kW；顶面 223kW；两个侧面均为 0。

9-26 解答要点：蒸汽管的热损失＝遮热罩与环境之间的对流换热热损失＋遮热罩与环境之间的辐射换热损失。利用 $\Phi_l = \dfrac{E_{b_1} - E_{b_2}}{\sum R} = A[(T_w - T_f) + \varepsilon_2 \sigma_b(T_w^4 - T_f^4)]$。

参考答案：70℃；1.04kW/m；7.26kW/m。

9-27 解答要点：气流与热电偶的对流换热量等于热电偶与管壁间的辐射换热量，由于热电偶接点表面积远小于管壁表面积，故热电偶与管壁之间的辐射换热系统发射率等于热电偶的发射率。利用 $hA_c(t - t_1) = \varepsilon_1 A_c(E_{b_1} - E_{b_3})$。

参考答案：470.6℃；热电偶的对流传热系数越大，发射率越小，测温误差就越小。

9-28 解答要点：对于热电偶：气流与热电偶的对流换热量等于热电偶与遮热罩内表面的辐射换热量，$h_1 A_c(t - t_1) = \varepsilon_1 A_c(E_{b_1} - E_{b_2})$（a）；对于遮热罩：气流与遮热罩内外两表面的对流换热量加上热电偶与遮热罩内表面的辐射换热量等于遮热罩外表面对管壁的辐射换热量，$2h_2 A_2(t - t_2) + \varepsilon_1 A_c(E_{b_1} - E_{b_2}) = \varepsilon_2 A_2(T_2^4 - T_3^4)$。其中，$A_2 \gg A_c$，上式左边第二项可略去，即：$2h_2 A_2(t - t_2) = \varepsilon_2 A_2(T_2^4 - T_3^4)$（b）。用试凑法联立求解（a）、（b）。

参考答案：416.5℃。

9-29 解答要点：令孔口温度 $T_2 = 0$K，$\varepsilon_2 = 1$，然后画出辐射换热网络。根据角系数的互换性 $A_1 X_{1,2} = A_2 X_{2,1}$，$X_{2,1} = 1$。

参考答案：0.0283W；0.0007。

9-30　解答要点：参考［例 9-5］。

参考答案：0.371；19.7kW/m²。

9-31　解答要点：根据射线平均行程的定义，其中，$V=s_1 s_2 - \dfrac{\pi d^2}{4}$，$A=\pi d$，$C=0.9$。

9-32　解答要点：参考［例 9-5］。需特别注意：$T_g=\dfrac{T_g'-T_g''}{2}$，$\varepsilon_w'=\dfrac{\varepsilon_w+1}{2}$。

参考答案：463W。

9-33　解答要点：参考［例 9-5］。需特别注意：$\varepsilon_w'=\dfrac{\varepsilon_w+1}{2}$。

参考答案：4.94kW/m²。

9-34　解答要点：太阳辐射到达地球大气层外缘的能量＝地球的辐射能量。即可得：
$\Phi=1.75\times10^{17}$W$=A\sigma_b T_e^4$。

参考答案：196K。

9-35　解答要点：人造卫星外壳吸收的太阳辐射能＝人造卫星外壳的辐射能。(1)$\alpha=\varepsilon$，$\alpha G=\varepsilon\sigma_b T^4$；(2)太阳辐射集中在 $0\sim3\mu m$，故 $\alpha=\varepsilon_{\lambda_1}=0.1$。假设 $T<330$K，则发射

率 $\varepsilon=\dfrac{\varepsilon_{\lambda_1}\displaystyle\int_0^{\lambda_1}E_{b\lambda}(\lambda,T)\mathrm{d}\lambda+\varepsilon_{\lambda_2}\displaystyle\int_{\lambda_1}^{\infty}E_{b\lambda}(\lambda,T)\mathrm{d}\lambda}{E_b(T)}=\varepsilon_{\lambda_1}F_{b(0-\lambda_1 T)}+\varepsilon_{\lambda_2}(1-F_{b(0-\lambda_1 T)})=\varepsilon_{\lambda_2}$，利用

$\alpha G=\varepsilon\sigma_b T^4$ 即可；(3)参考(2)。

参考答案：393.5K；263.2K；588.5K。

9-36　解答要点：(1)漫灰表面，同上题第(1)小题；(2)表面为漫射表面，所以 $\alpha_\lambda=\varepsilon_\lambda$，表面的吸收比 $\alpha=\dfrac{\alpha_{\lambda_1}\displaystyle\int_0^{\lambda_1}E_{b\lambda}(\lambda,5762\text{K})\mathrm{d}\lambda+\alpha_{\lambda_2}\displaystyle\int_{\lambda_1}^{\infty}E_{b\lambda}(\lambda,5762\text{K})d\lambda}{E_b(5762\text{K})}$。假设 $T<330$K，

则发射率 $\varepsilon=\dfrac{\varepsilon_{\lambda_1}\displaystyle\int_0^{\lambda_1}E_{b\lambda}(\lambda,T)\mathrm{d}\lambda+\varepsilon_{\lambda_2}\displaystyle\int_{\lambda_1}^{\infty}E_{b\lambda}(\lambda,T)\mathrm{d}\lambda}{E_b(T)}=\varepsilon_{\lambda_1}F_{b(0-\lambda_1 T)}+\varepsilon_{\lambda_2}(1-F_{b(0-\lambda_1 T)})=\varepsilon_{\lambda_2}$，

利用 $\alpha G=\varepsilon\sigma_b T^4$ 即可；(3)参考(2)。

参考答案：393.5K；268.7K；569K。

9-37　解答要点：忽略玻璃的导热热阻。因为玻璃吸收的太阳辐射能＋绝热表面向玻璃的辐射换热量＝玻璃向大气的对流换热量＋玻璃向天空的辐射换热量，绝热表面向玻璃的辐射换热量＝绝热表面吸收的透过玻璃的太阳辐射能，所以，玻璃吸收的太阳辐射能＋绝热表面吸收的透过玻璃的太阳辐射能＝玻璃向大气的对流换热量＋玻璃向天空的辐射换

热量。即：$\varepsilon_1 G_s+\alpha_s\tau_1 G_s=h(t_g-t_a)+\varepsilon_2\sigma_b(T_g^4-T_{sky}^4)$，$\alpha_s\tau_1 G_s=\dfrac{\sigma_b(T_{bs}^4-T_g^4)}{1+\dfrac{1-\varepsilon_2}{\varepsilon_2}}$。

参考答案：129℃。

10 传热和换热器

10.1 学 习 要 点

10.1.1 通过肋壁的导热

设 $t_{f1} > t_{f2}$，在稳态条件下，冷热流体通过肋壁的传热量为：

$$\Phi = \frac{t_{f1} - t_{f2}}{\frac{1}{h_1 A_1} + \frac{\delta}{\lambda A_1} + \frac{1}{h_2 A_2 \eta}} = k_1 A_1 (t_{f1} - t_{f2}) = k_2 A_2 (t_{f1} - t_{f2}) \tag{10-1}$$

k_1 和 k_2 分别表示以无肋侧光壁面积和有肋侧面积为面积基准时的传热系数：

$$k_1 = \frac{1}{\frac{1}{h_1} + \frac{\delta}{\lambda} + \frac{1}{h_2 \eta \beta}} \tag{10-2}$$

$$k_2 = \frac{1}{\frac{1}{h_1 \beta} + \frac{\delta}{\lambda} \beta + \frac{1}{h_2 \eta}} \tag{10-3}$$

式中　A_1——无肋侧壁面面积；

　　　A_2——有肋侧壁面面积；

　　　η——肋片总效率，$\eta = \dfrac{A_2' + A_2'' \eta_f}{A_2}$；

　　A_2'、A_2''——肋间面积、肋片面积；

　　　η_f——肋片效率；

　　　β——肋化系数，$\beta = \dfrac{A_2}{A_1}$。

10.1.2 复合换热时的传热计算

在传热过程中，壁面与气体除有对流换热外，还与周围环境、吸收性气体之间有辐射换热。这种情况称为复合换热，此时物体表面的热流密度：

$$q = q_c + q_r \tag{10-4}$$

对流换热热流密度：$q_c = h_c (t_w - t_f)$

辐射换热热流密度与壁面的形状、周围环境的相互位置有关，应视具体问题进行分析。

复合换热时，为计算方便将辐射换热量计算式写成与对流换热计算式相同形式：

$$q_r = h_r (t_w - t_f)$$

式中　h_r——辐射换热表面传热系数。

$$q = (h_c + h_r)(t_w - t_f) \tag{10-5}$$

$h_c + h_r$ 为复合换热表面传热系数，在采暖和保温工程计算中，常将复合换热表面传热系数作为常数处理，方便设计计算。

需强调的是：

① 复合换热时的传热计算多为综合性的习题，先要列出物体的热量平衡方程，辐射换热项往往是方程的一项；

② 计算过程中若物体的温度未知时，用试算法求得温度。

10.1.3 换热器的形式和基本构造

换热器：两种或两种以上流体实现热量交换的设备。

换热器按工作原理可分为间壁式换热器、混合式换热器、蓄热式(回热式或再生式)换热器三种。在建筑环境设备工程中间壁式换热器应用较多，按其结构不同，又可分为以下几种：

(1) 管壳式热交换器

管壳式热交换器有较多的结构形式，常见的有固定管板式、U形管式、浮头式、薄管板式和填料函式等。管壳式换热器的管子是设备内冷热流体的换热面，材质可选用碳钢、合金钢、铜管和石墨等。图 10-1 是管壳式换热器的构造简图。

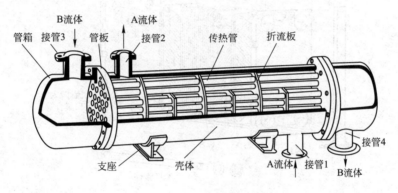

图 10-1　管壳式换热器结构图

管壳式换热器结构坚固，能在很宽的压力和温度范围内工作，国内已经有成熟的制造经验和产品系列，适用范围较广。

(2) 肋片管换热器

肋片管热交换器由于在管表面上加翅，如图 10-2 所示，不仅传热面积增加(比光管可

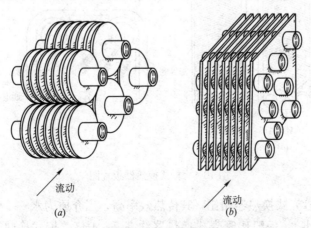

图 10-2　肋片管换热器的构造

(a)独立翅片管；(b)组合管上的翅片(可为平板、波形、条缝形等)

131

增大 2～10 倍），而且可以促进流体的湍流，所以传热系数比光管可提高 1～2 倍，特别是当有肋侧流体的表面传热系数远低于另一侧时，收效尤其显著。肋片管热交换器广泛地用作与空气换热时的设备。结构较紧凑，在空调制冷领域中应用广泛。

（3）板式换热器

板式换热器由许多 0.6～0.8mm 的金属板片构成，板片上有许多波纹形或半球状或条纹形突起，板片上的四个角上开有圆形孔，作为流体穿过板片时的通道。两波纹板间有密封垫片，将有波纹的换热面积及四个角孔围起来，使流体密封，不能从两板间泄漏，同时又将冷热流体分开。冷热流体在两板间的通道内流动，通过板面传热。板式换热器整体结构见图 10-3 所示。板片具体形式见图 10-4 所示。

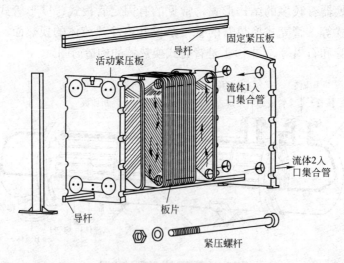

图 10-3　板式换热器结构图

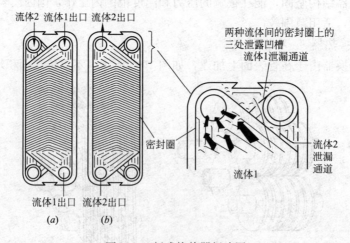

图 10-4　板式换热器板片图

板式换热器与管壳式换热器相比，其传热效率高，当介质为水——水时，传热系数可高达 7500W/（m²·K），一般比管壳式换热器约高 2～4 倍，板式换热器临界 Re 数约为 200 即产生湍流，结构紧凑。板式换热器体积小，质量轻，节约材料。操作灵活性大，应用范围广，通过装设中间隔板，可同时进行几种流体相互换热。也可通过增减板片的方法，调整所需传热面积。板式换热器的主要缺点是：密封周边长，使用中常常需要拆卸和清洗，故漏泄的可能性很大，不易处理悬浮状的物料，对有垫圈的板式换热器使用温度受到垫圈材料的限制，温度不能很高，它的处理量也相对较小。

（4）螺旋板换热器

螺旋板换热器是将两张平行平板都焊在一中心隔板两端，隔板两侧被两个半径 d_1、d_2 胎模夹紧放在卷床转轴上，转轴缓慢滚动将两板卷成一个螺旋体，再将夹模抽出，卷制方式见图 10-5(a)。在它两侧加上端盖后形成螺旋形通道，两螺旋通道可等间距可不等间距，流体在螺旋通道中流动见图 10-5(b)。螺旋板的材质是碳钢、不锈钢、镍或铝合金等材料，厚度为 $\delta = 2 \sim 8\text{mm}$，在螺旋板卷板前，在两张板上均焊上定距柱或冲出定距泡，以保证通道间距。当操作压力小于 $3 \times 10^5 \text{Pa}$ 时，可直接在板上冲出凸起的鼓泡。

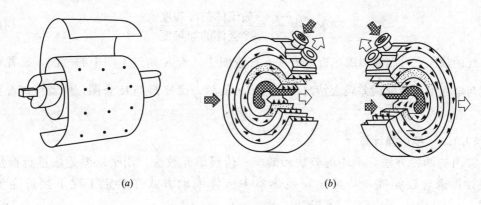

图 10-5　螺旋板换热器

(a)螺旋板换热器的卷制；(b)螺旋板换热器中流道形式

螺旋板换热器传热效率较高，因而结构紧凑，体积较小。能有效利用流体的压力损失，且不易形成污垢堵塞。能利用低温热源并能精确控制出口温度，同时温差应力小。相比于其他换热器，制造简单，成本较低。螺旋板换热器一旦产生泄漏时不易修理，同时机械清洗困难，主要采用蒸汽吹洗和酸洗的方法。

10.1.4　平均温度差

在换热器的不同位置处，冷、热流体的温度差往往不相同，为表示设备中冷、热流体的温度差的平均水平，按计算方法不同，平均温差的求解方法也不同，用对数平均的方法求冷热流体的平均温差被广泛应用。

在满足下列条件时：

（1）冷、热流体的质量流量 M_1、M_2 在换热器内是常数。冷、热流体的比热 c_1、c_2 是常数。

（2）传热系数 k 是常数，不随位置而变。

（3）换热器无散热损失，热流体失热量全部传给冷流体。

（4）换热面沿流动方向导热可忽略不计。

对于纯顺流和纯逆流均按下式计算平均温差：

$$\Delta t_{\mathrm{m}} = \frac{\Delta t'' - \Delta t'}{\ln \frac{\Delta t''}{\Delta t'}} = \frac{\Delta t' - \Delta t''}{\ln \frac{\Delta t'}{\Delta t''}} \tag{10-6}$$

顺流：$\Delta t' = t_1' - t_2'$，$\Delta t'' = t_1'' - t_2''$

逆流：$\Delta t' = t_1' - t_2''$，$\Delta t'' = t_1'' - t_2'$

按两种流体的流动方向，除有纯顺流、纯逆流两种流动方式外，还有交错流、混合流等其他形式，这时换热器中冷、热流体平均温差：

$$\Delta t_{\mathrm{m}} = \varepsilon_{\Delta t} \Delta t_{\mathrm{m,逆}} \tag{10-7}$$

式中　$\Delta t_{\mathrm{m,逆}}$——纯逆流时对数平均温差；

$\varepsilon_{\Delta t}$——温差修正系数。为无因次参量的函数，$\varepsilon_{\Delta t} = f(P, R)$。

$$P = \frac{t_2'' - t_2'}{t_1' - t_2'} = \frac{冷流体的加热度}{两流体进口温差（换热器中最大温差）} \tag{10-8}$$

$$R = \frac{t_1' - t_1''}{t_2'' - t_2'} = \frac{热流体的冷却度}{冷流体的加热度} \tag{10-9}$$

此函数关系可制成图线，查取方便。在查图中，若 R 超过了图中的范围，或者对于曲线与坐标平行造成误差较大情况，可用 $P \cdot R$ 和 $\frac{1}{R}$ 代替 P 与 R 查图，两者存在着互易关系。

10.1.5　换热器计算

常用的两种方法是平均温差法和效能—传热单元数法。用平均温差法进行换热器的热计算概念较明确，并可比较换热器中流体流动方式在给定工况下接近逆流的程度。

（1）基本方法与公式

平均温差法采用的基本方程式：

传热方程式　　　　　　　　　$\Phi = kA\Delta t_{\mathrm{m}}$ \hfill (10-10)

热平衡方程式　　　$\Phi = M_1 c_1(t_1' - t_1'') = M_2 c_2(t_2'' - t_2')$ \hfill (10-11)

对数平均温差：　　　　　　$\Delta t_{\mathrm{m}} = \varepsilon_{\Delta t} \dfrac{\Delta t' - \Delta t''}{\ln \dfrac{\Delta t'}{\Delta t''}}$ \hfill (10-12)

式（10-10）～式（10-12）共提供了 4 个方程，所有方程中有 Φ、k、A、$M_1 c_1$、$M_2 c_2$、t_1'、t_1''、t_2'、t_2''、Δt_{m} 共 10 个物理量，因此，要使方程组封闭有解，上述各量只能有 4 个参数未知。这是进行换热器设计计算及校核计算的前提。

（2）计算类型及步骤

换热器热工计算主要有以下两种类型：即设计计算及校核计算。

设计计算任务是按给定的流体性质、流量、进口及出口温度等参数，确定合适的换热器类型，计算出设备中的换热面积，确定出具体的通道尺寸，即换热器是从无到有的过程。

设计计算一般相对比较简单，但换热器的流体通道形式设计是计算的关键，所以一般可能要选几种方案进行计算，以确定最佳方案。

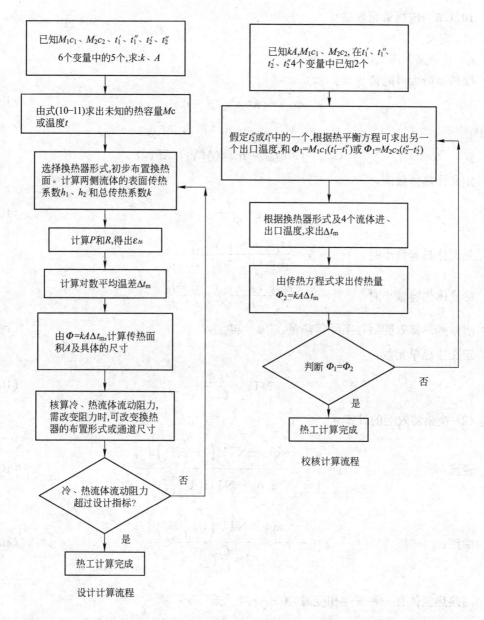

而校核计算则是对已有的换热器，已知其换热面积和具体的通道尺寸，按给定的流体性质、流量、进口温度，核算冷、热流体出口温度和换热量，计算的目的是确认该换热器是否能完成新的换热任务。

校核计算时，由于 4 个流体进、出口温度中有 2 个未知，因而无法由热平衡式直接求出温度，而需先假定一个未知温度，最后用热平衡偏差进行校核，因此需要迭代计算。重新假设时的具体做法：可在假设 t_2'' 或 t_1'' 时，在估计可能的范围内同时假设 2 个数值，例如假设 t_2'' 时分别假设一个较大的和较小的值，然后均进行计算，得到两组数据，然后在坐标图中做出 $\Phi_1 = f_1(t_2'')$ 和 $\Phi_2 = f_2(t_2'')$ 的变化线，以两线相交处 t_2'' 值为第三次假设值的初值进行计算校核即可。

10.1.6 传热单元数法

(1) 定义

t'_1、t'_2—热、冷流体进口温度。

换热器最大可能传热量：

$$\Phi_{\max}=(Mc)_{\min}(t'_1-t'_2) \tag{10-13}$$

式中

$$C_{\min}=(Mc)_{\min}=\min(M_1c_1,\ M_1c_2) \tag{10-14}$$

$$C_{\max}=(Mc)_{\max}=\max(M_1c_1,\ M_1c_2)$$

定义换热器效能：

$$\varepsilon=\frac{\Phi}{\Phi_{\max}} \tag{10-15}$$

热流体热容量小时，
$$\varepsilon=\frac{M_1c_1(t'_1-t''_1)}{M_1c_1(t'_1-t'_2)}=\frac{t'_1-t''_1}{t'_1-t'_2}$$

冷流体热容量小时，
$$\varepsilon=\frac{M_2c_2(t''_2-t'_2)}{M_2c_2(t'_1-t'_2)}=\frac{t''_2-t'_2}{t'_1-t'_2}$$

求得换热器效能后，实际传热量：　$\Phi=\varepsilon\Phi_{\max}$ $\tag{10-16}$

定义传热单元数：

$$\mathrm{NTU}=\frac{kA}{C_{\min}} \tag{10-17}$$

(2) 换热器效能的计算

逆流：
$$\varepsilon=\frac{1-\exp\left[-\mathrm{NTU}\left(1-\dfrac{C_{\min}}{C_{\max}}\right)\right]}{1-\dfrac{C_{\min}}{C_{\max}}\exp\left[-\mathrm{NTU}\left(1-\dfrac{C_{\min}}{C_{\max}}\right)\right]} \tag{10-18}$$

顺流：
$$\varepsilon=\frac{1-\exp\left[-\mathrm{NTU}\left(1+\dfrac{C_{\min}}{C_{\max}}\right)\right]}{1+\dfrac{C_{\min}}{C_{\max}}} \tag{10-19}$$

当换热流体有一种发生相变时，$C_{\max}\rightarrow\infty$，$\dfrac{C_{\min}}{C_{\max}}\rightarrow0$，

顺、逆流都为：　　　　$\varepsilon=1-\exp[-\mathrm{NTU}]$ $\tag{10-20}$

对其他的流动形式也可得：$\varepsilon=f\left(\mathrm{NTU},\dfrac{C_{\min}}{C_{\max}}\right)$，已将其制成线图供查取。

(3) ε—NTU 法在换热器中应用

ε—NTU 法计算换热器也有设计计算及校核计算两种方法。

对数平均温差法是一种有因次计算方法，而传热单元数法本质上是一种无因次计算方法，它的优越性在于使 ε、NTU、$\dfrac{C_{\min}}{C_{\max}}$ 三个量中已知任意两个就可知道第三个量，查图计算时更为快捷，在校核计算时可不用试算。但对数平均温差法中可以清楚地知道 $\varepsilon_{\Delta t}$ 值的大小，因而可以方便地评价换热器流体流动形式的优劣。

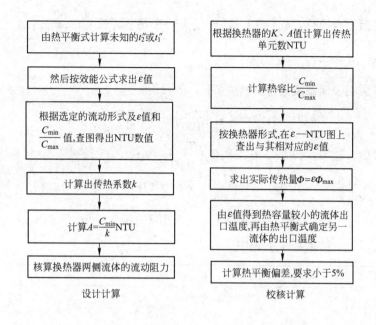

由热平衡式计算未知的t_2'或t_1''

然后按效能公式求出ε值

根据选定的流动形式及ε值和$\dfrac{C_{min}}{C_{max}}$值,查图得出NTU数值

计算出传热系数k

计算$A=\dfrac{C_{min}}{k}$NTU

核算换热器两侧流体的流动阻力

设计计算

根据换热器的K、A值计算出传热单元数NTU

计算热容比$\dfrac{C_{min}}{C_{max}}$

按换热器形式,在ε—NTU图上查出与其相对应的ε值

求出实际传热量$\Phi=\varepsilon\Phi_{max}$

由ε值得到热容量较小的流体出口温度,再由热平衡式确定另一流体的出口温度

计算热平衡偏差,要求小于5%

校核计算

10.2 典 型 例 题

【**例 10-1**】 一房屋为平面屋顶(图 10-6),屋顶的材料厚度 $\delta=0.2$m,导热系数 $\lambda_w=0.6$W/(m·K),屋面两侧的材料发射率 ε 均为 0.9。冬季开始时,室内温度维持 $t_{fl}=18℃$,室内四周墙壁亦为 18℃,且它的面积远大于顶棚面积。秋末冬初夜晚天气晴朗时,天空有效辐射温度为 $-47℃$。屋顶下表面与室内空气的对流表面传热系数 $h_1=6.0$W/(m²·K),屋顶上表面对流表面传热系数 $h_2=21.1$W/(m²·K),问当室外气温降到多少度时,屋面即开始结霜($t_{w2}=0℃$),此时室内顶棚温度为多少?

【**解**】 对屋面材料进行热分析,因处于稳定传热状态,故有:

屋面下表面复合换热量 Φ_1 =屋面导热量 Φ_2 =屋面上表面复合换热量 Φ_3

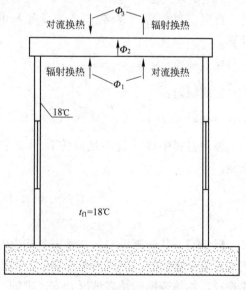

图 10-6 屋面复合换热示意图

从上述分析知,屋面材料的传热过程是多个环节的热量传递过程。室外气温影响到屋面上表面复合换热项中对流换热数值,是应在屋面材料导热和屋面上表面复合换热中包含的向天空辐射分项均已确定后才能计算的。

(1)求屋面下表面温度

屋面下表面温度即室内顶棚数值较高,为 t_{w1}

屋面下表面复合换热：$\Phi_1 = hA_1(t_{f1}-t_{w1}) + \varepsilon A_1 C_b\left[\left(\dfrac{T_{a1}}{100}\right)^4 - \left(\dfrac{T_{w1}}{100}\right)^4\right]$

屋面导热：$\Phi_2 = \dfrac{\lambda}{\delta}(t_{w1}-t_{w2})A_1$

结霜时屋面上表面温度为零，$t_{w2}=0℃$，故可得：

$$h(t_{f1}-t_{w1}) + \varepsilon C_b\left[\left(\dfrac{T_{a1}}{100}\right)^4 - \left(\dfrac{T_{w1}}{100}\right)^4\right] = \dfrac{\lambda}{\delta}t_{w1}$$

将上式整理，移项：$\left(h+\dfrac{\lambda}{\delta}\right)t_{w1} + \varepsilon C_b\left(\dfrac{T_{w1}}{100}\right)^4 = ht_{f1} + \varepsilon C_b\left(\dfrac{T_{a1}}{100}\right)^4$

$$\left(6.0+\dfrac{0.6}{0.2}\right)t_{w1} + 0.9\times5.67\left(\dfrac{T_{w1}}{100}\right)^4 = 6.0\times18 + 0.9\times5.67\times\left(\dfrac{18+273}{100}\right)^4$$

$$5.103\left(\dfrac{T_{w1}}{100}\right)^4 + 9t_{w1} = 473.92$$

用试差法求解，结果列于下表中。

t_{w1}	13.5	13.7	14.0	14.1
$5.103\left(\dfrac{T_{w1}}{100}\right)^4 + 9t_{w1}$	465.31	468.08	472.22	473.6

解得：$t_{w1}=14.1℃$

（2）室外气温

此时室外气温是否会高于 0℃ 呢？可对屋面和屋面上表面的辐射换热进行平衡计算。

屋面导热：$q_2 = \dfrac{\lambda}{\delta}t_{w1} = \dfrac{0.6}{0.2}\times(14.1-0) = 42.3\text{W/m}^2$

屋面辐射：

$$q_3 = \varepsilon C_b\left[\left(\dfrac{T_{w2}}{100}\right)^4 - \left(\dfrac{T_{a2}}{100}\right)^4\right] = 0.9\times5.67\times\left[\left(\dfrac{273}{100}\right)^4 - \left(\dfrac{-47+273}{100}\right)^4\right] = 150.32\text{W/m}^2$$

屋面材料中导热量不足以弥补屋面辐射散热，需通过对流换热由空气向屋面补充热量。

$$\dfrac{\lambda}{\delta}t_{w1} = \varepsilon C_b\left[\left(\dfrac{T_{w2}}{100}\right)^4 - \left(\dfrac{T_{a2}}{100}\right)^4\right] - h(t_{f2}-t_{w2})$$

$42.3 = 150.32 - 21.1\times(t_{f2}-0)$，解得：$t_{f2}=5.12℃$。

【讨论】 从计算可知，在秋末冬初夜晚天气晴朗时，屋顶面及地面的草木结霜时室外气温是高于零度的。另外对不同物体，由于表面发射率不同，物体内部是否有其他热量传递途径，物体表面的结霜情况是有区别的。

【例 10-2】 推导换热器的对数平均温差

【解】 以逆流情况为例，计算时需作如下假设：

（1）冷、热流体的质量流量 M_1、M_2 在换热器内是常数。c_1、c_2 是常数。

（2）传热系数 k 是常数，不随位置而变。

（3）换热器无散热损失，热流体失热量全部传给冷流体。

（4）换热面沿流动方向导热可忽略不计。

要计算沿整个换热面的平均温差，首先需要知道当地热冷流体温差沿换热面的变化，沿整个换热面积进行平均。

由图 10-7 知，在换热器中，从进口→出口，坐标 A 变化为 $0 \rightarrow A$。热流体温度变化：$t_1' \rightarrow t_1''$，冷流体温度：$t_2'' \rightarrow t_2'$。

在换热器中 x 处取 $\mathrm{d}x$ 微段，对应微元面积 $\mathrm{d}A$，穿过 $\mathrm{d}A$ 微面积，两种流体的传热量：

$$\mathrm{d}\Phi = k\mathrm{d}A\Delta t \tag{1}$$

$\Delta t = t_1 - t_2$，为冷、热流体温差。

对于热流体、冷流体，可以从温升中计算得热量与失热量：

热流体：$\mathrm{d}\Phi = -M_1 c_1 \mathrm{d}t_1$

冷流体：$\mathrm{d}\Phi = -M_2 c_2 \mathrm{d}t_2$

将上两式变换：

$$\mathrm{d}t_1 = -\frac{\mathrm{d}\Phi}{M_1 c_1} \quad \mathrm{d}t_2 = -\frac{\mathrm{d}\Phi}{M_2 c_2}$$

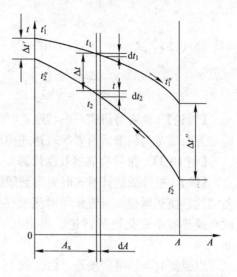

图 10-7 逆流式换热器平均温差的推导

热、冷流体温差：（微元 $\mathrm{d}A$ 范围内两者的温差）

$$\mathrm{d}(t_1 - t_2) = \mathrm{d}t_1 - \mathrm{d}t_2 = -\left(\frac{1}{M_1 c_1} - \frac{1}{M_2 c_2}\right)\mathrm{d}\Phi = -\mu\mathrm{d}\Phi \tag{2}$$

式(2)中：$\mu = \left(\dfrac{1}{M_1 c_1} - \dfrac{1}{M_2 c_2}\right)$

结合式(1)、式(2)两式，得：

$$\mathrm{d}\Delta t = -\mu\mathrm{d}\Phi = -\mu k\mathrm{d}A\Delta t$$

将温度及微分项移到左边，整理得：$\quad \dfrac{\mathrm{d}\Delta t}{\Delta t} = -\mu k\mathrm{d}A \tag{3}$

将上式从左端到右端积分，冷热流体温差为：

$\Delta t' = t_1' - t_2'' \rightarrow \Delta t_\mathrm{x} = t_1 - t_2$，面积为：$0 \rightarrow A_\mathrm{x}$

$$\int_{\Delta t'}^{\Delta t_\mathrm{x}} \frac{\mathrm{d}\Delta t}{\Delta t} = -\mu k\int_0^{A_\mathrm{x}} \mathrm{d}A$$

$$\ln\frac{\Delta t_\mathrm{x}}{\Delta t'} = -\mu kA_\mathrm{x} \tag{4}$$

$$\frac{\Delta t_\mathrm{x}}{\Delta t'} = \exp(-\mu kA_\mathrm{x})$$

$$\Delta t_\mathrm{x} = \Delta t'\exp(-\mu kA_\mathrm{x}) \tag{5}$$

当地温差随换热面变化呈指数变化，则沿整个换热面平均温差：

$$\Delta t_\mathrm{m} = \frac{1}{A}\int_0^A \Delta t_\mathrm{x}\mathrm{d}A_\mathrm{x} = \frac{1}{A}\int_0^A \Delta t'\exp(-\mu kA_\mathrm{x})\mathrm{d}A_\mathrm{x} = -\frac{\Delta t'}{A}\frac{1}{\mu k}\left[\exp(-\mu kA) - 1\right] \tag{6}$$

当 $A_\mathrm{x} = A$ 时，温差：$\Delta t_\mathrm{x} = \Delta t'' = t_1'' - t_2'$

则由式(5)得 $\quad\quad\quad\quad \Delta t'' = \Delta t'\exp(-\mu kA) \tag{7}$

$$\frac{\Delta t''}{\Delta t'} = \exp(-\mu kA) \tag{8}$$

$$-\mu kA = \ln\frac{\Delta t''}{\Delta t'} \tag{9}$$

将式(8)、式(9)代入式(6)中,得:

$$\Delta t_m = \frac{\Delta t'}{\ln\frac{\Delta t''}{\Delta t'}}\left[\frac{\Delta t''}{\Delta t'}-1\right] = \frac{\Delta t''-\Delta t'}{\ln\frac{\Delta t''}{\Delta t'}} = \frac{\Delta t'-\Delta t''}{\ln\frac{\Delta t'}{\Delta t''}} \tag{10}$$

【讨论】 读者可将式(10)与顺流时的对数平均温度差公式推导相对比,找出其中不同的地方,思考为何最后两者的表达式相同?

【例 10-3】 推导换热器效能计算

【解】 推导效能计算式时要得到效能 ε 与冷热流体流量、热物性、换热器面积、换热器结构、换热器壁面与流体间对流换热诸多因素的关系。在 [例 10-2] 中已经对流体温度在换热器中变化进行讨论,得出其与上述因素的关系,在此基础上可进一步计算效能 ε。

以逆流时为例进行推导,由 [例 10-2] 的式(8):

$$\Delta t'' = \Delta t'\exp\left[-kA\left(\frac{1}{M_1 c_1}-\frac{1}{M_2 c_2}\right)\right] \tag{1}$$

设 $M_1 c_1 = (Mc)_{\min}$

而由热平衡方程得:

$$t_2'' = t_2' + \frac{M_1 c_1}{M_2 c_2}(t_1'-t_1'')$$

上式代入式(1),得:

$$\frac{-t_1'+t_1''+t_1'-t_2'}{t_1'-t_2'-\frac{M_1 c_1}{M_2 c_2}(t_1'-t_1'')} = \exp\left[-kA\left(\frac{1}{M_1 c_1}-\frac{1}{M_2 c_2}\right)\right]$$

两边同除 $(t_1'-t_2')$,得:

$$\frac{-\dfrac{t_1'-t_1''}{t_1'-t_2'}+1}{1-\dfrac{M_1 c_1}{M_2 c_2}\dfrac{t_1'-t_1''}{t_1'-t_2'}} = \exp\left[-kA\left(\frac{1}{M_1 c_1}-\frac{1}{M_2 c_2}\right)\right] \tag{2}$$

将 $\dfrac{t_1'-t_1''}{t_1'-t_2'} = \varepsilon$, $\text{NTU} = \dfrac{kA}{M_1 c_1} = \dfrac{kA}{(Mc)_{\min}}$, $\dfrac{M_1 c_1}{M_2 c_2} = \dfrac{(Mc)_{\min}}{(Mc)_{\max}}$ 代入式(2)

得:

$$\frac{-\varepsilon+1}{1-\dfrac{(Mc)_{\min}}{(Mc)_{\max}}\varepsilon} = \exp\left[-\text{NTU}\left(1-\frac{(Mc)_{\min}}{(Mc)_{\max}}\right)\right]$$

整理,得:

$$\varepsilon = \frac{1-\exp\left[-\text{NTU}\left(1-\dfrac{(Mc)_{\min}}{(Mc)_{\max}}\right)\right]}{1-\dfrac{(Mc)_{\min}}{(Mc)_{\max}}\exp\left[-\text{NTU}\left(1-\dfrac{(Mc)_{\min}}{(Mc)_{\max}}\right)\right]} \tag{3}$$

令: $C_{\min} = (Mc)_{\min}$, $C_{\max} = (Mc)_{\max}$

则:

$$\varepsilon = \frac{1-\exp\left[-\text{NTU}\left(1-\dfrac{C_{\min}}{C_{\max}}\right)\right]}{1-\dfrac{C_{\min}}{C_{\max}}\exp\left[-\text{NTU}\left(1-\dfrac{C_{\min}}{C_{\max}}\right)\right]} \tag{4}$$

【例 10-4】 一卧式蒸汽冷凝器，该冷凝器采用外径为 19mm，厚 1mm 的黄铜管 32 根。蒸汽在管间从干饱和蒸汽凝结为饱和水，蒸汽饱和温度为 113.3℃，凝结侧表面换热系数为 8120W/(m² · K)。冷却水在管内流动，流量为 3.5kg/s，进口温度 60℃，要求被加热到 90℃。已知水侧污垢热阻为 0.0002m² · K/W，并忽略管壁导热热阻。试求每根管子的管长。

【解】 水侧的定性温度为：$t_f = \dfrac{t' + t''}{2} = \dfrac{60 + 90}{2} = 75℃$

查得水在 75℃时的物性，$c_p = 4.191$kJ/(kg · K)，$\lambda = 0.671$W/(m · K)，$\nu = 0.390 \times 10^{-6}$m²/s，$Pr = 2.38$

$$u = \frac{4m}{n\rho\pi d_i^2} = \frac{4 \times 3.5}{32 \times 974.8 \times 3.14 \times 0.017^2} = 0.495\text{m/s}$$

$$Re = \frac{ud_i}{\nu} = \frac{0.495 \times 0.017}{0.390 \times 10^{-6}} = 21580$$

$$Nu = 0.023Re^{0.8}Pr^{0.4} = 0.023 \times 21580^{0.8} \times 2.38^{0.4} = 95.4$$

$$h_i = \frac{Nu\lambda}{d_i} = \frac{95.4 \times 0.671}{0.017} = 3765.5\text{W/(m}^2 \cdot \text{K)}$$

总传热系数可以用下式计算：

$$k = \frac{1}{\dfrac{1}{h_o} + \dfrac{d_o}{d_i}\dfrac{1}{h_i} + \dfrac{d_o}{d_i}R_f} = \frac{1}{\dfrac{1}{8120} + \dfrac{0.019}{0.017}\left(\dfrac{1}{3765.5} + 0.0002\right)} = 1554\text{W/(m}^2 \cdot \text{K)}$$

总换热量：

$$\Phi = mc_p(t'' - t') = 3.5 \times 4.191 \times (90 - 60) = 440\text{kW}$$

$$\Delta t_m = \frac{(t_s - t') - (t_s - t'')}{\ln\dfrac{t_s - t'}{t_s - t''}} = \frac{(113.3 - 60) - (113.3 - 90)}{\ln\dfrac{113.3 - 60}{113.3 - 90}} = 36.3\text{K}$$

管长：

$$l = \frac{\Phi}{kn\pi d_o\Delta t_m} = \frac{440 \times 10^3}{1554 \times 32 \times 3.14 \times 0.019 \times 36.3} = 4.08\text{m}$$

【讨论】 在计算总热阻时，应选择计算基准面积（本题中选择管外表面积为基准面积），并将各部分热阻换算到以该面积为基准的数值。

【例 10-5】 某套管式换热器，内管内径为 100mm、外径为 108mm，管壁导热系数 $\lambda = 36$W/(m · K)。流量为 $M = 0.4$kg/s 的冷水在内管内流过，温度从 20℃被加热到 45℃，其对流换热表面传热系数 $h_1 = 3000$W/(m² · K)；套管内流过流量为 0.42kg/s 的热水，其进口温度为 68℃、对流换热表面传热系数 $h_2 = 1500$W/(m² · K)。冷水与热水流动方向为逆流。

求：（1）换热器最大可能传热量 Φ_{max}；

（2）换热器效能 ε（水的定压比热取 $c_p = 4.18$kJ/(kg · K)）；

（3）换热器内管长度 l。

【解】（1）$t_1'' = t_1' - \dfrac{M_2c_2}{M_1c_1}(t_2'' - t_2') = 68 - \dfrac{0.4 \times 4.18}{0.42 \times 4.18} \times (45 - 20) = 44.2℃$

$$\frac{C_{\min}}{C_{\max}}=\frac{M_2c_2}{M_1c_1}=\frac{0.4\times4.18}{0.42\times4.18}=0.952$$

冷、热流体间换热量：$\Phi=M_2c_2(t_2''-t_2')=0.4\times4.18\times(45-20)=41.8\text{kW}$

最大可能传热量：

$$\Phi_{\max}=M_2c_2(t_1'-t_2')=0.4\times4.18\times(68-20)=80.3\text{kW}$$

（2）换热器效能：$\varepsilon=\dfrac{\Phi}{\Phi_{\max}}=\dfrac{41.8}{80.3}=0.52$

同时传热系数：

$$kA=k_ll=\cfrac{1}{\cfrac{1}{h_1\pi d_1l}+\cfrac{1}{2\pi\lambda l}\ln\cfrac{d_2}{d_1}+\cfrac{1}{h_2\pi d_2l}}$$

（3）用 ε—NTU 法求管长：

因效能：

$$\varepsilon=\cfrac{1-\exp\left[-\text{NTU}\left(1-\cfrac{C_{\min}}{C_{\max}}\right)\right]}{1-\cfrac{C_{\min}}{C_{\max}}\exp\left[-\text{NTU}\left(1-\cfrac{C_{\min}}{C_{\max}}\right)\right]}$$

故：$\exp\left[-\text{NTU}\left(1-\dfrac{C_{\min}}{C_{\max}}\right)\right]=\dfrac{1-\varepsilon}{1-\varepsilon\dfrac{C_{\min}}{C_{\max}}}=\dfrac{1-0.52}{1-0.52\times0.952}=0.9505$

$$-\text{NTU}\left(1-\frac{C_{\min}}{C_{\max}}\right)=\ln0.9505=-0.0507$$

$\text{NTU}=\dfrac{0.0507}{1-0.952}=1.056$，即：$\dfrac{kA}{C_{\min}}=\dfrac{k_ll}{C_{\min}}=1.056$

$$l=1.056\times0.4\times4.18\times10^3\times\left(\frac{1}{3000\times\pi\times0.1}+\frac{1}{2\pi\times36}\ln\frac{0.108}{0.1}+\frac{1}{1500\times\pi\times0.108}\right)$$

$$=5.95\text{m}$$

用平均温度差法求管长：

$$\Delta t_{\mathrm{m}}=\frac{\Delta t'-\Delta t''}{\ln\dfrac{\Delta t'}{\Delta t''}}=\frac{(68-45)-(44.2-20)}{\ln\dfrac{68-45}{44.2-20}}=23.59℃$$

$\because\Phi=k_ll\Delta t_{\mathrm{m}}$

$$l=\frac{\Phi}{\Delta t_{\mathrm{m}}}\left(\frac{1}{h_1\pi d_1}+\frac{1}{2\pi\lambda}\ln\frac{d_2}{d_1}+\frac{1}{h_2\pi d_2}\right)$$

$$=\frac{41.8\times10^3}{23.59\times3.14}\left(\frac{1}{3000\times0.1}+\frac{1}{2\times36}\ln\frac{0.108}{0.1}+\frac{1}{1500\times0.108}\right)$$

$$=5.96\text{ m}$$

【讨论】 从上述计算可知，对数平均温差法求解时物理概念较明确，步骤较简单。ε—NTU 法用计算式求解时，需对公式进行变换，若是非纯逆流时，效能计算式将很复杂，不易变换得出结果。

【例 10-6】 换热面积 $A=0.9\text{m}^2$ 的逆流式换热器，使用初期能把热容量 $m_1c_1=1272$（W/℃）的热流体从 200℃降低至 140℃，把冷流体从 30℃加热至 120℃。但该换热器运行两年后，在冷热流体进口温度不变的情况下，测得冷流体出口温度仅为 90℃。

求：(1) 该换热器的换热量降低了多少？

(2) 该换热器壁面上产生的污垢热阻 R_f 为多少？

【解】 (1) $\Phi=m_1 c_1(t_1'-t_1'')=1272\times(200-140)=76.32\text{kW}$

$$m_1 c_1(t_1'-t_1'')=m_2 c_2(t_2''-t_2')$$

$$m_2 c_2=\frac{m_1 c_1(t_1'-t_1'')}{t_2''-t_2'}=\frac{1272\times(200-140)}{120-30}=848\text{W/℃}$$

运行两年后，流体出口温度变化，但仍满足热平衡：$m_1 c_1(t_1'-t_1''')=m_2 c_2(t_2'''-t_2')$

$$t_1'''=t_1'-\frac{m_2 c_2}{m_1 c_1}(t_2'''-t_2')=200-\frac{848}{1272}\times(90-30)=160℃$$

产生污垢后换热量：$\Phi'=m_2 c_2(t_2'''-t_2')=848\times(90-30)=50.88\text{kW}$

换热量降低量：$\Delta\Phi=\Phi-\Phi'=76.32-50.88=25.44\text{kW}$

(2) 运行初期的平均温度差：$\Delta t_m=\dfrac{\Delta t'-\Delta t''}{\ln\dfrac{\Delta t'}{\Delta t''}}=\dfrac{(200-120)-(140-30)}{\ln\dfrac{200-120}{140-30}}=94.21℃$

产生污垢后平均温度差：$\Delta t_m'=\dfrac{\Delta t'-\Delta t'''}{\ln\dfrac{\Delta t'}{\Delta t'''}}=\dfrac{(200-90)-(160-30)}{\ln\dfrac{200-90}{160-30}}=119.7℃$

由 $\Phi=kA\Delta t_m$ 得 $\dfrac{1}{k}=\dfrac{A\Delta t_m}{\Phi}$，传热系数的变化反映了污垢值的变化：

$$R_f=\frac{1}{k'}-\frac{1}{k}=\frac{A\Delta t_m'}{\Phi'}-\frac{A\Delta t_m}{\Phi}$$

$$=\frac{0.9\times119.7}{50.88}-\frac{0.9\times94.21}{76.32}=1.006(\text{m}^2\cdot\text{K})/\text{kW}$$

10.3 提 高 题

【例 10-7】 某安置在室外的变压器外形近似为高 1.1m、直径为 0.6m 的圆柱体，工作中本身发热为 440W。变压器的发热量是从圆柱体侧面与顶面的散发出的。在夏天，室外气温可高达 36℃。太阳的平均照射热流密度为 700W/m²。变压器外壳涂漆，对太阳能的吸收比为 0.2，由于变压器四周尚有其他杂物，环境的辐射可近似地看成为环境温度下的黑体辐射，变压器的表面发射率为 0.8。试估算夏天最高气温时的平均外壳温度。

【解】 变压器的表面与外界环境的换热较复杂，同时接受太阳辐射，有本身发热，本身与外界辐射换热和对流换热，需综合应用各种热量计算式，先列出热平衡式：

本身发热＋接受太阳辐射＝与外界辐射换热＋与外界对流换热

变压器的表面温度在各项热量中均出现，且是非线性的，还对空气的物性有影响，故不能直接求解，用试算法。

(1) 对流部分

设变压器外壳表面温度 $t=68℃$

取定性温度是边界层内平均温度：$t_m=\dfrac{68+36}{2}=52℃$

查 52℃空气的物性：$\nu=18.15\times10^{-6}\,\mathrm{m^2/s}$，$\lambda=0.0284\,\mathrm{W/(m\cdot K)}$，$Pr=0.698$

圆柱体侧面对流换热：

$$Gr=\frac{g\alpha\Delta tl^3}{\nu^2}=\frac{9.8\times\dfrac{1}{273+52}\times(68-36)\times1.1^3}{18.15^2\times10^{-12}}=3.899\times10^9$$

$$\frac{35}{Gr^{1/4}}=0.14,\quad \frac{d}{H}=0.545$$

满足文献［1］式(6-18)中 $\dfrac{d}{H}>\dfrac{35}{Gr^{1/4}}$ 的条件，故不需修正。

$$Nu=0.1(Gr\cdot Pr)^{0.333}=0.1\times(3.899\times10^9\times0.698)^{0.333}=138.605$$

$$h=Nu\frac{\lambda}{L}=138.605\times\frac{0.0284}{1.1}=3.58\,\mathrm{W/(m^2\cdot K)}$$

变压器的顶盖的定型尺寸为 $0.9d$，圆柱体顶面对流换热：

$$Gr=\frac{g\alpha\Delta tl^3}{\nu^2}=\frac{9.8\times\dfrac{1}{273+52}\times(68-36)\times(0.9\times0.6)^3}{18.15^2\times10^{-12}}=4.612\times10^8$$

$$Nu=0.15\times(Gr\cdot Pr)^{0.333}=0.15\times(4.612\times10^8\times0.698)^{0.333}=102.136$$

$$h=Nu\frac{\lambda}{L}=102.136\times\frac{0.0284}{0.9\times0.6}=5.37\,\mathrm{W/(m^2\cdot K)}$$

(2) 辐射部分及热量平衡

设计算状态已为稳定传热状态，则吸收的太阳辐射热量、金属变压器自身发热、金属变压器与环境间的辐射换热、空气间自然对流散热量达到平衡。

取变压器为表面 1，取环境为表面 am，

$$\Phi_c+\Phi_r=\Phi_1+\Phi_2 \tag{1}$$

变压器与周围环境辐射是两个表面间的换热，是

$$\Phi_r=\varepsilon\sigma_b(T_1^4-T_{am}^4)\left(\frac{\pi}{4}d^2+\pi dl\right)$$

$$=0.8\times5.67\times10^{-8}(341^4-309^4)\left(\frac{\pi}{4}\times0.6^2+\pi\times0.6\times1.1\right)$$

$$=470.51\,\mathrm{W}$$

变压器与周围环境的对流换热：

$$\Phi_c=\left(h_1\frac{\pi}{4}d^2+h_2\pi dl\right)(t_w-t_f)$$

$$=\left(5.371\times\frac{\pi}{4}\times0.6^2+3.579\times\pi\times0.6\times1.1\right)\times(68-36)$$

$$=285.92\,\mathrm{W}$$

$$\Phi_c+\Phi_r=756.43\,\mathrm{W}$$

变压器需散发的总热量：

$$\Phi_1+\Phi_2=700\times0.2\times\left(\frac{\pi}{4}d^2+\pi dl\right)+440$$

$$=700\times0.2\times\left(\frac{\pi}{4}\times0.6^2+\pi\times0.6\times1.1\right)+440$$

$=769.7\mathrm{W}$

$\Phi_c+\Phi_r$ 与 $\Phi_1+\Phi_2$ 相差小于 2%，故变压器外壳表面温度 $t=68℃$。

【讨论】 (1)复合换热中为什么要用试算法来计算？(2)变压器表面的油漆颜色对辐射散热有何影响？在晴天与夜晚的影响是否相同？

【例 10-8】 一工业加热炉的炉门尺寸为 $1.3\mathrm{m}\times1\mathrm{m}$。由于其结构限制，炉门绝热材料不能太厚，故炉门外壁温度仍高达 130℃。为减少对室内其他物体的热辐射，在距炉门 1m 处又设置一块平行于炉门且同样尺寸的金属遮热板(图 10-8)。设炉门外表面的发射率为 0.88，遮热板两个表面的发射率均为 0.70，室温为 27℃，试确定遮热板处于稳态工况时的壁面温度。

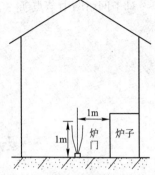

图 10-8 加热炉及遮热板位置图

【解】 (1)辐射部分

因计算状态已为稳定传热状态，则金属遮热板与炉门、环境间的辐射换热与板两面和室内空气间自然对流散热量相等。

取炉门为表面 1，取遮热板为表面 2，遮热板左面为表面 2L，遮热板右面为表面 2R，环境为 3。环境温度与空气温度相同。

画出辐射换热网络图如图 10-9 所示。其中 3 表面可视为发射率为 1 的表面。

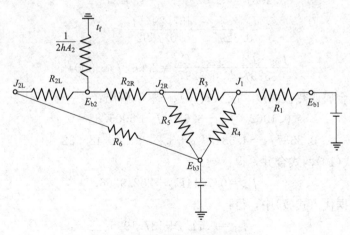

图 10-9 辐射换热网络图

炉门与金属遮热板角系数可按两平行长方形表面的情况求取。查文献 [1] 中图 9-18 得，$X_{1,2R}=0.24$，$X_{1,3}=1-0.24=0.76$，同理：$X_{2R,1}=0.24$，$X_{2R,3}=1-0.24=0.76$，$X_{2L,3}=1$。

表面 1 热阻：$R_1=\dfrac{1-\varepsilon_1}{\varepsilon_1 A_1}=\dfrac{1-0.88}{0.88\times1.3}=0.1049$

表面 2 热阻：$R_{2L}=R_{2R}=\dfrac{1-\varepsilon_2}{\varepsilon_2 A_2}=\dfrac{1-0.7}{0.7\times1.3}=0.3297$

空间热阻：$R_3=\dfrac{1}{X_{1,2R}A_1}=\dfrac{1}{0.24\times1.3}=3.2051$

$$R_4 = \frac{1}{X_{1,3}A_1} = \frac{1}{0.76 \times 1.3} = 1.0121, \quad R_5 = \frac{1}{X_{2R,3}A_2} = \frac{1}{0.76 \times 1.3} = 1.0121$$

$$R_6 = \frac{1}{X_{2L,3}A_2} = \frac{1}{1 \times 1.3} = 0.7692$$

对于网络图中节点 J_1、J_{2R}、J_{2L} 列出方程。

$$\frac{E_{b1} - J_1}{R_1} + \frac{J_{2R} - J_1}{R_3} + \frac{E_{b3} - J_1}{R_4} = 0 \tag{1}$$

$$\frac{J_1 - J_{2R}}{R_3} + \frac{E_{b2} - J_{2R}}{R_{2R}} + \frac{E_{b3} - J_{2R}}{R_5} = 0 \tag{2}$$

$$\frac{E_{b2} - J_{2L}}{R_{2L}} + \frac{E_{b3} - J_{2L}}{R_6} = 0 \tag{3}$$

$$\frac{J_{2L} - E_{b2}}{R_{2L}} + \frac{J_{2R} - E_{b2}}{R_{2R}} = 2hA_2(T_2 - 300) \tag{4}$$

将各热阻值代入，并注意到：$E_{b1} = 5.67 \times 10^{-8} \times (273 + 130)^4 = 1495.56 \text{W/m}^2$

$$E_{b3} = 5.67 \times 10^{-8} \times (273 + 27)^4 = 459.27 \text{W/m}^2$$

将数字代入各式：

$$\frac{1495.56 - J_1}{0.1049} + \frac{J_{2R} - J_1}{3.2051} + \frac{459.27 - J_1}{1.0121} = 0 \tag{5}$$

$$\frac{J_1 - J_{2R}}{3.2051} + \frac{E_{b2} - J_{2R}}{0.3297} + \frac{459.27 - J_{2R}}{1.0121} = 0 \tag{6}$$

$$\frac{E_{b2} - J_{2L}}{0.3297} + \frac{457.29 - J_{2L}}{0.7692} = 0 \tag{7}$$

$$\frac{J_{2L} - E_{b2}}{0.3297} + \frac{J_{2R} - E_{b2}}{0.3297} = 2.6h(T_2 - 300) \tag{8}$$

由于要求解金属遮热板温度，故从式(5)、式(6)解出：

$$0.1062 \times J_{2R} - 3.6863J_1 + 5005.83 = 0 \tag{9}$$

$$0.3337J_1 - 4.6343J_{2R} + 3.2439E_{b2} + 485.32 = 0 \tag{10}$$

将式(9)、式(10)两式合并，得：

$$J_{2R} = 0.7014E_{b2} + 202.9266 \tag{11}$$

将各已知数据代入式(7)中，得：

$$J_{2L} = 0.7E_{b2} + 137.1995 \tag{12}$$

将式(11)、式(12)代入遮热板的热平衡式(8)，得：

$$\frac{0.7014E_{b2} + 202.9266 - E_{b2}}{0.3297} + \frac{0.7E_{b2} + 137.1995 - E_{b2}}{0.3297} = 2hA_2(T_2 - 300)$$

$$1031.623 - 10.294\left(\frac{T_2}{100}\right)^4 = 2.6h(T_2 - 300) \tag{13}$$

（2）对流部分

用试算法求遮热板温度，设遮热板温度 $t_2 = 37.7℃$

取定性温度是边界层内平均温度：$t_m = \frac{27 + 37.7}{2} = 32.35℃$

查 32℃ 空气的物性：$\nu = 16.24 \times 10^{-6} \text{m}^2/\text{s}$，$\lambda = 0.0269 \text{W/(m·K)}$，$Pr = 0.7$

$$Gr=\frac{g\alpha\Delta tl^3}{\nu^2}=\frac{9.8\times\dfrac{1}{273+32.35}\times(37.7-27)\times1^3}{16.24^2\times10^{-12}}=1.302\times10^9$$

$$Nu=0.1(Gr\cdot Pr)^{0.333}=0.1\times(1.302\times10^9\times0.7)^{0.333}=96.29$$

$$h=Nu\frac{\lambda}{L}=96.29\times\frac{0.0269}{1}=2.59\text{W}/(\text{m}^2\cdot\text{K})$$

将 h 代入(13)

$$1031.623-10.29\left(\frac{T_2}{100}\right)^4=2.6\times2.59\times(T_2-300) \tag{14}$$

将 T_2 代入式(14)，方程左边 $=72.7074$，方程右边 $=72.0538$

相对误差小于 2%，所设温度及计算正确。

【讨论】 (1)若遮热板有一定厚度，有一定导热热阻，此时是否能将导热热阻画进网络图？(2)遮热板两侧发射率是否可设成不同的数值？对辐射散热有何影响？

【例 10-9】 已知换热器内热流体为 2 程流动，冷流体为 1 程流动，说明下面各形式哪些是可实现的？冷、热流体各是什么过程？

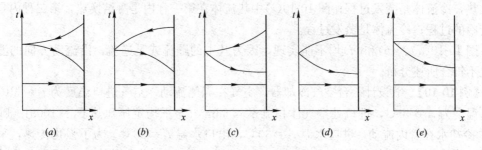

图 10-10　换热器内温度分析图

【解】 对于此题，首先要分析换热器流体温度变化规律。无论是顺流或逆流，在换热器任一微元换热面积 $\mathrm{d}A$ 内，由热量平衡关系，结合本章［例 10-3］公式，热流体温升数值可按下式计算：

$$\left|\mathrm{d}t_1\right|=\left|\frac{\mathrm{d}\varPhi}{M_1c_1}\right|=\frac{k(t_1-t_2)_x\mathrm{d}A}{M_1c_1}=\frac{kA_0(t_1-t_2)_x\mathrm{d}x}{M_1c_1}$$

A_0——沿长度方向单位管长时的换热面积。

故热流体温度变化率：$\left|\dfrac{\mathrm{d}t_1}{\mathrm{d}x}\right|=\dfrac{kA_0(t_1-t_2)_x}{M_1c_1}$

同理，冷流体温度变化率：$\left|\dfrac{\mathrm{d}t_2}{\mathrm{d}x}\right|=\dfrac{kA_0(t_1-t_2)_x}{M_2c_2}$

在换热器中冷热流体呈顺流的部分，$0\to L$ 时，$(t_1-t_2)_x\searrow$，故 $\left|\dfrac{\mathrm{d}t_1}{\mathrm{d}x}\right|\searrow$，故温度曲线的形状如图 10-11 所示。

在换热器中冷热流体呈逆流的部分，如图 10-12 所示，因 $\Delta t'=t_1''-t_2'<\Delta t''=t_1'-t_2''$，$0\to L$ 时，$(t_1-t_2)_x\nearrow$，故 $\left|\dfrac{\mathrm{d}t_1}{\mathrm{d}x}\right|\nearrow$，故从进口到出口，$t_1\sim f_1(x)$ 温度曲线的斜率绝对值均是从小变大，曲线由平缓变得陡峭，热流体温度曲线的形状如图 10-12 所示。

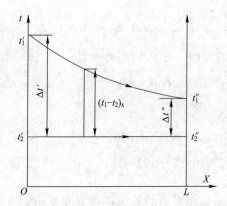

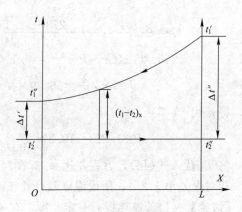

图 10-11　顺流式换热器的温度变化　　　　图 10-12　逆流式换热器的温度变化

根据上述分析，问题中只有图 10-10(c) 和 (e) 中流动温度变化趋势完全符合逆流、顺流时规律，因而图 10-10(c) 和 (e) 是可实现的。具体流动形式是图 10-10(c) 中热流体无相变换热，冷流体是蒸发过程；图 10-10(e) 中热流体在第一程内是凝结换热，第二程内是液体过冷的过程；冷流体是蒸发过程。

图 10-10(a)、(b) 和 (d) 均不能实现，因为其中的顺流或是逆流，沿流动方向的温度变化不符合所述分析。

【例 10-10】 欲设计一台空气冷却器，空气在壳侧流动，空气进口温度为 $t_1'=110℃$，出口温度为 $t_1''=40℃$，进口处空气体积流量 $4.68\text{m}^3/\text{s}$，平均定压比热 $C_1=1009\text{J}/(\text{kg}\cdot\text{K})$。冷却水在管内流动，进口水温 $t_2'=30℃$，出口水温 $t_2''=38℃$。为了强化传热，采用铜质环肋的肋片管，其基管外径 $d_o=26\text{mm}$，壁厚 $\delta=1\text{mm}$，肋化系数（加肋后肋片侧总表面积与该侧未加肋时的表面积之比）$\beta=9.6$，肋面总效率 $\eta_0=0.91$，材料导热系数 $\lambda=398\text{W}/(\text{m}\cdot\text{K})$。该冷却器的总管数为 108 根，水侧流程数为 4，空气侧流程数为 1。空气与冷却水的流动方向相反。已知空气侧表面传热系数 $h_o=206\text{W}/(\text{m}\cdot\text{K})$。

试求：（1）试求冷却水质量流量；

（2）计算该空气冷却器的传热面积。

【解】 （1）查空气物性，得 110℃时，$\rho=0.922\text{kg}/\text{m}^3$。

空气质量流量：$m_2=4.68\times0.922=4.315\text{kg}/\text{s}$

冷却水质量流量：

$$m_2=\frac{m_1 c_{p1}}{c_{p2}(t_2''-t_2')}(t_1'-t_1'')=\frac{4.315\times1009}{4174\times(38-30)}\times(110-40)=9.127\text{kg}/\text{s}$$

传热量：$\Phi=m_1 c_{p1}(t_1''-t_1')=4.315\times1009\times(110-40)=304.768\text{kW}$

（2）冷却水流速：

$$u_2=\frac{m_2}{\rho_2 n \frac{\pi}{4}d^2}=\frac{9.127}{993.95\times\frac{108}{4}\times\frac{\pi}{4}\times0.024^2}=0.752\text{m}/\text{s}$$

$$Re_f=\frac{du}{v_f}=\frac{0.024\times0.752}{0.742\times10^{-6}}=2.44\times10^4$$

流动状态为紊流：$Nu_f=0.023Re_f^{0.8}Pr_f^n=0.023\times24400^{0.8}\times4.865^{0.4}=140.11$

$$h = Nu_f \frac{\lambda_f}{d} = 140.11 \times \frac{0.627}{0.024} = 3660.4 \text{W/(m}^2 \cdot \text{K)}$$

纯逆流时，$\Delta t_{逆流} = \dfrac{\Delta t' - \Delta t''}{\ln \dfrac{\Delta t'}{\Delta t''}} = \dfrac{(110-38)-(40-30)}{\ln \dfrac{110-38}{40-30}} = 31.41℃$

$$P = \frac{t_2'' - t_2'}{t_1' - t_2'} = \frac{38-30}{110-30} = 0.114$$

$$R = \frac{t_1' - t_1''}{t_2'' - t_2'} = \frac{110-40}{38-30} = 8.75$$

这是两侧流体均不混合的情况，按 P、R 值，查得 $\varepsilon_{\Delta t} = 0.99$

管壳换热器中温差：$\Delta t_m = 0.99 \times 31.41 = 31.1℃$

管中光壁侧面积 A_1，圆管外加肋片时的传热量为：

$$\Phi = \frac{t_{f1} - t_{f2}}{\dfrac{1}{h_1 A_1} + \dfrac{\ln(r_2/r_1)}{2\pi\lambda nl} + \dfrac{1}{h_2 A_2 \eta_0}} = \frac{\Delta t_m}{\dfrac{1}{h_1 A_1} + \dfrac{\ln(r_2/r_1)}{2\pi\lambda} \dfrac{\pi d_1}{A_1} + \dfrac{1}{h_2 \eta_0 \beta A_1}}$$

上式变换：$\Phi = \dfrac{\Delta t_m}{\dfrac{1}{h_1} + \dfrac{\ln(r_2/r_1)}{2\pi\lambda} \pi d_1 + \dfrac{1}{h_2 \eta_0 \beta}} A_1$

整理得：

$$A_1 = \frac{\Phi}{\Delta t_m} \left(\frac{1}{h_1} + \frac{\ln(r_2/r_1)}{2\pi\lambda} \pi d_1 + \frac{1}{h_2 \eta_0 \beta} \right)$$

$$= \frac{304768}{31.1} \left(\frac{1}{3660.4} + \frac{\ln(26/24)}{2\pi \times 398} \times 3.14 \times 0.024 + \frac{1}{206 \times 0.91 \times 9.6} \right)$$

$$= 8.153 \text{m}^2$$

【讨论】 (1)能否进一步计算出管子的长度？(2)圆管热阻公式中为何乘以管根数 n？(3)实际运行时水侧和空气侧均会有污垢热阻，这时传热量计算式应如何变化？对传热面积有何影响？

【例 10-11】 一个 1-2 管壳热交换器，采用将油从 100℃冷却到 65℃的方法把水从 25℃加热到 50℃，此热交换器是按传热量 20kW、传热系数 340W/(m²·℃)的条件设计的，试计算其传热面积 A_1。

假设上面所说的油相当的脏，以致在分析中必须取其污垢热阻为 0.004m²·K/W，这时传热面积 A_2 应为多少？若传热面积仍为 A_1，流体进口温度不变，试问当选用一污垢热阻后，传热量会减小多少？

【解】 (1)纯逆流时 $\Delta t' = t_1' - t_2'' = 100-50 = 50℃$

$$\Delta t'' = t_1'' - t_2' = 65-25 = 40℃$$

管壳换热器中，$\Delta t_{逆流} = \dfrac{\Delta t' - \Delta t''}{\ln \dfrac{\Delta t'}{\Delta t''}} = \dfrac{50-40}{\ln \dfrac{50}{40}} = 44.81℃$

$$P = \frac{t_2'' - t_2'}{t_1' - t_2'} = \frac{50-25}{100-25} = 0.33$$

$$R = \frac{t_1' - t_1''}{t_2'' - t_2'} = \frac{100-65}{50-25} = 1.40$$

按 P、R 查得 $\varepsilon_{\Delta t}=0.93$

管壳换热器中温差：$\Delta t_{\mathrm{m}}=\varepsilon_{\Delta t}\dfrac{\Delta t'-\Delta t''}{\ln\dfrac{\Delta t'}{\Delta t''}}=0.93\times44.81=41.67℃$

由 $\Phi=kA\Delta t_{\mathrm{m}}$ 得：$A=\dfrac{\Phi}{k\Delta t_{\mathrm{m}}}=\dfrac{20\times10^3}{340\times41.67}=1.412\mathrm{m}^2$

(2) 污垢存在时，换热器热阻：

$$R=\frac{1}{340}+0.004=6.941\times10^{-3}(\mathrm{m}^2\cdot\mathrm{K})/\mathrm{W}$$

此时传热系数：$k'=\dfrac{1}{R}=\dfrac{1}{6.941\times10^{-3}}=144.06\mathrm{W}/(\mathrm{m}^2\cdot\mathrm{K})$

传热面积：$A'=\dfrac{\Phi}{k'\Delta t_{\mathrm{m}}}=\dfrac{20\times10^3}{144.06\times44.14}=3.145\mathrm{m}^2$

(3) 若仍选污垢热阻为 $0.004\mathrm{m}^2\cdot\mathrm{K}/\mathrm{W}$：

由题目条件，热量平衡公式：$\Phi=m_1c_1(t_1'-t_1'')=m_2c_2(t_2''-t_2')=20\times10^3$

热流体热容：$m_1c_1=\dfrac{\Phi}{(t_1'-t_1'')}=\dfrac{20\times10^3}{100-65}=571.429\mathrm{W}/\mathrm{K}$

冷流体热容：$m_2c_2=\dfrac{\Phi}{(t_2''-t_2')}=\dfrac{20\times10^3}{50-25}=800\mathrm{W}/\mathrm{K}$

设此时热流体出口温度为 $t_1''=81.3℃$，

由热量平衡公式：$t_2''=t_2'+\dfrac{m_1c_1}{m_2c_2}(t_1'-t_1'')=25+\dfrac{571.429}{800}(100-81.3)=38.36℃$

$\Delta t'=t_1'-t_2''=100-38.36=61.64℃$，$\quad\Delta t''=t_1''-t_2'=81.3-25=56.3℃$

$$P=\frac{t_2''-t_2'}{t_1'-t_2'}=\frac{38.36-25}{100-25}=0.178$$

$$R=\frac{t_1'-t_1''}{t_2''-t_2'}=\frac{100-81.3}{38.36-25}=1.399$$

按 P、R 查得 $\varepsilon_{\Delta t}=0.99$

管壳换热器中温差：$\Delta t_{\mathrm{m}}=0.99\times\dfrac{61.64-56.5}{\ln\dfrac{61.64}{56.5}}=58.44℃$

得：$\Phi=kA\Delta t_{\mathrm{m}}=144.06\times1.412\times58.44=11887\mathrm{W}$

得：$t_1''=t_1'-\dfrac{\Phi}{m_1c_1}=100-\dfrac{11887}{571.429}=79.2℃$

假设值与计算值相差 3%，计算结果成立。

有污垢后换热减少较多：$\dfrac{20000-11887}{20000}=40.57\%$

[讨论]　(1)传热教科书及换热设备手册中的常规污垢热阻是计算出的还是实验测定或是由实际运行数据总结的？(2)传热设备出现污垢后可采取什么方法来处理？

【例 10-12】　有 1-2 型管壳式油冷却器，用质量流量为 48000kg/h，进口温度为 33℃的冷却水冷却透平油。油的进口温度为 58.7℃，体积流量为 39m³/h，油的密度为 880kg/m³，比热容为 1.950kJ/(kg·K)。已知该冷油器的传热面积为 37m²，传热系数为

$405W/(m^2 \cdot K)$。试确定油、水的出口温度和总传热量。

【解】 $m_1 c_1 = \dfrac{39}{3600} \times 880 \times 1950 = 18590W/K$

$$m_2 c_2 = \frac{48000}{3600} \times 4174 = 55653W/K$$

$$\frac{m_1 c_1}{m_2 c_2} = \frac{18590}{55653} = 0.334$$

$$NTU = \frac{kA}{m_1 c_1} = \frac{405 \times 37}{18590} = 0.806$$

查文献［1］中 1-2 管壳热交换器的图表，得：$\varepsilon = 0.49$

$$\Phi = \varepsilon m_1 c_1 (t_1' - t_2') = 0.49 \times 18590 \times (58.7 - 33) = 234100W = 234.1kW$$

因热流体为小热容的流体，故由效能系数的定义：

$$\varepsilon = \frac{t_1' - t_1''}{t_1' - t_2'} = 0.49$$

$$t_1'' = t_1' - \varepsilon(t_1' - t_2') = 58.7 - 0.49 \times (58.7 - 33) = 46.11℃$$

由热量平衡公式：$t_2'' = t_2' + \dfrac{m_1 c_1}{m_2 c_2}(t_1' - t_1'') = 33 + 0.334 \times (58.7 - 46.1) = 37.21℃$

【讨论】 (1)此题目是设计性计算还是校核性计算？(2)用对数平均温差法能否计算？会否用到试算法？

10.4　习题解答要点和参考答案

10-8　分析：考虑自然对流与辐射共同作用的复合传热问题。

解答要点：根据定性温度 $t_m = \dfrac{t_w + t_f}{2} = 28℃$，查得空气物性数据，计算 Gr 数，进而以 $Nu = 0.1(GrPr)^{1/3}$ 计算自然对流热流密度，计算辐射换热热流密度。

参考答案：总换热量 3382.7W，其中辐射换热量 2069.4W，占 61.2%。

10-10　分析：考虑导热、对流与辐射共同作用的复合传热问题。

解答要点：分别对室内顶棚表面和屋顶列热平衡方程，设屋顶温度为 0℃。即：

$\varepsilon\sigma_b(273^4 - 213^4) + h_2(0 - t_{f2}) = \dfrac{t_{w1} - 0}{\delta_w/\lambda_w}$，$\varepsilon\sigma_b(291^4 - T_{w1}^4) + h_1(18 - t_{w1}) = \dfrac{t_{w1} - 0}{\delta_w/\lambda_w}$，用试算法计算 t_{w1}，进而计算出 t_{f2}。

参考答案：$t_{w1} = 11.6℃$，$t_{f2} = 6.8℃$。

10-11　分析：考虑对流与辐射的共同作用。

解答要点：针对露水列热平衡方程，露水向天空辐射的热量应等于或小于从周围空气所获得的热量，即 $\varepsilon\sigma_b(273^4 - 203^4) \leqslant h(t_f - 0)$。

参考答案：$t_f \geqslant 7.8℃$

10-12　分析：考虑空气自然对流、导热与两壁面间辐射的共同作用，保温层的导热。

解答要点：通过建立热平衡方程求得 t_{w2}。以 $t_{w2} = 270℃$ 试算，求得 $Gr_\delta = 1.86 \times 10^4$，$Nu_\delta = 0.18 Gr_\delta^{1/4} \left(\dfrac{\delta}{H}\right)^{1/9} = 1.37$。热平衡方程为：

$$\frac{E_{b1}-E_{b2}}{\frac{1}{\varepsilon_1}+\frac{1}{\varepsilon_2}-1}+Nu_\delta\frac{\lambda}{\delta_2}(t_{w1}-t_{w2})=\frac{\lambda_3}{\delta_3}(t_{w2}-t_{w3})$$

参考答案：$t_{w2}=268℃$，热流通量 $7085W/m^2$，辐射表面传热系数 $165.6W/(m^2 \cdot K)$。

10-13 分析：对数平均温差的计算。

解答要点：计算交叉流时需计算 P 和 R。

参考答案：顺流 $111.9℃$，逆流 $154.9℃$，交叉流 $P=0.46$，$R=0.92$，$\varepsilon_{\Delta t}=0.91$，平均温差 $141℃$。

10-14 分析：如何根据进出口温度判断流动方式。

解答要点：根据热平衡关系计算热流体出口温度为 $150℃$，只能采用逆流方式。计算对数平均温差，并根据换热量计算 kA。

参考答案：$kA=461.5W/℃$，应选择(2)套管换热器。

10-16 分析：不同流动方式的换热器设计计算。

解答要点：由于换热量和传热系数均已知，只要计算出对数平均温差即可算出所需传热面积。

参考答案：(1)$\Delta t_m=38.8℃$，$A=4.38m^2$。(2)$\varepsilon_{\Delta T}=0.93$，$\Delta t_m=36.1℃$，$A=4.71m^2$。(3)$\varepsilon_{\Delta T}=0.94$，$\Delta t_m=36.5℃$，$A=4.66m^2$。

10-17 分析：换热器设计计算。

解答要点：由于空气侧换热量和传热系数已知，只要计算出对数平均温差即可算出所需传热面积。

参考答案：$\varepsilon_{\Delta T}=0.94$，$\Delta t_m=46.8℃$，$A=462.4m^2$。

10-18 解答要点：根据温差确定热容较小侧进出口温度。

参考答案：效能 $\varepsilon=0.4$。

10-19 分析：换热器设计计算过程中的极限情况比较。

解答要点：确定热容较小侧进出口温度，以此计算最大可能传热量、效能。

参考答案：(1)最大可能传热量 $44625W$。(2)效能 $\varepsilon=0.647$。(3)顺流与逆流的面积比 1.81，应选择逆流。

10-21 分析：换热器设计计算。

解答要点：计算对数平均温差

参考答案：$A=17.8m^2$。

10-22 分析：具有凝结过程的换热器设计计算。

解答要点：蒸汽侧温度保持不变。

参考答案：$\Delta t_m=54.7℃$，$A=0.312m^2$。如提高进口水温，应加大冷却水流量。

10-23 分析：换热器在结垢以后换热能力的校核计算。

解答要点：换热器结垢以后的总传热系数可由原始热阻加污垢热阻计算得出，由此算得 NTU，并查出效能。

参考答案：(1)$A=1.60m^2$。(2)传热量 $165kW$，冷、热流体出口温度分别为 $39.8℃$ 和 $73.6℃$。

10-24 分析：换热器不同流动方式的校核计算。

解答要点：根据已知条件查文献［1］图 10-17、图 10-18 得出效能。

参考答案：(1)顺流 $\varepsilon=0.491$，冷、热流体出口温度分别为 78.7℃和 81.3℃。(2)逆流 $\varepsilon=0.667$，冷、热流体出口温度分别为 103.4℃和 56.6℃。

10-26　分析：根据实际运行数据测算换热器的污垢热阻。

解答要点：根据结垢前后的进出口温度计算各自的对数平均温差，并根据总换热量及其计算关系式，推算出结垢后的总热阻，进而计算出污垢热阻。

参考答案：$k'=984.6\text{W}/(\text{m}^2 \cdot \text{K})$。$R_\text{f}=3.49\times10^{-4}\text{m}^2 \cdot \text{K/W}$。

10-27　分析：实际换热器运行状况的校核计算。

解答要点：蒸汽侧凝结成饱和水，假设冷却水出口温度，按逆流计算对数平均温差，并计算冷却水侧表面传热系数，获得总换热量 $\phi=kA\Delta t_\text{m}$。再根据冷却水进出口温差和质量流量计算总换热量 $\phi=mc_\text{p}(t_\text{out}-t_\text{in})$，调整出口温度直到这两个热量相等。

参考答案：冷却水出口温度 73℃，能够冷却 $1.013\times10^5\text{Pa}$ 干饱和蒸汽 7713kg/h。

11 质 交 换

11.1 学 习 要 点

11.1.1 质扩散的基本性质与定律

（1）多元混合物组分浓度的表示方法

设有 A、B 两种组分形成的混合物：

m_i、n_i、ρ_i—混合物容积 V 中组分 i 的质量数、摩尔数与密度。

m、n、ρ—混合物容积 V 中总的质量数、摩尔数与密度。

浓度成分的指标汇总见表 11-1。扩散通量的指标汇总见表 11-2。

浓度成分的指标汇总   表 11-1

	按质量数计算浓度	按摩尔计算浓度
浓度（以体积表示）	$\rho_i=\dfrac{m_i}{V}\,(\mathrm{kg/m^3})$	$c_i=\dfrac{n_i}{V}\,(\mathrm{kmol/m^3})$
成分	$g_i=\dfrac{m_i}{m}=\dfrac{\rho_i}{\rho}$	$x_i=\dfrac{n_i}{n}=\dfrac{c_i}{c}$

扩散通量的指标汇总   表 11-2

	按质量数计算	按摩尔数计算
扩散通量	质扩散通量 M kg/(m²·s)	摩尔扩散通量 N kmol/(m²·s)

（2）斐克定律

当无整体流动时，二元混合物中组分 A 的扩散通量与它的浓度梯度成正比。计算式见表 11-3。

斐克定律的计算式汇总   表 11-3

	按质量通量计算	按摩尔通量计算
按浓度梯度	$M_A=-D_{AB}\dfrac{\partial \rho_A}{\partial y}$	$N_A=-D_{AB}\dfrac{\partial c_A}{\partial y}$
按压力梯度	$M_A=-\dfrac{D_{AB}}{R_A T}\dfrac{\partial p_A}{\partial y}$	$N_A=-\dfrac{D_{AB}}{R_m T}\dfrac{\partial p_A}{\partial y}$

但对于二元混合组分或多元混合组分，当各组的扩散速度不同时，则此混合物将产生整体流动，流动速度的大小可用质平均速度 v 或摩尔平均速度 V 来衡量。若按此移动速度建立动坐标系，计算出物质相对于动坐标系的质扩散通量，称为相对扩散通量。斐克定律实质上是计算相对扩散通量。

若物质的质扩散通量是指相对于在地面上的绝对坐标系时，则是求静坐标系下的质扩散通量。见表 11-4。

对静坐标系的扩散通量汇总   表 11-4

	按质量通量计算	按摩尔通量计算
按浓度梯度	$M_A' = -D_{AB}\dfrac{\partial \rho_A}{\partial y} + v\rho_A$	$N_A' = -D_{AB}\dfrac{\partial c_A}{\partial y} + Vc_A$
按压力梯度	$M_A' = -\dfrac{D_{AB}}{R_A T}\dfrac{\partial p_A}{\partial y} + v\dfrac{p_A}{R_A T}$	$N_A' = -\dfrac{D_{AB}}{R_m T}\dfrac{\partial p_A}{\partial y} + V\dfrac{p_A}{R_m T}$

（3）斯蒂芬定律

是组分 A 通过另一种停滞组分 B 单向扩散的特例。组分 B 虽然在坐标正向和坐标反向都有扩散，但是因液面不吸收组分 B，故组分 B 绝对扩散通量为零。据此解出质平均速度 v 或摩尔平均速度 V，$v = \dfrac{D}{\rho_B}\dfrac{\mathrm{d}\rho_B}{\mathrm{d}y}$，此处计算的组分 A 扩散速率实际上是相对于静坐标的扩散速率。

$$M_A' = \frac{D}{R_A T H}\frac{p}{\ln\dfrac{p - p_{A,2}}{p - p_{A,1}}}\frac{p_{A,1} - p_{A,2}}{p_{A,1} - p_{A,2}} \tag{11-1}$$

（4）质扩散率

在单位时间内沿扩散方向在单位浓度梯度下通过单位面积所扩散的物质量称为质扩散率。

$$D_{AB} = \frac{M_A}{-\dfrac{\partial \rho_A}{\partial y}} = \frac{N_A}{-\dfrac{\partial c_A}{\partial y}} \tag{11-2}$$

与导热系数类似，质扩散率与物质的种类、温度、压力等有关。对二元混合气体，压力的影响更显著 $D \sim \dfrac{1}{p}$。可根据标准状态下的质扩散率值换算出工作条件下的数值。

$$D = D_0 \frac{p_0}{p}\left(\frac{T}{T_0}\right)^{3/2} \quad (\mathrm{m}^2/\mathrm{s}) \tag{11-3}$$

对二元混合液体，气—固、液—固间的扩散更复杂，需实验测定。

注意问题：

① 与传热现象不同的是，质扩散可以是一种组分单向扩散，但也存在着两种组分同时反向扩散的情况。

沿 A、B 组分的扩散方向，混合物的总压力不变时，若两种组分逆向扩散的摩尔速率相同，即为等摩尔逆向扩散。

② 若两种组分反向扩散的速率不同，则混合物会产生质量迁移，以质平均速度 v 或摩尔平均速度 V 来衡量整体质量迁移速度，建立动坐标系。由此引出相对于静坐标系和相对于动坐标系的两类扩散通量。

③ 单向扩散时混合物的总压力不变，混合物中 A、B 组分仍存在着浓度差，但因 B 组分停滞，其绝对扩散通量为零，仅 A 组分相对于静坐标有扩散通量。

11.1.2 动量、热量与质量传递的类比

（1）对流质交换现象及方程

流体流过液体或固体表面时，若流体为二元混合物或多元混合物，其主流中组分 A 或组分 B 的浓度与液体或固体表面处浓度存在差别，则类似于对流换热一样会在界面上

形成浓度边界层。单位面积上对流质交换通量：

$$M_A = h_D(\rho_{A,w} - \rho_{A,\infty}) \tag{11-4}$$

或
$$N_A = h_D(c_{A,w} - c_{A,\infty}) \tag{11-5}$$

式中 h_D——对流质交换表面传质系数，m/s。

h_D 与边界层内组分浓度的分布相关，类似对流换热微分方程分析可得：

$$h_D(c_{A,w} - c_{A,\infty}) = -D_{AB}\left(\frac{\partial c_A}{\partial y}\right)_w \tag{11-6}$$

与牛顿对流换热公式类似，将问题归属于求 h_D。

（2）对流质交换的准则数及类比

将对流质交换与对流换热对比，比较动量、能量和扩散方程，三个方程在形式上完全类似，在浓度较低、扩散通量较小、沿壁面法向的速度较小时，边界条件也能认为是相似的，在实用中存在着许多可以满足这样要求的问题。同样对边界层方程进行相似性分析，可导出下列新的相似准则。

施米特准则：$Sc = \dfrac{\nu}{D}$ 　　　　　(11-7)

反映了动量边界层厚度与热边界层厚度的相对大小。

刘伊斯准则：$Le = \dfrac{a}{D}$ 　　　　　(11-8)

反映了热边界层厚度与浓度边界层厚度的相对大小。

宣乌特准则：$Sh = \dfrac{h_D l}{D}$ 　　　　　(11-9)

由于含有 h_D，它是待定准则，反映了对流质交换过程的强度。

传质斯坦登准数：$St_D = \dfrac{h_D}{u} = \dfrac{Sh}{Re \cdot Sc}$ 　　　　　(11-10)

类比定律的另一用途，是由较容易测定的阻力计算推算出对流质交换系数：

沿平板流动时的对流质交换：$St_D Sc^{2/3} = \dfrac{c_f}{2}$ 　　　　　(11-11)

管内流动时的对流质交换：$St_D Sc^{2/3} = \dfrac{f}{8}$ 　　　　　(11-12)

注意问题：

① 对流质交换计算仅限于一种组分浓度很小的情况，流体的物性仍可按空气的物性计算。界面上质交换率很小，界面法线方向上速度 v_w 可以忽略不计。

② 对流换热与对流传质在相同定解条件下可得到形式完全类似的结果。实验测定的准则关联式也证明了这点。对紊流也可得出这样的结论。

11.1.3　对流质交换的准则关联式

（1）流体在管内及平板上方流动时的质交换

管内流动：

$$Sh = 0.023 Re^{0.83} Sc^{0.44} \quad 2000 < Re < 35000 \quad 0.6 < Sc < 2.5 \tag{11-13}$$

定型尺寸取：管子干壁内直径；速度取：空气对干壁表面的数据；定性温度取：空气温度。

$$Sh = 0.0395 Re^{3/4} Sc^{1/3} \quad Re < 10^5 \tag{11-14}$$

156

定型尺寸、速度、定性温度等与上式同。

沿平板流动：

层流时：$Sh = 0.664Re^{1/2}Sc^{1/3}$ $Re < 5 \times 10^5$ (11-15)

紊流时：$Sh = (0.037Re^{0.8} - 870)Sc^{1/3}$ $Re \geqslant 5 \times 10^5$ (11-16)

定型尺寸取：沿流动方向平板长度；速度取：边界层外主流速度；定性温度取：边界层内平均温度。Sh 数中的 h_D 表示全板长度内的平均值。

（2）热质交换同时存在时的质交换计算

由热交换类比定律、质交换类比定律可得：

$$\frac{h}{h_D} = \rho c_p \left(\frac{Sc}{Pr}\right)^{2/3} = \rho c_p (Le)^{2/3} \tag{11-17}$$

当 $Le = 1$ 时，有刘易斯关系：$\dfrac{h}{h_D} = \rho c_p$ (11-18)

注意问题：

① 注意计算时准则关联式中流体速度、定型尺寸、定性温度的要求，不同公式要求不同，须按公式规定选取。

② 求解传质计算中相关的壁面尺寸时要注意应用质量平衡公式：

$$h_D(\rho_{A,w} - \rho_{A,\infty})A_{传质} = A_{流通}u(\rho_{A,2} - \rho_{A,1})。$$

11.1.4 液体蒸发时的热质交换

（1）蒸发冷却

在工程实际中，传热和传质过程有时是同时存在的，并相互影响。对于固体材料表面形成一层液体蒸发吸收热量时，一般总是假设直接与液面接触的薄层气体是饱和的，即该处组分蒸汽的分压力是液面温度下的饱和压力。

在稳态情况下，达到热量平衡时，可有：

$$T_0 - T_w = \frac{1}{\rho c_p Le^{2/3}} \frac{\gamma}{R_A} \left(\frac{p_{A,w}}{T_w} - \frac{p_{A,\infty}}{T_0}\right) \tag{11-19}$$

按边界层平均温度 $T = \dfrac{T_0 + T_w}{2}$ 查取组分 B（空气）的物性如 ρ、c_p、Le，R_A 是蒸发液体 A 的气体常数，$P_{A,w}$ 和 $P_{A,\infty}$ 是液面处和空气主流中的组分 A 的蒸汽分压力。

（2）湿球温度计

湿球温度计是蒸发冷却的一个具体应用。

湿球温度计测量的温度与含湿量关系：$\dfrac{d_w - d_0}{T_0 - T_w} = \dfrac{c_p}{\gamma}Le^{2/3}\left(1 + \dfrac{h_r}{h}\right)$ (11-20)

水分在空气中蒸发时，Le 稍小于 1，$\left(1 + \dfrac{h_r}{h}\right)$ 稍大于 1。故式（11-20）可简化为：

$$\frac{d_w - d_0}{T_0 - T_w} = \frac{c_p}{\gamma}, \quad T_0 = T_w + \frac{\gamma}{c_p}(d_w - d_0) \tag{11-21}$$

注意问题：

① 液体蒸发时的热质交换是工程实际中常见的问题，要注意很多情况为热量与质量交换并存的，需要首先对物体列出热量平衡方程，方程中有一项热量是与质交换相关的。

② 湿球温度计属于蒸发冷却中绝热冷却的具体实例。

辐射换热对测量温度的影响：正规的干、湿球温度计的水银或酒精泡处均有镀镍、筒状、两端开口的金属罩，以便隔绝温度计头部上湿纱布与周围环境的热辐射，同时有一个小风扇使空气以一定流速流过温度计头部，故在计算时略去辐射换热系数 h_r 在此条件下是可行的。

11.2 典型例题

【例 11-1】 两容器中均盛有空气与二氧化碳的混合物，但两混合物的成分比例不同。容器 1 中含有 0.08kmol 的空气及 0.02kmol 的二氧化碳；容器 2 中含有摩尔分数（某组分的物质的量与混合物的量之比）为 30% 的空气及摩尔分数为 70% 的二氧化碳。两容器中的压力均为 1.013×10^5Pa，温度均为 25℃。两容器被一内径为 100mm、长 2m 的管道相连接。试确定两容器间二氧化碳的交换率。

【解】 由题目中的压力、温度与物质量可知，容器 1、2 混合物摩尔浓度为：

$$c=\frac{n}{V}=\frac{p}{R_m T}=\frac{101320}{8314\times298}=0.0408\text{kmol/m}^3$$

容器 1 中 CO_2 摩尔成分：$x_A=\dfrac{0.02}{(0.08+0.02)}=0.2\text{kmol/kmol}$

容器 1 内 CO_2 摩尔浓度为：$c_A=0.2\times0.0408=0.00816\text{kmol/m}^3$

容器 2 中 CO_2 摩尔成分：$x_A=0.7\text{kmol/kmol}$

容器 2 内 CO_2 摩尔浓度为：$c_A=0.7\times0.0408=0.02856\text{kmol/m}^3$

在压力 $p_0=1.013\times10^5$Pa，$T_0=273$K 时，查表 11-2 得 CO_2 质扩散系数：

$$D_0=0.138\times10^{-4}\text{m}^2/\text{s}$$

实际压力与温度时，CO_2 质扩散系数：

$$D=D_0\frac{p_0}{p}\left(\frac{T}{T_0}\right)^{3/2}=0.138\times10^{-4}\times\frac{1.013\times10^5}{1.013\times10^5}\left(\frac{273+25}{273}\right)^{3/2}=0.157\times10^{-4}\text{m}^2/\text{s}$$

则通过管道 CO_2 的质交换率：

$$\begin{aligned}
\Phi_A&=\frac{\pi d^2}{4}M_A=D\frac{c_{A,1}-c_{A,2}}{\Delta L}\frac{\pi d^2}{4}\\
&=0.157\times10^{-4}\times\frac{0.00816-0.02856}{2}\times\frac{\pi\times0.1^2}{4}\\
&=-1.257\times10^{-9}\text{kmol/s}=-4.526\times10^{-6}\text{kmol/h}\\
&=-1.99\times10^{-4}\text{kg/h}
\end{aligned}$$

负号表示 CO_2 从容器 2 向容器 1 扩散。

【例 11-2】 采用图 11-1 所示设备来测定水蒸气在空气中的扩散系数。试验用量筒内径为 30mm，水面离开量筒边缘的距离为 100mm，筒底水温及环境温度均为 25℃，相对湿度为 30%。一股气流吹过筒口 1h 后，用精密天平测得水的损失为 10.7mg。试确定在此试验条件下水蒸气在空气中的扩散系数。大气压力为 1.013×10^5Pa。

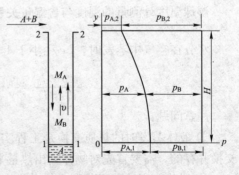

图 11-1 水蒸气向空气中扩散

【解】 单位时间内水的损失速率为:

$$M_A = \frac{10.7 \times 10^{-6}}{3600 \times \frac{\pi \times 0.03^2}{4}} = 4.207 \times 10^{-6} \text{ kg/(m}^2 \cdot \text{s)}$$

25℃空气达到饱和后的水蒸气分压力 $p_{A,1} = 3290$Pa

相对湿度为 30% 时空气中水蒸气分压力 $p_{A,2} = 0.3 \times 3290 = 987$Pa

按文献 [1] 得: $M'_A = \frac{D}{R_A T H} p \ln \frac{p - p_{A,2}}{p - p_{A,1}}$

$$D = M'_A \frac{R_A T H}{p \ln \frac{p - p_{A,2}}{p - p_{A,1}}} = 4.207 \times 10^{-6} \frac{\frac{8314}{18} \times 298 \times 0.1}{101300 \times \ln \frac{101300 - 987}{101300 - 3290}} = 0.246 \times 10^{-4} \text{m}^2/\text{s}$$

【例 11-3】 空气以 3m/s 的速度掠过长度为 400m×400m 的水面,湖水温度为 28℃,空气温度为 32℃。试计算在相对湿度为 40% 情况下,每小时整个湖表面蒸发量为多少。

【解】 取定性温度是边界层内平均温度: $t_m = \frac{32 + 28}{2} = 30$℃

查 30℃ 空气的物性: $\nu = 16.0 \times 10^{-6} \text{m}^2/\text{s}$

在压力 $p_0 = 1.013 \times 10^5$Pa, $T_0 = 273$K 时,查表 11-2 得, $D_0 = 0.22 \times 10^{-4} \text{m}^2/\text{s}$

$$D = D_0 \frac{p_0}{p} \left(\frac{T}{T_0}\right)^{3/2} = 0.22 \times 10^{-4} \times \frac{1.013 \times 10^5}{1.013 \times 10^5} \left(\frac{273 + 30}{273}\right)^{3/2} = 0.257 \times 10^{-4} \text{m}^2/\text{s}$$

按 28℃ 查出饱和时水面空气的水蒸气分压力: $p_{A,b} = 3860$Pa

按 32℃ 查出饱和时空气的水蒸气分压力: $p_{A,b} = 6748.2$Pa

$$Sc = \frac{16.0 \times 10^{-6}}{25.7 \times 10^{-6}} = 0.622$$

$$Re = \frac{3 \times 400}{16.0 \times 10^{-6}} = 7.5 \times 10^7$$

因为是紊流,按式(11-16)计算:

$$Sh = (0.037 Re^{0.8} - 870) Sc^{1/3} = (0.037 \times 75000000^{0.8} - 870) \times 0.622^{1/3} = 62292.41$$

$$h_D = Sh \frac{D}{l} = 62292.41 \times \frac{0.257 \times 10^{-4}}{400} = 4.0 \times 10^{-3} \text{m/s}$$

每小时湖表面水蒸发速率:

$$m = h_D (\rho_{A,w} - \rho_{A,\infty})$$
$$= 4.0 \times 10^{-3} \times \frac{(3860 - 0.4 \times 6748.2)}{\frac{8314}{18} \times 303}$$
$$= 3.326 \times 10^{-5} \text{kg/(m}^2 \cdot \text{s)} = 0.119 \text{kg/(m}^2 \cdot \text{h)}$$

每小时湖表面单位面积水蒸发量:

$$M = 0.119 \times 400^2 = 19120 \text{kg/h}$$

11.3 提 高 题

【例 11-4】 一根外径 $d = 5$cm 的冷气输送管道裸露于空气中,表面温度为 5℃。用干湿球温度计测得空气的干球温度为 35℃，湿球温度为 27℃。为减少管子表面因结露而引起的冷量损失，拟在管外包扎一层 $\lambda=0.08W/(m \cdot K)$ 的保温材料，希望加保温材料后外表面不再出现水滴。试估算所需隔热材料的厚度。作为一种估算，可取保温材料外表面的复合换热表面传热系数 $h=9W/(m^2 \cdot K)$，空气的 $Pr=0.7$，水蒸气在空气中扩散的 $Sc=0.6$。为不使保温材料因吸收水分而变潮湿，要在其外表面涂上一层沥青，计算时可以不考虑。

【解】 从文献［1］中查空气物性，先设边界层的平均温度 $t=28℃$

查得：$c_p=1.005kJ/(kg \cdot K)$

由湿球温度 25℃ 查得空气对应的饱和水蒸气压力为 3670Pa，饱和水蒸气汽化潜热：

$$\gamma=2438kJ/kg$$

由文献［1］式(11-37)得饱和空气含湿量：

$$d_w=0.622\frac{p_{w,w}}{p-p_{w,w}}=0.622 \times \frac{3670}{101300-3670}=0.0234kg/kg \text{ 干空气}$$

由文献［1］式(11-38)得空气含湿量：

$$d_0=d_w-(t_0-t_w)\frac{c_p}{\gamma}=0.0234-(35-27) \times \frac{1.005}{2438.6}=0.02kg/kg \text{ 干空气}$$

查湿空气物性表，得此种状态下的露点温度为 25℃，则取保温材料表面温度不低于 25℃。

$$q_l=\frac{t_{w2}-t_{w1}}{\frac{1}{2\pi\lambda_1}\ln\frac{d_2}{d_1}}=\pi d_2 h_2(t_{f2}-t_{w2})$$

代入数字：

$$\frac{25-5}{\frac{1}{2\pi \times 0.08}\ln\frac{d_2}{0.05}}=\pi \times d_2 \times 9 \times (35-25)$$

化简得：

$$\frac{3.2}{\ln\frac{d_2}{0.05}}=90d_2$$

用试算法求出保温材料外壳直径 d_2，列于下表中。

	$d_2=0.09m$	$d_2=0.08m$	$d_2=0.07m$	$d_2=0.076m$	$d_2=0.078m$
左边	5.44	6.81	9.51	7.64	7.20
右边	8.1	7.2	6.3	6.84	7.02

保温材料厚度：$(0.078-0.05)/2=0.014m=14mm$

【例 11-5】 萘是无色片状晶体，熔点 80.5℃，沸点 218℃，有特殊的气味，易升华。常通过它的升华来测量物质的对流扩散。在一次空气外掠圆柱体的萘升华实验中，测得以下 4 组数据：

编号	升华量 $m(mg)$	试验时间 $\tau(min)$	试件表面的萘蒸气密度 $\rho_{A,w}$ [(kg/m³)]	Re_f	来流空气温度 $t(℃)$
1	3.08	60	0.00012191	746	9.1
2	3.1	50	0.00012627	902	9.4
3	2.7	38	0.00012664	1123	9.4
4	2.23	25	0.00014002	1289	10.4

试件的升华面积为 $1.508 \times 10^{-3} m^2$，$Sc = 2.5$，来流中萘的浓度为零。试计算 4 种工况下的 Sh 数，萘试件圆柱体直径为 30mm。

【解】 升华速率：$M_A = \dfrac{m}{\tau \times A} = \dfrac{m \times 10^{-6}}{\tau \times 60 \times 1.508 \times 10^{-3}} kg/(m^2 \cdot s)$

对流质交换系数：$h_D = \dfrac{M_A}{(\rho_{A,w} - \rho_{A,\infty})} = \dfrac{M_A}{\rho_{A,w}} m/s$

传质斯坦登准则：$St_D = \dfrac{h_D}{u} = \dfrac{Sh}{Re \cdot Sc}$

由雷诺数定义：$\because u = Re \dfrac{\nu}{d}$ $\therefore St_D = \dfrac{h_D}{Re \dfrac{\nu}{d}} = \dfrac{Sh}{Re \cdot Sc}$

整理得宣乌特数：$Sh = \dfrac{h_D}{\dfrac{\nu}{d}} \cdot Sc$

来流中萘的浓度取 $\rho_{a,\infty} = 0$

将计算结果列于下表中：

编号 \ 计算项目	空气运动黏度 $\nu \times 10^6$ (m²/s)	升华速率 $M_A \times 10^7$ [kg/(m²·s)]	对流质交换系数 $h_D \times 10^3$ (m/s)	宣乌特准则 Sh
1	14.08	5.6735	4.654	24.7894
2	14.11	6.8523	5.427	28.8452
3	14.11	7.8529	6.201	32.9603
4	14.2	9.8585	7.041	37.1873

11.4 习题解答要点和参考答案

11-1 【解】 物质的质扩散通量是指相对于在地面上绝对坐标系而言时，称为静坐标系下的质扩散通量。但对于二元混合组分或多元混合组分，当各组的扩散速度不同时，则此混合物将产生整体流动，流动速度的大小可用质平均速度或摩尔平均速度来衡量。若按此移动速度建立动坐标系，也可计算出物质相对于动坐标系的质扩散通量，称为相对扩散通量。

静坐标系下的质扩散通量＝相对扩散通量＋因整体运动而传递的质量（摩尔通量）

11-2 【解】 O_2 向碳粒表面扩散时包括分子扩散和对流扩散两个过程，属于对流质交换过程。

CO_2 通过碳粒表面边界层的质扩散性质除了有分子扩散和对流扩散两个过程，还有碳粒表面高温引起的温度扩散过程。

碳燃烧过程对流扩散可以是自然对流扩散或强制对流扩散。

它们属于等摩尔扩散过程。

11-3 **【解】** 动量、热量和质量传递的类比性能首先可以从导热的傅里叶定律、流体的牛顿内摩擦定律和物质组分扩散的斐克定律证明。

在流体的密度、热容量等物性变化不大时，可将上述三个定律作如下变换：

$$\tau = -\mu \frac{\partial u}{\partial y} = -\nu \frac{\partial (\rho u)}{\partial y}$$

式中 ρu——流体的动量浓度，单位体积内动量值。

$$q = -\lambda \frac{\partial t}{\partial y} = -\frac{\lambda}{\rho c_p} \frac{\partial (\rho c_p t)}{\partial y} = -a \frac{\partial (\rho c_p t)}{\partial y}$$

式中 $\rho c_p t$——流体的能量浓度，单位体积内能量值。

$$m_A = -D_{AB} \frac{\partial \rho_A}{\partial y}$$

式中 ρ_A——流体的质量浓度，单位体积内质量值。

可知，上述三式的数学描述完全相同，式中系数 ν、a、D_{AB} 的单位也是相同的。

在有质交换时，对二元混合物的二维稳态层流流动，当不计流体的体积力和压强梯度，忽略耗散热、化学反应热以及由于分子扩散而引起的能量传递时，对流传热传质微分方程组为：

连续性方程：$\dfrac{\partial u}{\partial x} + \dfrac{\partial v}{\partial y} = 0$

动量方程：$u \dfrac{\partial u}{\partial x} + v \dfrac{\partial u}{\partial y} = \nu \dfrac{\partial^2 u}{\partial y^2}$

能量方程：$u \dfrac{\partial t}{\partial x} + v \dfrac{\partial t}{\partial y} = a \dfrac{\partial^2 t}{\partial y^2}$

扩散方程：$u \dfrac{\partial c_A}{\partial x} + v \dfrac{\partial c_A}{\partial y} = D \dfrac{\partial^2 c_A}{\partial y^2}$

动量方程边界条件：$y = 0$，$\dfrac{u - u_w}{u_f - u_w} = 0$；$y = \infty$，$\dfrac{u - u_w}{u_f - u_w} = 1$

能量方程边界条件：$y = 0$，$\dfrac{t - t_w}{t_f - t_w} = 0$；$y = \infty$，$\dfrac{t - t_w}{t_f - t_w} = 1$

扩散方程边界条件：$y = 0$，$\dfrac{c_A - c_{A,w}}{c_{A,f} - c_{A,w}} = 0$；$y = \infty$，$\dfrac{c_A - c_{A,w}}{c_{A,f} - c_{A,w}} = 1$

由于这三个方程形式是类似的，边界条件的数学表达式也是类似的，则它们的解也应是一致的，各自相应的无因次准则方程形式也应相同。

即使流体状态是紊流，上述各相似情况仍存在，故一方面可由类比定律从较简单的流体流动阻力数据来推算热量交换或质量交换数据，或也可将对流换热的准则方程推广至对流质交换过程。

11-4 **【解】** 从流体流动的摩擦阻力系数 c_f、f 和流速 u，就可计算出对流质交换表

面传质斯坦登准数 St_D 的数值。在缺乏传质的实验数据和实验手段的情况下，可方便地估算对流质交换表面传质系数 h_D。

在应用时注意，雷诺类比定律的推导是采用简化了的模型，故准确度不如柯尔本定律。

11-5 【解】 施米特准则 $Sc = \dfrac{\nu}{D}$，表示速度边界层厚度与浓度边界层厚度的相对大小。体现流体的传质特性。

刘伊斯准则 $Le = \dfrac{a}{D}$，表示温度边界层厚度与浓度边界层厚度的相对大小，体现传热传质的特性。

11-6 【解】 由流体分子运动理论知，随着气体温度的升高，气体分子的平均运动动能增大，扩散能力加强，扩散加快。而随着气体压力的升高，分子间的平均自由行程减小，扩散阻力加大，扩散减弱。

(1) 氧气和氮气：

$$D = \frac{435.7T^{3/2}}{p(V_A^{1/3} + V_B^{1/3})^2}\sqrt{\frac{1}{\mu_A} + \frac{1}{\mu_B}} \times 10^{-4} = 0.155 \times 10^{-4}\,\text{m}^2/\text{s}$$

(2) 氨气和空气：

$$D = \frac{435.7T^{3/2}}{p(V_A^{1/3} + V_B^{1/3})^2}\sqrt{\frac{1}{\mu_A} + \frac{1}{\mu_B}} \times 10^{-4} = 0.185 \times 10^{-4}\,\text{m}^2/\text{s}$$

11-7 【解】 氢气的摩尔扩散通量

$$N_A = \frac{D}{R_m T}\frac{p_{A,1} - p_{A,2}}{\Delta y} = 2.5912 \times 10^{-5}\,\text{kmol/m}^2 \cdot \text{s}$$

氢气和空气作等摩尔互扩散，故它们的摩尔扩散通量数值相同。

11-8 【解】 空气的物性：$D = D_0 \dfrac{p_0}{p}\left(\dfrac{T}{T_0}\right)^{3/2} = 0.251 \times 10^{-4}\,\text{m}^2/\text{s}$

由准则方程：$Sh = 0.023Re^{0.83}Sc^{0.44} = 70.89$

对流质交换系数：$h_D = Sh\dfrac{D}{d} = 0.022\,\text{m/s}$

25℃空气达到饱和后的水蒸气分压力为 3290Pa，空气在管中的质交换量：

$$M_A = \pi d L h_D(\rho_{A,w} - \rho_{A,\infty}) = \frac{\pi d^2}{4}u(\rho_{A,2} - \rho_{A,1})$$

解出：$L = 3.604\,\text{m}$

11-9 【解】 查 20℃空气的物性，计算出在实际温度、压力下：

$$D = D_0\frac{p_0}{p}\left(\frac{T}{T_0}\right)^{3/2} = 0.245 \times 10^{-4}\,\text{m}^2/\text{s}$$

按式(11-13)计算：

$$Sh = 0.023Re^{0.83}Sc^{0.44} = 38.70$$

$$h_D = Sh\frac{D}{d} = 0.0189\,\text{m/s}$$

按式(11-14)计算：

$$Sh = 0.0395Re^{3/4}Sc^{1/3} = 33.51$$

$$h_\mathrm{D}=Sh\frac{D}{d}=0.0164\mathrm{m/s}$$

两者相比较，式(11-13)计算值较大。

11-10 【解】 由类比定律原理，可得对流传热与流体摩阻之间的关系，可表示为

$$St\cdot Pr^{2/3}=\frac{C_\mathrm{f}}{2}$$

由类比定律原理，可得对流传质与流体摩阻之间的关系，可表示为 $St_\mathrm{D}\cdot Sc^{2/3}=\dfrac{C_\mathrm{f}}{2}$

由类比定律原理，可得：$St\cdot Pr^{2/3}=St_\mathrm{D}\cdot Sc^{2/3}$

$$\frac{h}{\rho c_\mathrm{p}u}\left(\frac{\nu}{a}\right)^{2/3}=\frac{h_\mathrm{D}}{u}\left(\frac{\nu}{D}\right)^{2/3}$$

将其整理，代入数值计算

$$h_\mathrm{D}=\frac{h}{\rho c_\mathrm{p}}\left(\frac{D_0}{a}\right)^{2/3}=0.0431\mathrm{m/s}$$

11-11 【解】 质扩散系数：$D=D_0\dfrac{p_0}{p}\left(\dfrac{T}{T_0}\right)^{2/3}=0.251\times10^{-4}\mathrm{m^2/s}$

含湿量 3g/kg 干空气对应的水蒸气分压力，由含湿量计算式得：

$$p_{\mathrm{A},\infty}=\frac{d\cdot p_0}{622+d}=486.36\mathrm{Pa}$$

20℃空气达到饱和后的水蒸气分压力 $p_{\mathrm{A,w}}=2338\mathrm{Pa}$

按式(11-13)计算：

$$Sh=0.023Re^{0.83}Sc^{0.44}=55.54$$

$$h_\mathrm{D}=Sh\frac{D}{d}=0.0558\mathrm{m/s}$$

按式(11-14)计算：

$$Sh=0.0395Re^{3/4}Sc^{1/3}=46.50$$

$$h_\mathrm{D}=Sh\frac{D}{d}=0.0467\mathrm{m/s}$$

两者相比较，式(11-13)计算值较大。

空气在管子进出口的含湿量变化与在管内质交换量平衡：

$$\pi dLh_\mathrm{D}(\rho_{\mathrm{A,w}}-\rho_{\mathrm{A},\infty})=\frac{\pi d^2}{4}u(\rho_{\mathrm{A},2}-\rho_{\mathrm{A},1})$$

取：$h_\mathrm{D}=0.0558\mathrm{m/s}$

得：$p_{\mathrm{A},2}=2216.3\mathrm{Pa}$，$d=622\dfrac{p_{\mathrm{A},\infty}}{p_0-p_{\mathrm{A},\infty}}=13.91\mathrm{g/kg}$ 干空气

取：$h_\mathrm{D}=0.0467\mathrm{m/s}$

$$p_{\mathrm{A},2}=1934.2\mathrm{Pa}, \quad d=622\frac{p_{\mathrm{A},\infty}}{p_0-p_{\mathrm{A},\infty}}=12.10\mathrm{g/kg}\ 干空气$$

11-12 【解】 $D=D_0\dfrac{p_0}{p}\left(\dfrac{T}{T_0}\right)^{3/2}=0.264\times10^{-4}\mathrm{m^2/s}$

40℃空气达到饱和后的水蒸气分压力 $p_{\mathrm{A,b}}=7375\mathrm{Pa}$

相对湿度为 40％空气对应的水蒸气分压力：$p_{A,\infty}=0.4\times7375=2950Pa$

按 30℃查出达到饱和后水面空气的水蒸气分压力：$p_{A,b}=4241Pa$

因为是紊流，按式(11-16)计算：

$$Sh=(0.037Re^{0.8}-870)Sc^{1/3}=1585.9$$

$$h_D=Sh\frac{D}{l}=1585.9\times\frac{0.264\times10^{-4}}{10}=0.00419m/s$$

每 m^2 的池表面水蒸发量：

$$m=h_D(\rho_{A,w}-\rho_{A,\infty})=3.802\times10^{-5}kg/(m^2\cdot s)=0.137kg/(m^2\cdot h)$$

11-13 【解】 计算含湿量 d_w，利用文献［1］式(11-37)

$$d_w=622\frac{p_{w,w}}{p-p_{w,w}}=37.83g/kg\ 干空气$$

对于干空气：$d_0=0$

空气的干球温度：

$$t_0=t_w+(d_w-d_0)\frac{\gamma}{c_p}\frac{1}{Le^{2/3}}=129.7℃$$

边界层的平均温度 $t_m=\frac{35+129.7}{2}=82.35℃$。

11-14 【解】 $d_w=0.622\frac{p_{w,w}}{p-p_{w,w}}=14.69\times10^{-3}kg/kg\ 干空气$

刘易斯数：$Le=\frac{a}{D}=\frac{\nu/D}{\nu/a}=\frac{Sc}{Pr}=0.811$

计算含湿量 d_w，利用文献［1］式(11-36)

干空气的含湿量 d_0：

$$h_r\ll h,\quad d_0=d_w-(T_0-T_w)\frac{c_p}{\gamma}Le^{2/3}=0.01255kg/kg\ 干空气$$

11-15 【解】 水蒸气在空气中从球表面向外扩散，在半径方向有一个水蒸气压力梯度，因湿空气总压力不变，会引起干空气在半径方向从外向内有压力梯度，从而使空气在指向球表面有一扩散运动。但空气不能通过球表面进入水滴中，为维持一稳定的扩散过程，必有一股水蒸气和干空气的混合气流做向上的整体运动。

空气的绝对质扩散速度：$M_B'=M_B+v\rho_B=-\dfrac{D}{R_BT}\dfrac{dp_B}{dr}+v\dfrac{p_B}{R_BT}=0$　　　　(1)

$$v=\frac{D}{p_B}\frac{dp_B}{dr}\tag{2}$$

混合空气总压力：$p_A+p_B=$常数，$\dfrac{dp_A}{dr}=-\dfrac{dp_B}{dr}$

$$v=-\frac{D}{p-p_A}\frac{dp_A}{dr}\tag{3}$$

对静坐标而言，水蒸气的绝对质扩散速度：

$$M_A'=M_A+v\rho_A=-\frac{D}{R_AT}\frac{dp_A}{dr}+v\frac{p_A}{R_AT}\tag{4}$$

将式(3)代入式(4)

$$M'_A = -\frac{D}{R_A T}\frac{\mathrm{d}p_A}{\mathrm{d}r} - \frac{D}{p - p_A}\frac{p_A}{R_A T}\frac{\mathrm{d}p_A}{\mathrm{d}r} = -\frac{D}{R_A T}\frac{p}{p - p_A}\frac{\mathrm{d}p_A}{\mathrm{d}r} \tag{5}$$

将上式两边同乘以球面积 $4\pi r^2$：

$$4\pi r^2 \cdot M'_A = -4\pi r^2 \cdot \frac{D}{R_A T}\frac{p}{p - p_A}\frac{\mathrm{d}p_A}{\mathrm{d}r} \tag{6}$$

令任意半径球面上水蒸气绝对扩散通量 $\Phi'_A = 4\pi r^2 \cdot M'_A$，稳定扩散时其值保持不变。代入上式后从水滴表面 r_1 积分至远处 r_2：

$$\int_{r_1}^{r_2}\frac{\Phi'_A}{4\pi r^2}\mathrm{d}r = \int_{p_{A1}}^{p_{A2}}\frac{D}{R_A T}p\frac{\mathrm{d}(p - p_A)}{p - p_A} \tag{7}$$

$$\Phi'_A\frac{1}{4\pi}\left(\frac{1}{r_1} - \frac{1}{r_2}\right) = \frac{D}{R_A T}p\ln\frac{p - p_{A,2}}{p - p_{A,1}} \tag{8}$$

$$\Phi'_A = \frac{\dfrac{D}{R_A T}p\ln\dfrac{p - p_{A,2}}{p - p_{A,1}}}{\dfrac{1}{4\pi}\left(\dfrac{1}{r_1} - \dfrac{1}{r_2}\right)} \tag{9}$$

水蒸气单位面积质扩散通量：

$$m'_A = \frac{\Phi'_A}{4\pi r_1^2} = \frac{\dfrac{D}{R_A T}p}{r_1\left(1 - \dfrac{r_1}{r_2}\right)}\ln\frac{p - p_{A,2}}{p - p_{A,1}} = \frac{\dfrac{D}{R_A T}p}{r_1\left(1 - \dfrac{r_1}{r_2}\right)}\frac{p_{A,1} - p_{A,2}}{\dfrac{p_{A,1} - p_{A,2}}{\ln\dfrac{p - p_{A,2}}{p - p_{A,1}}}} \tag{10}$$

$$\because p_{A,1} - p_{A,2} = (p - p_{B,1}) - (p - p_{B,2}) = p_{B,2} - p_{B,1}$$

则有：$(p_B)_{\ln} = \dfrac{p_{B,2} - p_{B,1}}{\ln\dfrac{p_{B,2}}{p_{B,1}}} = \dfrac{p_{A,1} - p_{A,2}}{\ln\dfrac{p - p_{A,2}}{p - p_{A,1}}}$

同时：$r_1 \ll r_2$

$$\therefore m'_A \approx \frac{\dfrac{D}{R_A T}p}{r_1}\frac{p_{A,1} - p_{A,2}}{(p_B)_{\ln}} = \frac{D}{R_A T}\frac{p}{(p_B)_{\ln}}\frac{p_{A,1} - p_{A,2}}{r_1} \tag{11}$$

11-16 【解】 建立直角坐标下的微元体，进出微元的组分一般有质量浓度引起的扩散、流体流动引起的对流扩散，一般没有产生物质的质量源项。

X 方向扩散进微元 A 组分的摩尔数：

$$\Phi'_x - \left(\Phi'_x + \frac{\partial\Phi'_x}{\partial x}\mathrm{d}x\right) = -\frac{\partial\Phi'_x}{\partial x}\mathrm{d}x = -\frac{\partial}{\partial x}\left(-D\frac{\partial c_A}{\partial x}\mathrm{d}y\right)\mathrm{d}x = \frac{\partial}{\partial x}\left(D\frac{\partial c_A}{\partial x}\right)\mathrm{d}x\mathrm{d}y$$

y 方向扩散进微元 A 组分的摩尔数：

$$\Phi'_y - \left(\Phi'_y + \frac{\partial\Phi'_y}{\partial y}\mathrm{d}y\right) = -\frac{\partial\Phi'_y}{\partial y}\mathrm{d}y = -\frac{\partial}{\partial y}\left(-D\frac{\partial c_A}{\partial y}\mathrm{d}x\right)\mathrm{d}y = \frac{\partial}{\partial y}\left(D\frac{\partial c_A}{\partial y}\right)\mathrm{d}x\mathrm{d}y$$

X 方向流动带进微元 A 组分的摩尔数：

$$\Phi''_x - \left(\Phi''_x + \frac{\partial\Phi''_x}{\partial x}\mathrm{d}x\right) = -\frac{\partial\Phi''_x}{\partial x}\mathrm{d}x = -\frac{\partial}{\partial x}(c_A u\mathrm{d}y)\mathrm{d}x = -\frac{\partial}{\partial x}(c_A u)\mathrm{d}x\mathrm{d}y$$

y 方向流动带进微元 A 组分的摩尔数：

$$\Phi''_y - \left(\Phi''_y + \frac{\partial \Phi''_y}{\partial y}\mathrm{d}y \right) = -\frac{\partial \Phi''_y}{\partial y}\mathrm{d}y = -\frac{\partial}{\partial y}(c_A v \mathrm{d}x)\mathrm{d}y = -\frac{\partial}{\partial y}(c_A v)\mathrm{d}x\mathrm{d}y$$

微元 A 组分的变化：$\dfrac{\partial}{\partial \tau}(c_A \mathrm{d}x\mathrm{d}y) = \dfrac{\partial c_A}{\partial \tau}\mathrm{d}x\mathrm{d}y$

上述各项质量守恒，有：

$$\frac{\partial}{\partial x}\left(D\frac{\partial c_A}{\partial x} \right)\mathrm{d}x\mathrm{d}y + \frac{\partial}{\partial y}\left(D\frac{\partial c_A}{\partial y} \right)\mathrm{d}x\mathrm{d}y - \frac{\partial}{\partial x}(c_A u)\mathrm{d}x\mathrm{d}y - \frac{\partial}{\partial y}(c_A v)\mathrm{d}x\mathrm{d}y = \frac{\partial c_A}{\partial \tau}\mathrm{d}x\mathrm{d}y$$

其中：

$$-\frac{\partial}{\partial x}(c_A u)\mathrm{d}x\mathrm{d}y - \frac{\partial}{\partial y}(c_A v)\mathrm{d}x\mathrm{d}y = -\left[u\frac{\partial c_A}{\partial x} + c_A\frac{\partial u}{\partial x} + v\frac{\partial c_A}{\partial y} + c_A\frac{\partial v}{\partial y} \right]\mathrm{d}x\mathrm{d}y$$

$$= -\left[u\frac{\partial c_A}{\partial x} + v\frac{\partial c_A}{\partial y} + c_A\left(\frac{\partial u}{\partial x} + \frac{\partial v}{\partial y} \right) \right]\mathrm{d}x\mathrm{d}y = -\left[u\frac{\partial c_A}{\partial x} + v\frac{\partial c_A}{\partial y} \right]\mathrm{d}x\mathrm{d}y$$

将上式代入质量守恒式，整理：

$$\frac{\partial}{\partial x}\left(D\frac{\partial c_A}{\partial x} \right) + \frac{\partial}{\partial y}\left(D\frac{\partial c_A}{\partial y} \right) = \left[u\frac{\partial c_A}{\partial x} + v\frac{\partial c_A}{\partial y} \right] + \frac{\partial c_A}{\partial \tau}$$

应用边界层理论，有：$\dfrac{\partial}{\partial x}\left(D\dfrac{\partial c_A}{\partial x} \right) \ll \dfrac{\partial}{\partial y}\left(D\dfrac{\partial c_A}{\partial y} \right)$

同时不考虑温度影响，则 D 与方向无关。另外是稳态流动，浓度、速度不随时间变化，则有：

$$D\frac{\partial^2 c_A}{\partial y_2} = u\frac{\partial c_A}{\partial x} + v\frac{\partial c_A}{\partial y}$$

自 测 试 题 1

一、填空（本大题有 10 空，每空 1 分，共 10 分）

1. 热扩散率是材料（　　）的指标，其表达式为（　　　　）。

2. 集总参数法的使用条件是（　　　　），其数学计算公式为（　　　　）。

3. 对表面传热系数大小的比较中，一般情况下，自然对流（　　）强制对流；液体强制对流（　　）气体强制对流；有相变的（　　）没有相变的；有机蒸气凝结（　　）水蒸气凝结。

4. 对服从兰贝特定律的物体，辐射力与定向辐射强度之间的关系是（　　　　）。

5. 在热辐射分析中，将（　　　　）称为灰体。

二、名词解释（本大题有 4 小题，每小题 3 分，共 12 分）

1. Fo 准则；2. 接触热阻；3. 流动充分发展；4. 泡态沸腾

三、简答题（本大题有 4 小题，共 38 分）

1.（10 分）写出 Nu、Pr、Bi 各准则数的表达式，并解释其物理意义。

2.（10 分）有人提出管内定壁温层流换热的关联式：

$$Nu_f = 1.86 Re_f^{1/3} Pr_f^{1/3} \left(\frac{d}{L}\right)^{1/3} \left(\frac{\mu_f}{\mu_w}\right)^{0.14}$$

试说明：

(1) 该式适用于进口段还是仅适用于充分发展段？

(2) 式中的下标"f"和"w"各表示什么？

(3) $(d/L)^{1/3}$ 和 $(\mu_f/\mu_w)^{0.14}$ 项分别用来修正什么影响？

3.（10 分）如图 1 所示的真空辐射炉，球心处有一黑体加热元件，试结合传热学理论分析①②③三处中何处的定向辐射强度最大？何处辐射力最大？假设①②③处对球心所张立体角相同。

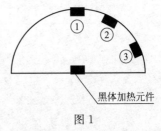

黑体加热元件

图 1

4.（8 分）在冬季的晴天，人站在室外，试从传热学角度分析人体与环境之间的热量传递过程。

四、计算题（本大题有 4 小题，每小题 10 分，共 40 分）

1. 一大平壁厚度为 10cm，其导热系数为 3W/(m·K)，内有 30kW/m³ 的均匀热源。平壁的一侧表面绝热，另一侧与 25℃ 的空气相接触，且空气和壁面之间的换热系数为 50W/(m²·K)。求稳态时壁中的温度分布和最高温度。

2. 某换热器中，冷却水以 2m/s 的流速流过直径 20mm 的长管，已知管内壁平均温度为 80℃，欲将水从进口处的 20℃ 加热到出口处的 50℃，试计算对流换热表面传热系数和所需管长。

准则方程： $\quad Nu_f = 0.023 Re_f^{0.8} Pr_f^{0.4}$ （紊流）

$$Nu_f = 1.86 \left(Re_f Pr_f \frac{d}{L}\right)^{1/3} \left(\frac{\mu_f}{\mu_w}\right)^{0.14}$$ （层流）

水的物性：

t	λ [W/(m·K)]	ρ(kg/m³)	c_p [kJ/(kg·K)]	$\nu\times10^6$(m²/s)	$\mu\times10^6$(Pa·s)	Pr
20	0.599	998.2	4.183	1.006	1004	7.02
30	0.619	995.7	4.178	0.850	801.2	5.42
40	0.634	992.2	4.178	0.659	653.1	4.31
50	0.648	988.1	4.183	0.556	549.2	3.54

3. 两个长的同心圆筒壁的温度分别为 $-196℃$ 和 $30℃$，直径分别为 10cm 及 15cm，两表面发射率均为 0.8，试计算单位长度圆筒体上的辐射换热量。为减弱辐射换热，在其间同心地置入一遮热罩，直径为 12.5cm，罩内外两表面的发射率均为 0.2，试画出此时的辐射换热网络图，并计算单位长度套筒壁间的辐射换热量。

4. 一种工业流体在顺流换热器中可以被油从 $300℃$ 冷却到 $140℃$，而此时油的进、出口温度分别为 $44℃$ 和 $124℃$。试确定：

（1）在相同的流体进口、出口温度下，换热器顺流布置和逆流布置时的传热面积之比。假定两种情形的传热系数和传热量相同。

（2）在传热面积足够大的情况下，该流体在顺流换热器中所能冷却到的最低温度。

自 测 试 题 2

一、填空（本大题有 10 空，每空 1 分，共 10 分）

1. 导热过程的单值性条件包括（　　），（　　），（　　），（　　）四项。

2. 确定对流换热表面传热系数的方法有（　　），（　　），（　　），（　　）四类。

3. 直径 $d_1=100mm$，发射率 $\varepsilon_1=0.8$ 的管道被直径 $d_2=200mm$，发射率 $\varepsilon_2=0.7$ 的管道所包围。设管长为 1m，此时，管道 1 的表面辐射热阻为（　　），管道 1 和 2 之间的辐射空间热阻为（　　）。

二、名词解释（本大题有 4 小题，每小题 3 分，共 12 分）

1. Nu 与 Bi 准则；2. 膜状凝结；3. 肋片效率；4. 定向辐射强度

三、简答题（本大题有 4 小题，共 38 分）

1. （10 分）空间直角坐标系中的导热微分方程式可表达为：

$$\rho c \frac{\partial t}{\partial \tau}=\frac{\partial}{\partial x}\left(\lambda \frac{\partial t}{\partial x}\right)+\frac{\partial}{\partial y}\left(\lambda \frac{\partial t}{\partial y}\right)+\frac{\partial}{\partial z}\left(\lambda \frac{\partial t}{\partial z}\right)+q_v$$

根据下列各条件分别简化该方程：

(1) 导热体内物性参数为常数，无内热源；

(2) 二维、稳态、无内热源；

(3) 导热体内物性参数为常数，一维、稳态。

2. （8 分）如图 1 所示，试证明绝热边界面上节点 (i,j) 的温度离散方程为：

$$t_{i,j+1}+t_{i,j-1}+2t_{i-1,j}-4t_{i,j}=0$$

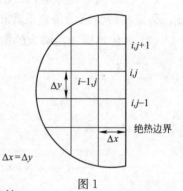

图 1

3. （10 分）光滑圆管内受迫紊流换热可用两个公式来计算：

(a) $Nu_f=0.023Re_f^{0.8}Pr_f^{0.4}$

(b) $Nu_f=0.023Re_f^{0.8}Pr_f^{0.3}$

试说明：

(1) 两个公式各适用于什么情况？

(2) 公式的定型尺寸和定性温度。

4. （10 分）深秋及初冬季节的清晨常常会看到屋面结霜，试从传热的观点分析：

(1) 结霜时室外气温是否一定要低于 0℃。

(2) 结霜屋面与不结霜屋面谁的保温效果好，为什么？

四、计算题（本大题有 4 小题，每小题 10 分，共 40 分）

1. 热电偶初始温度为 25℃，后被置于温度为 200℃ 的气流中。热电偶的热结点可近似地看成为球形，问欲使热电偶的时间常数 $\tau=1s$，热结点的直径应为多大？热结点的直径确定后，热结点的过余温度达到初始过余温度的 1‰ 需要多长时间？已知热结点与气流间的表面传热系数为 $h=350W/(m^2 \cdot K)$，热结点的物性为 $\lambda=20W/(m \cdot K)$，$c=400J/(kg \cdot K)$，$\rho=8500kg/m^3$。

2. 空气以 10m/s 的速度外掠 1.5m 长平板，板宽为 0.8m。已知空气温度 $t_f=70℃$，

平板表面温度 $t_w=30℃$，计算空气平均表面传热系数以及空气与板之间的换热量。

$$Re<5\times10^5：Nu=0.664Re^{1/2}Pr^{1/3}$$

$$Re>5\times10^5：Nu=(0.037Re^{0.8}-870)Pr^{1/3}$$

t	λ [W/(m·K)]	ρ(kg/m³)	c_p [kJ/(kg·K)]	$\nu\times10^6$(m²/s)	$\mu\times10^6$(Pa·s)	Pr
30	0.0267	1.165	1.005	16.00	18.6	0.701
40	0.0276	1.128	1.005	16.96	19.1	0.699
50	0.0283	1.093	1.005	17.95	19.6	0.698
60	0.0290	1.060	1.005	18.97	20.1	0.696
70	0.0296	1.029	1.009	20.02	20.6	0.694
80	0.0305	1.000	1.009	21.09	21.1	0.692

3. 两无限大平壁互相平行，表面发射率均为 $\varepsilon=0.4$，它们中间放置有两面发射率均为0.1的遮热板。遮热板与壁面平行，当平壁表面的温度分别为280℃和30℃时，试计算单位面积辐射换热量和遮热板温度，并画出辐射换热网络图。

4. 一套管式换热器，热流体进出口温度分别为65℃和40℃，冷流体进口温度为15℃，冷流体的热容量是热流体的0.8倍，试确定：

（1）换热器是顺流布置还是逆流布置；

（2）对数平均温差；

（3）换热器的效能。

自 测 试 题 3

一、填空（本大题有 10 空，每空 1 分，共 10 分）

1. 一个由三层材料组成的无限大平壁，各层材料厚度相同，导热系数均为常数，并且各层均无内热源，$\lambda_1 > \lambda_2 > \lambda_3$，假设该多层平壁为稳态导热。三层材料中温差的相对大小是 Δt_1（   ）Δt_2（   ）Δt_3。

2. 蒸气在壁面上凝结时，增强凝结换热的措施有：（   ）、（   ）、（   ）和（   ）。

3. 已知一套管式换热器，水在内、外管之间的环形空间中流动，其中外管内直径为 d_2，内管外直径为 d_1，计算水与内管外表面换热系数时，Re、Nu 中的定型尺寸应是（   ）。

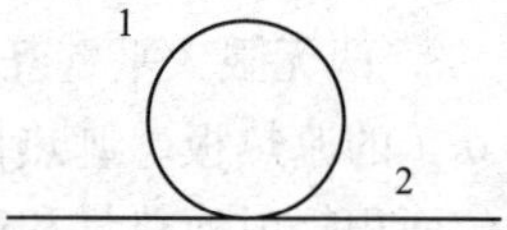

4. 有效辐射包括（   ）和（   ）两部分。

5. 试确定图 1 中两表面之间的角系数 $X_{1,2}=$（   ），其中 1 为一个球形体，2 为无限大平面。

图 1 球与无限大平面

二、名词解释（本大题有 4 小题，每小题 3 分，共 12 分）

1. 导热系数；2. 流动边界层；3. 空间辐射热阻；4. 定向辐射力

三、简答题（本大题有 3 小题，共 28 分）

1. （10 分）一无限大平板厚度为 δ，初始温度为 t_0，在某瞬间将平板一侧绝热，另一侧置于温度为 $t_\infty(t_\infty > t_0)$ 的流体中。流体与平板间的表面传热系数 h 为常数。请写出一维无限大平板非稳态导热的控制方程及边界条件、初始条件。若忽略内部热阻，其温度随时间变化的微分方程是什么？

2. （8 分）一般情况下黏度大的流体其 Pr 数也越大，由对流换热的实验关联式 $Nu = cRe^m Pr^n$ 可知（c、m、n 均为常数，通常 $m > n > 0$），Pr 越大，Nu 也越大，从而表面传热系数 h 也越大，即黏度大的流体其表面传热系数 h 也越大。这与理论分析和试验结果相矛盾，为什么？

3. （10 分）两块相距不远的大平板，中间放置第三块平板以减少辐射传热。

（1）试画出辐射网络图。

（2）如果第三块平板的位置移动，不在正中间，遮热效果是否受影响？

（3）如果第三块平板两表面的发射率不同，板的朝向会不会影响遮热效果？

（4）若两块平行平板的发射率相等，并且在两块平行平板中间放置 1 块两侧发射率均与平行平板一样的遮热板后，此时平板间换热量减少到原来的多少？

四、计算题（本大题有 4 小题，共 50 分）

1. （10 分）250mm 厚的平面墙，其导热系数为 1.3W/(m·K)，墙内侧温度为 1300℃。为使每平方米墙的散热量不超过 1830W 且保温层外侧温度不超过 30℃，在墙外面覆盖了一层导热系数为 0.22W/(m·K) 的保温材料。试确定保温层的最小厚度。

2. （10 分）套管式换热器，内管外直径 $d_1 = 16$mm，外管内直径 $d_2 = 20$mm，内外管之间环形通道内水流速 $u = 2.4$m/s，水的进口温度为 60℃，水的出口温度为 80℃，内管壁温 $t_w = 95$℃，试求内管外表面的表面传热系数。

172

已知：管内受迫流动准则方程如下：紊流时：$Nu_f=0.027Re_f^{0.8}Pr_f^{1/3}\left(\dfrac{\mu_f}{\mu_w}\right)^{0.14}$

层流时：$Nu_f=3.66$（常壁温）

水 的 物 性 表

t（℃）	ρ(kg/m³)	Pr	c_p [kJ/(kg·K)]	λ [W/(m·K)]	μ(N·s/m²)
60	983.1	2.99	4.179	0.659	4.70×10^{-4}
70	977.8	2.55	4.187	0.668	4.10×10^{-4}
80	971.8	2.21	4.195	0.674	3.55×10^{-4}
90	965.3	1.95	4.208	0.680	3.15×10^{-4}
100	958.4	1.75	4.220	0.683	2.83×10^{-4}

3. (15 分)一水平蒸汽管道外径 0.1m，表面温度 170℃，表面发射率 0.85，放置于大房间中。房内的空气温度为 25℃，房间内表面温度为 28℃，试求每米管长的热损失。

(1) 空气温度为 97.5℃时，其 $\lambda=0.0318$W/(m·K)，$\nu=22.8\times10^{-6}$m²/s，$Pr=0.69$

(2) 水平圆管外自然对流准则方程：$Nu=C(Gr\cdot Pr)^n$

C	n	$Gr\cdot Pr$
0.85	0.188	$10^2\sim10^4$
0.48	0.25	$10^4\sim10^7$
0.125	0.333	$10^7\sim10^{12}$

4. (15 分)某管壳式蒸气冷凝器，由 150 根长度为 2m，内径为 25mm 的薄壁管组成。冷却水在管内的流速为 2m/s，进出口水温分别为 10℃和 50℃，管外凝结表面传热系数为 5000W/(m²·K)，冷凝蒸气饱和压力为 0.5bar(饱和温度为 81.3℃)，汽化潜热为 2404 kJ/kg。若不考虑两侧污垢热阻，求：(1)管内流体对流换热表面传热系数；(2)传热系数 k；(3)冷凝率(单位时间的凝结蒸汽量)。

注：管内紊流对流换热准则关系式：$Nu=0.023Re^{0.8}Pr^{0.4}$

管内层流时：$Nu=3.66$（常壁温）

水的物性：$t=30℃$，$\lambda=0.618$W/(m·K)，$\nu=0.805\times10^{-6}$m²/s，$Pr=5.42$。

自 测 试 题 4

一、(本大题有 5 小题，每小题 8 分，共 40 分)

1. 流体在两平行平板间作层流充分发展的对流换热(见图 1)。试定性画出下列三种情形下充分发展区域截面上的流体温度分布曲线：

(1)$q_{w_1}=q_{W_2}>0$；(2)$q_{w_1}=2q_{W_2}>0$；(3)$q_{w_1}=0$；$q_{W_2}>0$

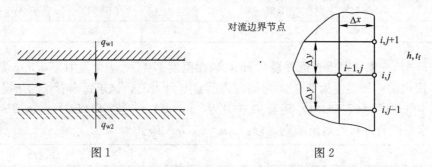

图1　　　　　　　　　　　　　　　　图2

2. 如图 2 所示，设 $\Delta x=\Delta y$，写出二维导热、无内热源时平直边界上节点(i,j)的离散方程：(　　　　　　　　　　　　　　　　　　　　)。

3. 流体在圆管内流动，与管壁间进行对流换热，则充分发展段内各处管横断面上流体速度与温度分布特点：(以下说法正确的打"√"，不正确的打"×")

(1) 不同断面上流体速度分布曲线相同，温度分布曲线也相同。(　　　)

(2) 不同断面上流体速度分布曲线不同，温度分布曲线不同。(　　　)

(3) 不同断面上流体速度分布曲线相同，温度分布曲线不同。(　　　)

(4) 不同断面上流体速度分布曲线相同，综合无因次温度分布曲线相同。(　　　)

4. 定性画出一个大气压下水在大空间饱和沸腾时的沸腾曲线($q-\Delta t$ 曲线)，将曲线分区并标上名称。其中横坐标 Δt 代表的是_____。工业设备中沸腾加热常处于_____区。

5. 已知在辐射换热过程中基尔霍夫定律应用于不同性质物体表面时，可有多种形式，写出温度不平衡条件下基尔霍夫定律的 4 种形式(也可用文字表述)：

(1) 任意表面：_____。

(2) 灰体表面：_____。

(3) 漫辐射表面：_____。

(4) 漫-灰表面：_____。

二、(8 分)一平壁外表面温度 $t_{w1}=450℃$，外侧敷设石棉进行保温，石棉的导热系数 $\lambda=0.094+0.000125t$，保温层的外表面温度为 $t_{w2}=50℃$，若要求热损失不超过 $340W/m^2$，问保温层的厚度应为多少？

三、(8 分)将初始温度为 80℃，直径为 20mm 的紫铜棒，突然置于气温为 20℃，流速为 12m/s 的风道中，5min 后紫铜棒表面温度降为 34℃。已知紫铜棒的密度为 $\rho=8954kg/m^3$，

比热 $c=383.1J/(kg \cdot K)$，导热系数 $\lambda=386W/(m \cdot K)$。试求紫铜棒与气体之间的表面传热系数。

四、(12分)一外径为30cm的管道，水平放置在空气温度为20℃的房间中，管道表面温度为150℃，计算由于自然对流换热每米长管道的热损失。

已知：自然对流换热准则方程：$Nu_f = C(GrPr)^n$，空气的 α 取 $1/T_m$，c 和 n 值如下表。

加热表面形状与位置	流动情况示意	流态	系数 C 及指数 n		Gr 数适用范围
			C	n	
竖平板及竖圆柱		层流	0.59	1/4	$10^4 \sim 3 \times 10^9$
		过渡	0.0292	0.39	$3 \times 10^9 \sim 2 \times 10^{10}$
		湍流	0.11	1/3	$> 2 \times 10^{10}$
横圆柱		层流	0.48	1/4	$10^4 \sim 5.76 \times 10^8$
		过渡	0.0445	0.37	$5.76 \times 10^8 \sim 4.65 \times 10^9$
		湍流	0.10	1/3	$> 4.65 \times 10^9$

空气的物理性质如下表。

$t(℃)$	$\rho(kg/m^3)$	$c_p [kJ/(kg \cdot K)]$	$\lambda \times 10^2 [W/(m \cdot K)]$	$\nu \times 10^6 (m^2/s)$	Pr
30	1.165	1.005	2.67	16.00	0.701
160	0.815	1.017	3.64	30.09	0.682
170	0.797	1.019	3.71	31.29	0.6805
180	0.779	1.022	3.78	32.49	0.681

五、(12分)在一个大的加热圆管中，安装一个裸露的热电偶以测量通过圆管内流动的气体温度。圆管壁温为425℃，热电偶指示的温度为170℃，气体与热电偶的表面传热系数为150W/($m^2 \cdot$ K)，热电偶表面的发射率为0.43，问气体的温度是多少？

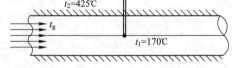

六、(10分)有一 3m×4m 的矩形房间，高2.5m，地表面温度为27℃，顶棚表面温度为12℃，房间四周的墙壁均是绝热的，所有表面的发射率均为0.8。

(1)画出该系统的辐射换热网络图。

(2)写出各表面角系数 $X_{1,2}$，$X_{1,3}$，$X_{2,3}$。(1-地表面，2-顶棚，3-墙壁)

(3)算出顶棚和地表面的净辐射换热量。

七、(10分)一台螺旋板式换热器，传热系数 k=2200W/(kg·℃)。热水流量 m_h=2000kg/h，进口温度 t_{h1}=80℃；冷水流量为 m_c=3000kg/h，进口温度为 t_{c1}=10℃，加热后出口温度为 t_{c2}=30℃，其中水的比热取为 c_p=4.2kJ/(kg·℃)。求换热器顺流布置时所需要的传热面积。

参 考 文 献

[1] 章熙民，任泽霈，梅飞鸣. 传热学(第五版). 北京：中国建筑工业出版社，2007.

[2] 杨世铭，陶文铨. 传热学(第四版). 北京：高等教育出版社，2006.

[3] 王厚华. 传热学. 重庆：重庆大学出版社，2006.

[4] 朱惠人. 传热学典型题解析及自测试题. 西安：西北工业大学出版社，2002.

[5] Holman J. P. Heat Transfer. Ninth Edition. New York：McGraw-Hill 2002.

[6] Kreith F. Bohn M. S. Principles of Heat Transfer. Fifth Edition. Boston：PWS Publishing Company，1997.

[7] 苏亚欣. 传热学. 武汉：华中科技大学出版社，2009.

[8] 赵镇南. 传热学. 北京：高等教育出版社，2002.

[9] 陶文铨. 数值传热学(第二版). 西安：西安交通大学出版社，2001.

[10] 胡小平. 传热学考试要点与真题精解. 长沙：国防科技大学出版社，2007.

[11] 周根明. 传热学学习指导及典型习题分析. 北京：中国电力出版社，2004.

[12] 朱华. 传热学同步练习册. 杭州：浙江大学出版社，2002.

[13] 王秋旺. 传热学重点难点及典型题精解. 西安：西安交通大学出版社，2001.

[14] 张家荣，赵廷元. 工程常用材料的热物理性质手册. 北京：新时代出版社，1987.

[15] 马庆芳，方荣生，项立成. 实用热物理性质手册. 北京：中国农业机械出版社，1986.